绿色发展与生态文明

刘建伟　著

西安电子科技大学出版社

内 容 简 介

本书聚焦绿色发展与生态文明建设中的理论和现实问题，坚持历史与逻辑、定性和定量相统一的方法，分生态经济、生态评价、绿色发展、生态伦理、生态历史和生态教育六篇进行集中阐释。本书可以为党政领导干部、理论工作者和一般读者学习和研究习近平新时代生态文明建设思想提供参考。

图书在版编目(CIP)数据

绿色发展与生态文明/刘建伟主编. —西安：西安电子科技大学出版社，2020.1
ISBN 978-7-5606-5589-5

Ⅰ.①绿… Ⅱ.①刘… Ⅲ.①生态环境建设—研究—中国 Ⅳ.①X321.2

中国版本图书馆CIP数据核字(2020)第017091号

策划编辑 高 樱
责任编辑 高 樱 雷鸿俊
出版发行 西安电子科技大学出版社(西安市太白南路2号)
电 话 (029)88242885 88201467 邮 编 710071
网 址 www.xduph.com 电子邮箱 xdupfxb001@163.com
经 销 新华书店
印刷单位 陕西天意印务有限责任公司
版 次 2020年4月第1版 2020年4月第1次印刷
开 本 787毫米×1092毫米 1/16 印张 13.5
字 数 280千字
印 数 1～1000册
定 价 33.00元
ISBN 978-7-5606-5589-5/X

XDUP 5891001-1

* * * **如有印装问题可调换** * * *

目　　录

生态经济篇

循环经济、市场失灵与政府作用

摘　要：循环经济是对应传统线性经济的一种新的经济发展模式和增长范式，它是为解决人类发展过程中面临的资源、环境问题而提出的。自然资源和生态环境自身所具有的公共产品和外部性特征以及人类对生态认知的不完全性，使得市场机制难以实现对自然资源和环境的有效配置和调节，导致市场失灵，引起了资源和环境的积累性恶化。要克服市场失灵，推动循环经济的发展，必须发挥政府对循环经济的引导、调控和监督作用。政府的作用表现在政策、组织和实践三个层面。

关键词：循环经济；线性经济；市场失灵；政府

循环经济是对应传统的线性经济而提出的一种新的经济发展模式和增长范式。这种以"资源消费—产品—再生资源"闭环型物质流动为特征的经济发展模式，提高了自然资源的利用效率，减少了环境污染，缓解了长期以来人类面临的资源短缺、环境污染与经济增长之间的矛盾，受到了世界各国的普遍重视。

要发展循环经济，必须明确循环经济所面临的人类发展过程中的问题，并分析这些问题出现的根源，然后针对这些问题和原因，提出市场和政府在推动循环经济发展过程中的作用。沿着这个思路，本文对循环经济的相关问题进行了论述。

一、人类经济发展过程中面临的问题

人类自农耕文明发展到工业文明以来，以高污染、高消耗和低利用为特征的线性经济成为经济发展的主导模式。这种发展模式导致了人类发展过程中的资源和环境问题，原因在于以下三个方面。

（一）重经济发展速度，轻资源节约和环境保护

长期以来，人类在发展过程中面临着经济增长与资源、环境之间的矛盾，即在传统的线性经济发展模式中，当人口增长、就业压力威胁到国家的稳定和繁荣时，经济发展的高速度就成为政府的主体价值取向，其结果必然是加速资源消耗，牺牲生态环境；而当资源短缺、环境污染趋向恶性、威胁到人类的生存和发展时，资源的节约、环境的保护就成为政府的主体价值取向，这又难免牺牲经济的一时发展。长期以来，这个矛盾困扰着人类，既存

在于信息化、工业化和城市化相对完善和成熟的发达国家，也存在于二元经济结构并存的发展中国家。进入工业化社会以来，由于人口的指数增长和由此带来的就业、社会福利等问题，人类片面追求物质的增长和积累所表现的经济的数量型增长，忽略了兼顾生态和环境的经济的质量型增长，结果导致人类解决资源和环境问题的成本后移，积重难返，濒临“增长的极限”。

(二) 重劳动生产率，轻自然资源利用率

长期以来，人类把自然资源的存量和流量都假定为无限的，把生产力界定为征服自然和改造自然的能力。为了无限扩大生产力，人类竭尽其能事，发展科学技术，改进生产工艺和机器设备，加大开采自然资源的投入，提高单位时间内劳动力或资本所能增加的产品数量，从而无限扩大人类的财富总额。这样，在科学技术的推动下，自然资源对人类的工具价值和人类自身所持有的“人类中心主义”价值观被发挥到极致，人类的生态足迹呈指数扩张。长期以来，人类沉醉于科学技术带来的劳动生产率的提高中：“每一个技术的成就，不管它最终是否有意义，都被视为是技术征服自然的一系列无限的未来胜利中又一胜利而加以庆贺。”[①]但是，科技进步带来的并不是真实的繁荣。它一方面带来劳动生产率的提高和资源流量的加速增加；另一方面，也加快了低熵原料(自然资源)转化为产品的过程和产品最终成为高熵废弃物的速度和过程。这种以粗放型的开采所导致的资源衰竭为开端，以废弃物的高排放所导致的环境污染为末端的劳动生产率的提高，忽略了自然资源的有限性和利用率的提高，剥离了人类和自然作为生活共同体的相依关系，引起了自然资源存量的急剧减少和环境的加速恶化。

(三) 重人造资本的价值，轻自然资本的价值

自然资本是指产出的自然资源流的存量，包括全部的可再生资源和不可再生资源以及生物圈的“同化能力”，人造资本则是对自然资本的管理服务和加工，也称“培养的(Cultivated)自然资本”。比如一片种植森林的自然资本部分包括太阳光、雨以及土壤营养成分，而人造资本部分则包括管理服务，如种植、修剪、采摘以及虫害处理等。在传统线性经济为主导的经济发展模式下，人们认为在技术进步的前提下，自然资本和人造资本具有完全替代性，低熵物质和高熵物质的转化具有无限可能性。长期以来，我们进行产品损耗的计算时，更多地考虑人造资本价值的折旧和估算，而不重视自然资本损耗的价值和评估，自然资本的退化没有计入到宏观的国民账户核算系统、微观的项目评估和国际收支平衡表中。然而，随着人类发展进程的加快和认知的日趋理性，我们发现人造资本和自然资本更多地

① (美)赫尔曼·E·戴利. 超越增长：可持续发展的经济学[M]. 上海：上海译文出版社，2001：49.

具有互补性而不是替代性，需要的人造资本越多，消耗的自然资本也越多。同时，人类的发展表明，由于自然资本所具有的“基本的生命支持功能和破坏的不可逆性”[①]特征，即使是现有最好的技术也无法保证人造资本能够完全取代自然资本而支持人类未来的可持续发展，人类已经发展到由人造资本为制约经济发展的限制性因素转变到自然资本为经济发展的限制性因素的阶段。比如，渔业的发展更多地受自然资本，包括鱼的数量、水质等的限制，而不是受作为人造资本的渔船的限制。长期以来，我们忽略和低估了自然资本的价值和功能，片面强调人造资本的价值和功能，导致了自然资本的急剧减少。

人类在线性经济模式下选择的这些经济发展的价值取向，加速了自然资源的消耗和环境的恶化，引起了世界性的资源和环境危机。要改变传统线性经济的弊端，减少资源消耗，遏制环境污染和提高自然资源利用率，必须改变经济发展模式，发展循环经济。

二、自然资源、环境与市场失灵

循环经济所针对的是资源和环境问题。资源和环境的公共物品、外部性特征以及解决资源、环境问题的信息不完全性，使得价格、产量、成本和进入壁垒等相关假设条件不能满足市场要求，市场难以自由运行，不能有效配置资源，从而导致市场失灵。斯蒂格利茨把市场失灵区分为两种：新的市场失灵，以不完全信息、信息有偿性及不完备的市场为基础；原始的市场失灵，与诸如公共物品、污染的外部性等因素相联系[②]。资源和环境问题涉及这两类市场失灵。[③]

（一）自然资源的公共物品特征与市场失灵

自然资源的概念应作广义和狭义之分。狭义的自然资源指存在于自然界中的实体性资源，而广义的自然资源则包括实体性自然资源和环境资源（如给予人以舒适性、提供生产发展场所等）[④]。本文论述是狭义的自然资源。自然资源具有流动性、公共性、有限性、功能不可分性等特征。

很长时间以来，自然资源被看做是自然界免费赋予人类的、具有无排他性的、供给无限的公共产品，其所具有的源泉功能、洼地功能和美感功能[⑤]都具有公共性。

对于具有公共产品特征的自然资源，市场很难发挥其有效配置资源的功能，这是因为：

---

① （英）埃里克·诺伊迈耶．强与弱：两种对立的可持续性范式[M]．上海：上海译文出版社，2002：124.

② 罗丽艳．自然资源市场为何失灵[J]．财经科学，2004(4).

③ 实际上，自然资源和环境都具有公共物品和外部性特征。为了论述方便，下文着重论述资源和环境的一个特征。

④ 崔万安．自然资源的价值确定与实现[J]．科技进步与对策，2002(7).

⑤ （德）佛里德希·亨特布尔格，等．生态经济政策：在生态专制和环境灾难之间[M]．大连：东北财经大学出版社，2005：10－11.

(1) 经济系统只是封闭的生态系统的一个子系统，而市场通过价格机制调节的只是经济系统内部资源的配置，对于经济系统的母系统——生态系统以及生态系统和经济系统相联系的部分，价格机制很难发挥作用。

(2) 自然资源供给的弱弹性特征和产权界定的模糊性特征，使得自然资源损耗的成本难以计量，边际生态系统服务的损耗与人均资源占有量的边际社会受益难以达到平衡。

(3) 自然资源消耗的附加价值被资本和劳动的附加价值所掩盖，资源类产品的价格不能准确反映资源的需求和成本。

(4) 自然资源的复杂性和多变性，以及信息的有限性和不确定性使得市场机制也难以对资源进行有效配置。这样，市场通过价格机制配置资源的特性因为自然资源的公共物品特征而失灵。

进入工业革命以来，随着科技的进步、生产工具的改进以及通信手段的发展，人类征服自然、提高产出的能力空前提高，对自然资源的竞争性使用也加速增长。特别是在“资源—产品—废弃物”为特征的线性经济发展模式下，人类加速了对自然资源的粗放型开采和滥用，进而逐渐超越了自然资源的自我净化和自我恢复能力，导致了资源的积累性消耗和环境的积累性衰退，人类陷入了经济增长与资源衰竭、环境恶化交织的螺旋式发展困境。结果，我们从“‘空世界’的经济学走向了‘满世界’经济学——从一个经济系统的输入输出没有限制的世界，走向输入输出日益受到退化和污染限制的一个有限环境的世界。”[①]

(二) 环境的外部性特征与市场失灵

外部性(或溢出效应)指的是来自某种经济交易过程的，对实际上不参加这项交易的和不影响交易商品和服务价格的一方的影响[②]。外部性可分为两种情况，一是外部经济性，即某项活动对周围事物造成良好影响，并使周围人获益，但行为人并未从周围人那里获得额外收益；二是外部不经济性，即某项活动对周围环境造成不良影响，而行为人并未为此付出任何成本。目前，学者更多关注的是环境问题引起的外部不经济性。

市场虽然能够在不同生产部门之间配置资源，但是却不能直接配置资源的来源和归宿，易造成配置不公平和不平等，因为市场很难界定产权、辨别竞争者竞争手段的合法性并约束竞争主体的行为，所以很难实现市场竞争的公正性、合理性和有序性。产权不清晰是出现环境外部性的一个重要原因。学者蓝虹在其《环境产权经济学》一书中指出：“正是现在环境资源产权的不明确性、非专一性、非排他性，导致了环境资源稀缺程度与市场价格的脱节，从而导致了环境资源生产与消费中成本与收益、权利与义务、行为与结果的背离，

① 马小明，赵月炜. 环境管制政策的局限性与变革：自愿性环境政策的兴起[J]. 中国人口·资源与环境，2005(6).

② (美)罗伯特·U·艾尔斯. 转折点：增长范式的终结[M]. 上海：上海译文出版社，2001:270.

这是环境恶化的根源。”①在环境产权没有明确界定的情况下，在传统线性经济发展模式中，一方面，自然资源被无节制地开采和浪费性使用，损害了自然资源的美感，引起了自然资源和依附于自然资源的生物量的减少和环境的恶化；另一方面，粗放型的生产方式和浪费奢侈的生活方式，增加了工业废弃物和生活垃圾的产生量，进一步恶化了人类的生存环境。很长时间以来，生产者和消费者在不断追求个人利益内部化的过程中，努力把环境污染的内部成本外部化(社会化)，导致了生产和消费环境的私人边际成本小于社会边际成本而私人边际收益大于社会边际收益的局面，私人利益严重损害了社会的整体利益。世界著名的“八大公害事件”就是企业引起环境污染、政府负责埋单的例证。

追求物质利益最大化的经济行为主体所造成的自然资源基础的衰竭、环境的损害以及社会结构的破裂，人类很难对其补偿和修复以恢复如初。这样，以社会进步和环境恶化为代价的非货币化增长和环境损害控制和修复的真实货币成本增长为代价的经济发展，损害了人类的长远利益和整体利益，使得个人和社会之间、当代人之间和代际之间产生了基于环境权利和义务的不平等。而市场作为资源配置的手段，对环境的外部性却无能为力，无法兼顾环境产权的代内和代际公平。

(三) 生态认知的不完全性与市场失灵

作为自我组织的进化系统，自然常常以不可预见的方式对人类的干预做出反应，而人类对此往往表现出认知的滞后性和不确定性。解决生态问题面临的最大困难是人类对其主观认知的局限性。这主要是信息不完全或不对称引起的。其主要表现在经济主体之间，包括政府、企业和居民在自然资源稀缺性、环境污染潜在和现实影响等方面所拥有的信息具有不一致性、不完全性和不确定性。具体表现为：

(1) 人类与自然之间的信息不对称。受科学技术和认识水平所限，人类对自然的认识具有暂时性和局限性，难以完全通晓自然资源的现实价值和潜在价值、经济功能和生态功能。

(2) 生产者和消费者之间的信息不对称。生产者对产品环境属性的认识具有信息垄断优势，而消费者由于受搜寻信息的成本所限，难以完全了解所消费商品的环境属性。

(3) 政府与企业和居民之间的信息不对称。政府的政策供给相对于企业和居民对环境制度和政策的需求具有一定的滞后性和不完全性。

总之，由于缺乏对复杂的自然资源和生态环境的清醒认识，人类容易陷入固有的思维结构和模式之中，形成对传统生态观的路径依赖，导致对“生态背包”的认识存在不同程度的有限性、滞后性和模糊性。生态信息的不完全性超越了市场调控的范围，对自然资源的

---

① 蓝虹. 环境产权经济学[M]. 北京：中国人民大学出版社，2005.

损耗和环境的破坏起了加速器的反作用，使得生态环境问题进一步加剧。

资源、环境问题所具有的特征使得市场自身难以发挥在循环经济发展中的作用。要克服市场失灵问题，发展循环经济，必须履行政府的生态责任，推动人类经济增长方式由粗放型向集约型的转变，经济发展模式由线性经济向循环经济的转变，进而实现在环境再生和吸纳能力范围内的流量经济增长。

三、政府在发展循环经济中的作用

循环经济的发展需要政府引导、调控和监督，因为“政府行为要比基于个人产权和私人性讨价还价的行动带来更有效的效果——即使官僚决策可能是次优的。”①政府在发展循环经济中的作用主要表现在三个层面。

(一) 政策层面

目前，政府对循环经济的发展不是“干预过度”，而是干预不足。政策供给不足是目前阻碍循环经济发展的一个重要原因。齐建国在其主持的国家重大专项研究课题——《中国循环经济战略——优先领域与政策体系研究》中指出：“相关政策的缺失是发展循环经济的主要障碍。到目前为止，中国尚未颁布比较详细的促进循环经济的政策清单。”②为了推动循环经济的发展，我们必须构建制度化的动态循环经济政策体系。这个政策体系应包括两类政策，即管制型政策和自愿型政策。

1. 管制型政策

所谓管制型政策是指政府以指令控制的方式，向资源的使用者和环境的污染者提出资源开采、环境污染的具体标准、指标和限量，以克服环境外部不经济性的行政、法律和经济手段的综合。管制型政策可分为直接管制和间接管制两种。管制型政策最早起源于英国，是目前世界各国普遍采用的循环经济政策。

(1) 直接管制的政府政策。直接管制的政府政策又称命令和强制性的政策，它是指以政府命令的形式，依靠行政手段推动循环经济发展的各项政策的综合，它一般针对的是末端治理。政府直接管制的政策包括：运用行政手段确立资源运作的产权规则，界定和明晰资源初始产权；制定产品环境性能标准并颁发排污许可证，规定企业资源使用的标准和污染物排放的方式、种类、数量；规定严厉的处罚政策，包括对违反环保要求者给予罚款、取消评优资格、强制关闭等。通过直接管制政策，利用政府行政刚性的优势，推动循环经济的

---

① (美)埃里克·弗鲁博顿，等. 制度经济学：一个交易费用分析范式[M]. 上海：生活·读书·新知三联书店，2006：125.

② 搭建循环经济政策框架，环保总局出手夯实地基[N]. 21世纪经济报道，2005-8-7.

迅速开展。

(2) 间接管制的政府政策。间接管制的政府政策又称基于市场的经济政策，它是指依靠政府调控市场来推动循环经济发展的投资、财政、税收和价格政策的综合，它既针对末端治理，也面向源头治理和过程治理。间接管制的政府政策主要包括环境税费制度、财政信贷鼓励制度、排污权交易制度、环境标志制度、佣金制度等政策工具。它通过这些政策工具影响资源产品的价格，调节资源的供求和分配。在既定财富与收入分配的格局下，通过经济激励机制的约束和市场价格机制的推动，确定和调节经济系统中物质、能量的适宜流量以及资源在不同主体之间以及代际之间的合理配置，推动私人生态成本内部化、生态收益社会化和生态平衡持续化。

2. 自愿型政策

自愿型政策又称参与型政策，是指由各类国际组织(如 UNEP、ISO、国际商会)、行业协会发起的，在法规要求之外，旨在约束经济主体负外部性行为的各种自愿型环境保护宪章、行为准则和管理标准的总称[①]。与传统管理手段相反，自愿型政策最大的特点是由政府为主体的循环经济管理模式转变为由各级政府、非盈利性组织、企业和居民共同参与的循环经济管理模式，由命令—控制方式规制经济主体的行为转变为以对话和协商的方式约束经济主体的行为。这种政策能够针对不同地区的不同特点，构建起政府、行业协会、企业与居民之间的对话机制，以柔性协商的管理方式替代行政、立法强制管制的管理方式，既尊重了企业和居民的权益，又避免了纯行政、法律和经济手段带来的强制性和不均衡性，进而更容易被企业和居民所接受，更有利于国家循环经济发展规划的实施。自愿型政策是目前比较先进的循环经济政策，它以环境协议为政策手段，辅之以经济政策，盛行于日本、荷兰、德国、法国和美国等国家。

实施自愿型政策应包括以下程序：首先，由国家制定循环经济的发展规划，确定各类污染物的排放标准、许可证数量以及资源使用和环境控制的各项指标等，而地方政府则根据这个规划确定本地区的计划；然后，由各级政府、行业协会、企业和居民通过协商的形式签订环境自愿协议(可以由各级政府和行业协会先签订，而后再由行业协会和企业、居民签订，也可以由政府与单独企业签订，比如“横滨模式”)，确定企业资源使用和排污的标准；再次，根据协议，企业定期向政府、行业协会和居民提供报告书，阐明企业资源消耗和环境污染的情况；最后，由行业协会派专门的机构(可以是民间结构)对企业使用和排放的物质进行采样、分析和检验测定，提出审核报告。若企业未完成目标，则按契约规定，司法部门或者仲裁结构予以违约金制裁或者其他处罚；若达成目标则核发认定证，给予企业契约规定的税收减免、财政补贴、技术协助和荣誉标志等优惠待遇。在企业履约的过程中，由各级

---

① 马小明，赵月炜. 环境管制政策的局限性与变革：自愿性环境政策的兴起[J]. 中国人口·资源与环境，2005(6).

政府、行业协会、企业和居民各方选出人员组成监督委员会，负责监督企业对协议的履行情况并提出自己的意见和建议。通过环境协议这种政策手段，既可以填补那些预定将来采取法规方式而当前还没有形成法律的“政策真空”，又可以弥补已有法规命令的疏漏或尚待规范之处，从而推动循环经济的健康发展。

(二) 组织层面

政府制定循环经济的相关法律法规和政策措施后，需要专门的组织机构贯彻其思想，进而明晰经济主体产权，完善相关信息，减少循环经济发展中的信息搜寻成本、契约谈判成本、风险规避成本和政府管理成本。

1. 政府组织

循环经济的发展和推动是一项社会系统工程，涉及资源、技术、资金、法律、政策等多个环节，需要科技、环保、财政、经济发展、国土管理、法律制定、监察等多个行政管理、立法监督和司法机关的协作。一个循环经济项目或政策的实施需要协调多个部门，调解其利益之间的制衡关系和冲突，这需要花费大量的组织成本和协调成本。因此，为推动循环经济的发展，克服政府官僚主义和寻租行为以节约交易成本，我们必须构建政府的立体管理体系。具体做法是：首先，确立一个协调循环经济发展的专门机构，负责全国循环经济的发展、规划和实施；其次，明确循环经济发展的辅助机构，明晰其管理职能、权利和义务；最后，确立地方政府相应的循环经济推进机构，负责国家和地方循环经济规划的落实。通过这些措施，强化和明晰各个政府部门的职责，避免政出多门的局面，减少行政管理成本。

2. 民间团体

政府应鼓励成立一些公益性环保团体，发挥他们在循环经济理念的宣传、技术的推广和实践调研等方面的作用。倡导这些民间团体通过报纸、杂志、电子邮件和网站等工具和手段宣传循环经济理念；引导环保组织吸纳一些高校从事循环经济技术研究的志愿者，推动经济上可行的循环经济技术的推广和普及；批准环保组织成立一些实习和调研的基地，给环保积极分子从事环保方面社会实践的权利，扩大他们的议事日程；给予民间的环保组织和环保积极分子一定的物质激励和荣誉鼓励。通过他们的模范示范作用，推动整个社会由生态觉醒向生态自觉的转变。

(三) 实践层面

在循环经济的发展过程中，政府一方面作为管理者起着引导、扶持和监督作用，另一方面作为实践者直接参与到循环经济的消费环节。政府每年的采购支出通常占国家财政支出的30%以上，占GDP比重的10%左右[①]，其消费强度、消费规模和消费范围都非常大。政府作为消费者也应按照循环经济的要求，进行绿色消费。

政府的绿色消费应包含以下三个方面：

一是在进行消费选择时，实行绿色采购。绿色采购就是指政府在进行消费时，着意选择那些符合国家绿色标准的产品和服务。在进行采购时，政府应优先采购那些经过权威机构认证的符合环境要求的产品，包括那些达到环保、节能、低排放和低噪声标准的产品。

二是在消费过程中，注重资源的减量化和再利用。一方面，从建设节约型社会的角度出发，政府部门应在内部提倡适度消费和合理消费，严格控制公务活动规模，规范职务消费行为，节约建筑耗能，集约土地，推广和使用绿色采购的产品，尽量减少物品的使用量和资源的消耗量；另一方面，在政府用品还没有成为废弃物之前，应该实现梯级多层次的循环利用，提倡修旧利废，以延缓其成为废弃物的时间。

三是在消费活动结束后，注重废弃物的资源化。在政府用品不能继续使用时，应该按照循环经济的要求，对其进行筛选、分类，然后实现其直接资源化和次级资源化，并合理处理最终废弃物。

① 沈晓悦. 大力推进我国政府绿色采购制度[J]. 环境经济，2005(9).

循环经济对传统发展模式的超越

摘　要：传统经济是一种由“资源—产品—污染排放”所构成的物质单向流动的经济，它是以资源的高消耗、低效率和高污染为特征的。这种线性经济发展模式造成了资源浪费、环境恶化和增长性贫困等问题，必然被新的经济发展模式所代替。循环经济是一种建立在物质不断循环利用基础上的经济发展模式，它要求把经济活动组织成一个“资源—产品—再生资源”的反馈式流程，从而超越了传统线性经济的发展模式，实现了自然和社会、经济和生态的可持续发展。

关键词：循环经济；线性经济；发展模式

一、传统线性经济发展模式引起人类发展的两难选择

自从18世纪60年代英国产业技术革命以来，人类开启了以线性经济发展模式为主的工业文明时代。所谓的线性经济发展模式，是指国家在工业经济发展过程中所采取的“资源—产品—污染排放”单向流动的经济发展模式，其特征是高开采、高消耗、低利用、高排放。人们高强度地把地球上的原始物质和能源提取出来，运用到产品生产中去，然后又把污染和废物大量直接排放到水系、空气和土壤中，同时，消费者在消费这些产品和服务时，又把生活垃圾排放到大自然中。这种传统的经济发展模式对资源的利用是粗放型和一次性的，它通过把资源持续不断地变成废物来实现经济的数量型增长，是以生态的破坏和环境的恶化为代价的。线性经济发展模式在工业化初期曾经起过一定的作用，但是随着工业化进程的加快，这种经济发展模式的弊端越来越突出，主要表现在：

(1) 环境问题日趋严重。因为线性经济是一种粗放型的经济发展模式，它是以资源的高消耗、低效率为代价的，它加速了废弃物排放，使各种难以解决的环境问题不断出现。《2001年国民经济和社会发展统计公报》显示，我国七大江河水系均遭受不同程度的污染，干流地表水水质有48.3%的监测断面属于Ⅴ类以下水质，65.6%的城市空气质量超过国家二级标准，“垃圾围城”现象日益突出。随着电子产品换代速度大幅度提升，报废或“被报废”的各类计算机、手机、家用电器等电子垃圾增量惊人，造成的潜在和显性环境危害不容低估。

(2) 资源危机日益凸显。在传统线性经济发展模式中，人们片面追求经济发展的高速度和高数量，不断地无休止地开采和挖掘本国的不可再生资源，使资源的存量迅速减少。

这种只顾眼前利益不顾长远利益的竭泽而渔的粗放型线性经济发展模式浪费了大量的资源，危及到人类的长远发展和生存环境。

（3）生态安全问题日益严峻。世界生态破坏的范围在扩大、程度在加剧，已经严重打破了自然界本身的完美循环，导致自然生态系统严重失衡，生态安全问题日益严重。主要表现在：环境自净、产出能力下降，森林、草地的生态功能衰退，耕地质量下降；水土流失加重，江河泥沙淤积严重，荒漠化面积不断扩大；气候异常，突发性灾害增多；生物多样性在减少，越来越多的动植物面临灭绝的危险；农药积累残留基因突变现象增多，严重影响到人类自身的安全。

人类一方面要发展经济以满足日益增长的物质文化需要；另一方面，经济的发展又是以将来的缓慢发展甚至不发展为代价的。这样，人类就面临着两难选择，即当人口增长就业压力迫使我们以经济增长的高速度作为主体价值取向时，就难免牺牲生态环境；当环境污染、资源短缺趋向恶性，威胁生存和发展时，又会以生态环境的保护和重建为主体价值取向，也难免牺牲经济发展。这样必然陷入一种要么牺牲生态环境，要么牺牲经济发展的怪圈。这要求人类重新审视传统的经济发展观，寻求更理想的经济发展模式。循环经济的发展模式无疑是最佳选择。

二、循环经济对传统经济发展模式的扬弃

（一）循环经济的含义和基本原则

所谓循环经济，本质上是一种生态经济，它要求运用生态学规律来指导人类社会的经济活动。与传统经济相比，循环经济的不同之处在于：传统经济是一种由“资源—产品—污染排放”所构成的物质单向流动的经济。循环经济倡导的是一种建立在物质不断循环利用基础上的经济发展模式，它要求把经济活动组织成一个“资源—产品—再生资源”的反馈式流程，所有的物质和能源要能在这个不断进行的经济循环中得到合理和持久的利用，以把经济活动对自然环境的影响降低到尽可能小的程度。因此，循环经济是一种与环境和谐的经济发展模式。它不仅是实施可持续战略必然的选择和重要保证，也为传统经济转向可持续发展的经济提供了战略性的理论范式，从根本上消解长期以来环境与发展之间的尖锐冲突，实现经济与环境发展的“双赢”。

循环经济主要有三大原则，即“减量化、再利用、资源化”原则，每一原则对循环经济的成功实施都是必不可少的。

（1）减量化原则。减量化原则针对的是输入端，旨在减少进入生产和消费过程的物质和能源流量。换句话说，对废弃物的产生，是通过预防的方式而不是末端治理的方式来加以避免。在生产中，制造厂可以通过减少每个产品的原料使用量、通过重新设计制造工艺

来节约资源和减少排放。在消费中，人们可以选择包装物较少的物品，购买耐用的、可循环使用的物品，而不是一次性物品，以减少垃圾的产生。

（2）再利用原则。再利用属于过程性方法，目的是延长产品和服务的时间，避免物品过早地成为垃圾。在生产中，制造商可以使用标准尺寸进行设计，以使计算机、电视和其他电子装置非常容易和便捷地升级换代，而不必更换整个产品。在生活中，人们可以将可维修的物品返回市场体系供别人使用或捐赠自己不再需要的物品。

（3）资源化原则。资源化原则针对的是输出端，通过把废弃物再次变成资源以减少最终处理量，也就是我们通常所说的废品的回收利用和废物的综合利用。资源化有两种，一是原级资源化，即将消费者遗弃的废弃物资源化形成与原来相同的新产品，例如，用废纸生产出再生纸，用废玻璃生产玻璃；二是次级资源化，即将废物变成不同类型的新产品。原级资源化在形成产品中可以减少20％～90％的原生材料使用量，而次级资源化减少的原生材料使用量最多只有25％。与资源化过程相适应，消费者应增强购买再生物品的偏好，来促进整个循环经济的实现。

（二）循环经济发展模式的主要特征

（1）循环经济发展的主线——生态企业。以工业为基础的“循环经济”，牵涉到国民经济的各个行业以及社会的各个层面，从其构架来说是一个庞大的系统工程，这其中的一条主线就是生态企业。生态企业内部循环系统是循环经济的微观基础。一般来说，企业内部资源再生循环包括三种情况：一是将流出生产系统之外的资源回收后作为原料返回生产流程中；二是将生产过程中生成的废弃物经适当处理后作为原料或原料替代物返回原生产流程中；三是将生产过程中生成的废弃物经适当处理后，作为厂内其他生产流程中的资源，实现向企业外的废弃物零排放。

（2）循环经济发展的主要载体——生态工业园。传统的工业体系中各企业的生产过程相互独立，这正是造成污染严重和资源过多消耗的重要原因之一。工业生态园的发展是按照自然生态系统的模式，强调实现工业体系中物质的闭环循环，促进资源和能量共享，其中一个重要的方式就是建立工业体系中不同工业流程和不同行业之间的横向共生。即通过不同企业或工艺流程间的横向耦合及资源共享，为废物找到下游的“分解者”，建立工业生态系统的“食物链”和“食物网”，达到变污染负效益为资源正效益的目的。

（3）循环经济发展的重要手段——清洁生产。循环经济的具体活动主要集中在三个层次：企业层次、企业群落层次和生活垃圾层次。清洁生产在组织层次上，将环境保护延伸到生产的整个过程，它通过采用清洁生产审计、环境管理体系、生态设计、生命周期评价、环境标志和环境管理会计等工具，渗透到生产、营销、财务和环保等各个领域，将环境保护与生产技术、产品和服务的全部生命周期紧密结合。因此可以说，清洁生产是发展循环经济的重要手段。如果说经典的清洁生产是在单个组织之内将环境保护延伸到该组织有关的方方面面，而生态工业则是在企业群落的各个企业之间，即在更高的层次和更大的范围内提升和延伸了环境保护的理念与内涵。与生态工业相比较，循环经济从国民经济的高度和广度将环境保护引入经济运行机制。三者各有侧重，但又相互渗透，互为促进。

(4) 循环经济的目标——自然与社会、经济与生态的协调、可持续发展。生态经济循环圈(系指生态经济再生产的循环往复和周而复始的转化过程)的矛盾，既由人类的生产和消费活动引起，也是由人类的生产和消费活动而激化，也就是说，生态经济循环圈的资源消耗和环境污染主要是通过经济循环圈的生产和消费活动引起的。而循环经济以"六 R"原则作为指导人类社会经济活动的准则，来强化生态经济圈的循环转换功能，通过强化生态循环圈和经济循环圈的双重转换机制，以寻求生态循环圈和经济循环圈的协调发展。

(三) 发展循环经济的意义

第一，循环经济可以充分提高资源和能源的利用效率，最大限度地减少废物排放，保护生态环境。传统经济是由"资源—产品—污染排放"所构成的单向物质流动的经济。在这种经济中，人们以越来越高的强度把自然资源和能源开采出来，在生产加工和消费过程中又把污染和废物大量地排放到环境中去，对资源的利用常常是粗放型的和一次性的。循环经济倡导建立在物质循环利用基础上的经济模式，根据资源输入减量化、延长产品和服务使用寿命、使废物再生资源化等三个原则，把经济活动组织成一个"资源—产品—再生资源—再生产品"的循环流动过程，使得整个经济系统从生产到消费的全过程基本上不产生或者少产生废弃物，最大限度地减少废物末端处理。

第二，循环经济可以实现社会、经济和环境的"共赢"发展。传统经济通过把资源持续不断地变成废物来实现经济增长，忽视了经济结构内部各产业之间的有机联系和共生关系，忽视了社会经济系统与自然生态系统间的物质、能量和信息的传递、迁移、循环等规律，形成高开采、高消耗、高排放、低利用的"三高一低"的线性经济发展模式，导致许多自然资源的短缺与枯竭，产生大量和严重的环境污染，造成社会经济、人体健康的重大损害。循环经济以协调人与自然的关系为准则，模拟自然生态系统的运行方式和规律，实现资源的可持续利用，使社会生产从数量型的物质增长转变为质量型的服务增长；同时，循环经济还拉长生产链，推动环保产业和其他新型产业的发展，增加就业机会，促进社会发展。

第三，循环经济在不同层面上将生产和消费纳入到一个有机的可持续发展框架中。传统的发展方式将物质生产和消费割裂开来，形成大量生产、大量消费和大量废弃的恶性循环。目前，发达国家的循环经济实践已在三个层面上将生产(包括资源消耗)和消费(包括废物排放)这两个最重要的环节有机地联系起来：一是企业内部的清洁生产和资源循环利用，如杜邦化学公司模式；二是共生企业间或产业间的生态工业网络，如著名的丹麦卡伦堡生态工业园；三是区域和整个社会的废物回收和再利用体系，如德国的包装物双元回收体系(DSD)和日本的循环型社会体系。

生态工业园构建模式及推进机制

摘　要：生态工业园是循环经济的重要载体和实践手段。根据园区内企业之间产业共生关系的不同，生态工业园可以分为两类：在不同企业契约式共生基础上构建的生态工业园和同一企业集团内生式共生基础上构建的生态工业园。根据矫正市场外部性主体的不同，我们针对这两类生态工业园提出了不同的推进机制。

关键词：生态工业园；构建模式；推进机制

生态工业园(Eco-Industrial Park，EIP)是建立在一块固定地域上的由制造企业和服务企业组成的社区。整个企业社区将能获得比单个企业通过个体行为的最优化所能获得的效益之和更大的效益。它是继经济技术开发区和高新技术开发区后的第三代工业园区①，其本质特征是以工业生态学和循环经济理论为指导，以园区内企业间物质、能量和信息的交换机制为基础，以生产发展、资源利用和环境保护和谐统一为目标的一种新型工业组织形态。生态工业园是循环经济发展的中观层次，是连接生态企业和生态城市(社会)的中间环节，它超越了传统工业园区以"资源消费—产品—废弃物"开环型物质流动为特征的生产发展模式，实现了区域范围内"资源消费—产品—再生资源"闭环型的物质流动，缓解了环境污染、资源短缺和经济发展之间的矛盾，体现了新型工业化的特征和可持续发展战略的要求。

目前，学术界关于生态工业园的研究主要集中在生态工业园的理论基础、运作机制、功能评价、规划设计和典型案例分析等方面，对生态工业园构建模式和推进机制的研究较少。学者戴锦、王兆华、赵瑞霞等把生态工业园分成两类或三类构建模式，并集中研究了以丹麦卡伦堡生态工业园和中国贵糖集团生态工业园为代表的两类工业园，指出了这两类工业园的优势和局限性②③。这些研究从具体工业园的运作机制出发，分析了工业园区内产业共生链条的构建方式、企业的耦合机制和不同工业园的比较优势等，深化和拓展了对生态工业园的研究。但是，现有研究更多的是对工业园构建模式的现状描述，缺乏对不同类型工业园比较优势的规律性总结和深度发展的对策性研究。本文根据工业园内企业之间产业

---

① 耿勇，武春友．国内外生态工业园发展评述[J]．UNEP 产业与环境，2003.

② 戴锦．生态工业园发展模式[J]．生态经济，2004(1).

③ 赵瑞霞，张长元．中外生态工业园建设比较研究[J]．中国环境管理，2003(5).

共生方式的不同，分析了不同类型生态工业园的构建模式和本质特征，提出了针对不同类型生态工业园的推进机制。

一、生态工业园的两种构建模式

生态工业园本质上是一个由初级材料加工厂、深加工厂、制造厂、废弃物处理厂、次级材料再加工厂等组合而成的工业生态链和工业生态网络。根据生态工业链中企业之间产业共生关系的不同，生态工业园可以分为两类：基于不同企业契约式共生基础上构建的生态工业园和同一企业集团内生式共生基础上构建的生态工业园。

（一）基于不同企业契约式共生基础上构建的生态工业园

基于不同企业契约式共生基础上构建的生态工业园是指在一定区域内，具有独立的法人资格且双方不具有所有权上隶属关系的独立企业，包括制造业、服务业等，基于企业利润最大化和生态最优化目标，自发地通过缔结契约形式确立产业共生关系，并以此为基础，在政府引导下构建的生态工业园。在生态工业园内，把具有产业关联度的不同企业联结起来，形成共享资源的产业共生组织（横向或纵向工业生态链建立的生态企业群），使得上游生产环节的废弃物成为下游生产环节的原料和能源，实现向园区外废弃物的“零排放”。

入驻生态工业园的上下游企业利用工业园的区位优势满足下列公式：

$$R=R_{NES}+R_{ES}\rightarrow R_{A}$$
$$R'=R'_{NES}+R'_{ES}\rightarrow R'_{A}$$

其中：

R——选择产业共生模式时上游企业的全部利润；

R'——选择产业共生模式时下游企业的全部利润；

R_A——没有选择产业共生模式时上游企业原来的业务利润；

R'_A——没有选择产业共生模式时下游企业原来的业务利润；

ES——产业共生项目；

NES——非产业共生项目；

R_{NES}——非产业共生项目对上游企业的利润贡献；

R'_{NES}——非产业共生项目对下游企业的利润贡献；

R_{ES}——产业共生项目对上游企业的利润贡献；

R'_{ES}——产业共生项目对下游企业的利润贡献。

在这类工业园中，入园企业通过与上下游企业签订有关产业共生的契约，确立双方（多方）的权利和利益，实现多赢的经营目标，满足 $R>R_A$ 且 $R'>R'_A$。一方面，上游企业生产和服务过程当中或之后排放的废弃物通过市场交易转化为下游企业的原材料，实现了废弃物处理成本向企业新增价值的转化，避免了废弃物处理过程中额外的税收、运输费用和单一企业生产所产生的外部不经济；另一方面，下游企业由于减低了购入原材料的成本，提高了自身的收益。这样，通过构建企业的产业共生链条，既促进了上下游企业利润的最大化，又满足了生态的最优化，实现了经济效益、生态效益和社会效益的有机统一。

（二）基于同一企业集团内生式共生基础上构建的生态工业园

基于同一企业集团内生式共生基础上构建的生态工业园主要是在企业集团基础上建立起来的。企业集团在利益驱动下构建内部企业能源梯级利用链条和各种物料的循环利用链条，实现物质、能量和信息在企业内部的互换。这类工业园以大型国有企业或合资企业为中心组建，主导产业和产品突出，企业集团内上下游生产企业和服务企业存在协同和共生关系，容易形成"中心—外围"的动态生态工业网状互动结构。

在这类工业园构建模式中，企业集团内部实现了产业共生，满足下列公式：

$$R=R_{NES}+R_{ES}\rightarrow R_A$$

其中：

R——选择产业共生模式时企业集团的全部利润；

R_A——没有选择产业共生模式时企业集团原来的业务利润；

ES——产业共生项目；

NES——非产业共生项目；

R_{NES}——非产业共生项目对企业集团的利润贡献；

R_{ES}——产业共生项目对企业集团的利润贡献。

在这类工业园中，企业集团在内部选择产业共生的生产组织形态，满足 $R>R_A$。因为入园的企业都是企业集团的下属企业或通过横向、纵向一体化由企业集团控股的企业。集团公司通过行政手段或平等协商的方式，协调集团内部企业之间的利益关系，推动了工业生态链中各单元间副产品或废弃物的交换、能量的梯级利用以及基础设施的共享，实现了资源利用的最大化和废弃物排放的最小化，达到了集团整体利益的最优化。

二、两种生态工业园构建模式的特征

（一）基于不同企业契约式共生基础上构建的生态工业园的特征

基于不同企业契约式共生基础上构建的生态工业园是具有独立产权的企业组合而成的企业集群。各企业分别承担资源生产（生产者）、加工生产（消费者）和还原生产（分解者）的功能和角色，通过缔结契约的方式确定交易双方（多方）副产品或废弃物的交换方式、价格和范围，寻找自己生产中的原料或者部分替代原料。这类生态工业园的代表性案例有丹麦卡伦堡生态工业园、山西朔州火电厂生态工业园等。

此类工业园具有以下特征：

(1) 政府调控工业园的构建。尽管不同企业存在着产业共生的可能性和必要性，但是由于存在不确定性和信息不对称以及官僚主义等障碍因素，单个企业不愿意承担信息搜寻、契约谈判、监督执行以及与政府机构协调的全部费用。因此，政府需要出面规划生态工业园建设，提供基础设施和公共服务，协调园区内企业关系，并监督企业遵守园区管理规定。

(2) 入园企业以利润最大化为首要目标，企业间不具有完全的利益一致性。利润最大化是企业的首要目标，企业是否愿意参与产业共生链条，取决于企业能否实现自身利润的最大化。每个企业在追求利润最大化的过程中，既具有合作意愿，又具有竞争性和排他性，个体企业的最佳利益不等于整个工业园的最佳利益。

(3) 企业间通过契约确定产业共生关系，存在契约风险，产业共生链条缺乏稳定性。这类工业园是企业通过谈判、签订契约构建起来的，存在契约风险。由于交易主体之间信息的不对称和不完全性、个别企业机会主义和恶意欺诈行为的存在，加上市场风险性、技术可行性的困扰，导致已经构建起来的产业共生链条极容易断裂。

(4) 一般没有核心企业，各企业间是基于契约自由的契约平等关系。因为是各行为主体(企业)之间基于平等法人而签订的契约，所以尽管签约企业大小、属性不同，但都是基于资源的相互利用而组建的利益共同体的成员，都必须遵循合约规定的权利和义务。

(5) 交易成本较高。由于基于不同企业契约式共生基础上构建的生态工业园涉及企业、政府部门等多个行为主体，其交易成本涵盖市场性交易成本和政治性交易成本两类，包括信息搜寻成本、契约谈判成本、履约成本、监督成本、风险规避成本和政府管理成本等，交易成本较高。

(6) 企业间通过市场机制的调节，实现副产品或废弃物的有偿交换。在这类工业园中，企业间物质、能量、信息的交换是有偿的。在市场价格机制的支配下，上下游企业确定副产品或废弃物的交换价格(影响价格的因素包括运输费用、可替代原料的价格、废弃物的次级资源化适应性以及企业的谈判能力等)，进而实现企业间物质和能量的互换。

(二) 基于同一企业集团内生式共生基础上构建的生态工业园的特征

基于同一企业集团内生式共生基础上构建的生态工业园是企业集团出于优化资源、降低耗材和减少污染的需要，主动规划和筹建的生态工业园。按照学者戴锦的观点，它一般包括核心层、紧密层和松散层三个层次。核心层企业与紧密层企业之间往往存在着控股或相互参股的产权关系，而核心层、紧密层企业与松散层企业间则常常通过长期合同建立合作关系[①]。这类生态工业园的代表性案例有广西贵糖集团生态工业园、鲁北石化生态工业园和四川沱牌酿酒工业生态园等。

此类生态工业园具有以下特征：

（1）在企业集团基础上建成，企业自己组织为主，政府调控为辅。这类工业园基本上是以大型企业集团为主。企业集团在考虑利润最大化和生态最优化双重目标基础上，通过整合企业内部资源，构建企业共生产业链，实现内部企业间物质、能量和信息的互换。政府则给予行政审批、税收减免和贷款优惠等方面的政策支持。

（2）以企业集团整体利益最大化为目标。集团公司通过行政命令宏观调控园区内资源的配置、产业链条的构建等，以实现整个企业集团利益的最大化。企业集团这种整合资源构建产业共生链条的行为，其表征是“帕累托改进”，而不是“帕累托最优”。在实现集团利益最大化的过程中，单个下属企业可能因为付出较大的服从成本而损害了自身利益的最大化。

（3）产业链具有一定稳定性，不容易断裂。集团公司通过行政手段调节内部企业资源的配置，协调内部企业间副产品或废弃物的交换价格和利益分配，处理内部企业间的矛盾和纠纷。这种层级制的管理模式具有行政刚性，有利于维持产业共生链条的稳定性。

（4）交易成本较低。企业集团借助内部利益主体的归属感和认同感，依靠内部行政命令或平等协商手段确定所属企业或合作企业在产业共生链条上的分工合作关系，信息搜寻、契约谈判、监督执行和规避风险的成本较低。

（三）两种生态工业园构建模式的区别

（1）构建的主体不同。在不同企业契约式共生基础上构建的生态工业园中，政府发挥主导作用。政府通过多种渠道引进企业，促进产业共生的顺利完成，并为入园企业提供各种服务；在同一企业集团内生式共生基础上构建的生态工业园中，企业集团出于发展战略考虑，整合各种资源构建工业园。政府主要负责行政审批、监督执行等事项，起辅助作用。

（2）运作的机制不同。在不同企业契约式共生基础上构建的生态工业园涵盖分属不同产业、具有独立法人资格的企业。这些企业以自身利益最大化为标准确定是否加入、何时终止或退出生态产业链，并通过市场机制确定上下游企业副产品或废弃物的交换价格。政府主要是对工业园进行宏观调控，包括提供公共产品和服务、协调企业关系等；在同一企业集团内生式共生基础上构建的生态工业园中，主要参与成员同属于一家集团公司之下，它们的“组合”是集团公司经营战略的需要，具有决策刚性，参与成员无权决定是否参与、拓展或中止共生关系。集团内部通过行政手段调控上下游企业副产品或废弃物的交换价格

① 戴锦．生态工业园发展模式[J]．生态经济，2004(1).

和补偿办法，确定企业间的利益分配。

（3）运作的成本不同。在不同企业契约式共生基础上构建的生态工业园由于涉及地方政府和多家具有独立产权的企业，其运作的成本较高；在同一企业集团内生式共生基础上构建的生态工业园中，各企业具有明确而密切的产权联系，集团公司通过行政手段或平等协商方式构建内部企业产业共生链条，协调内部企业利益关系，其运作的成本较低。

（4）运作的风险不同。在不同企业契约式共生基础上构建的生态工业园存在潜在的巨大风险。这种风险由园区内个别企业的机会主义、恶意欺诈行为以及上下游企业之间存在的技术刚性、资产专用性和产业共生缺口等原因造成的，其结果是引起产业链组织结构相关结点的断裂；在同一企业集团内生式共生基础上构建的生态工业园中，核心企业具有相对庞大而稳定的生产规模和较强的抗风险能力，有助于园区工业生态网络的长期稳定。同时，集团公司运用产权协调企业关系，可以最大限度地减少产业共生关系的变动给整个工业生态系统带来的震荡。

三、两种生态工业园的推进机制

构建政府调控市场、市场导引企业的推进机制是推动生态工业园发展的总体思路。但是，不同类型的生态工业园，其推进机制有所不同。我们根据矫正市场外部性主体的不同，提出了针对不同工业园的推进机制。

（一）基于不同企业契约式共生基础上构建的生态工业园的推进机制

在不同企业契约式共生基础上构建的生态工业园的规划和建设，更多地依赖政府的宏观调控，这是因为：

（1）由于信息不对称，独立企业寻找上下游合作企业存在不确定性，因而需要政府有针对性地组织具有产业共生可能性的企业结成生态产业链。对于单个企业而言，寻找那些合乎自身产业链发展要求的、为自己提供原材料（上游企业的生产副产品）的上游企业和接受自己废弃物的下游企业，具有很大的不确定性，存在着产业共生的信息障碍。特别是作为其生产原材料的其他企业的副产品属于专用原料，只有在供应的数量、质量、稳定性和连续性方面满足其生产要求时，才能实现生产“副产品”的交换。这样，这些企业在市场上从无数的企业中寻找到完全满足要求的交易伙伴并建立起产业链接关系具有很大难度。这就需要政府根据区域、产业和产品特点，提供能够实现副产品或废弃物互换的上下游企业的信息，推动企业在市场机制的作用下结成产业共生利益同盟。

（2）企业实现产业共生的成本相对较大，需要政府给予相关税收、财政和信贷方面的政策支持。企业一旦寻找到合适的交易对象，就需要增加进行副产品交易的各种设施和设备。一般来说，用来支持副产品交易的固定资产属专用实物资产，一经投入即为沉没成本，转移难度较大。因此，企业需要政府提供有利的优惠政策以降低生产成本和经营风险。

（3）个体企业存在机会主义和投机行为，契约风险大，产业共生链条具有不稳定性，需要政府成立专门的机构进行仲裁、调节，以加强风险管理。

基于以上原因，为弥补市场不足，降低园区内企业的交易成本，政府需要加大对工业园的宏观调控，因为"政府行为要比基于个人产权和私人性讨价还价的行动带来更有效的效果——即使官僚决策可能是次优的。"[①]在生态工业园的规划和建设中，政府的推进作用主要表现在：

（1）提供公共设施和管理服务。公共设施包括支持生态工业园内企业发展的信息管理系统、环境管理信息系统、技术研究中心、能源中心、物流中心、中水回用管网、工业余热余能循环利用管道、垃圾填埋厂、道路交通、公共绿地等，这些公共产品需要政府提供；管理服务是指原来从能源管理部门到环境管理部门等多个部门管理的行政审批、环境监测、公共产品维护等，现在统一由工业园区的一个综合管理部门管理，以减少行政管理成本，更好地为企业服务。工业园区管理服务包括三部分：① 园区生态管理服务，包括园区ISO14000环境管理体系、园区综合评价体系、应急事故的认识与防备计划（APELL）等的构建、推行和监督等；② 企业生态管理服务，包括ISO14000环境管理体系的执行监督、清洁生产技术的推广和相关人员的培训等；③ 产品生态管理服务，包括产品生态设计理念、环境标志政策的执行监督等。

（2）构建有效的政策扶持体系。首先，认真落实国家有关生态工业园建设的扶持政策，积极帮助和引导生态工业园内的企业掌握并运用好国家的优惠政策，鼓励民间组织和企业参与生态工业园的开发、管理与经营；其次，制定财政补贴、税收优惠、贷款贴息、返还排污费和优先采购等经济激励办法和措施，集聚具有互补配套优势的企业和项目，形成生态产业链或产业集群，实现物质和能源的多层次梯级利用；再次，创造公平竞争的市场秩序，建立股票债券融资、招商引资、金融信贷等多元化筹融资体系，设立园区规划与开发基金，为园内企业发展提供良好的投资软环境；最后，制定园区管理办法和企业合作的法律依据，建立园区内企业信用评价机制和信用信息披露制度，减少生态工业园内外各种随机、模糊的不确定因素，实现对生态工业园的柔性化管理。

（二）基于同一企业集团内生式共生基础上构建的生态工业园的推进机制

基于同一企业集团内生式共生基础上构建的生态工业园主要是在企业集团基础上建立起来的。按照制度经济学代表人物科斯的观点，企业是市场的一种替代，在市场不能有效

---

① （美）埃里克·弗鲁博顿，（德）鲁道夫·芮切特. 新制度经济学：一个交易费用分析范式[M]. 上海：上海三联书店出版社，2006：125.

发挥作用的时候，企业能够取而代之[①]。企业相较市场的比较优势在于：在信息处理上具有规模效应；在应付产权界定不完全以及其他规避风险问题上具有制度适应性[②]。企业集团通过其等级管理制度协调内部关系，使其内部治理成本低于市场组织的治理成本，从而实现范围经济或规模经济。这类工业园主要靠企业集团自身良好的运作，而政府主要起宏观指导作用。企业集团的推动作用主要表现在：

(1) 企业集团按照生态工业学和循环经济原理安排发展规划，通过资金支持、设备支持、技术支持等措施鼓励下属公司或合作企业加入生态工业链条，实现企业间的产业共生、资源共享和互换。

(2) 企业集团通过决策和控制功能的集中化，宣传、推广和普及生态工业学和循环经济的有关知识，增加企业集团内部的共识和许可，实现工业生态理念与企业文化的融合。同时，运用行政命令或平等协商的手段，确定上下游企业副产品或废弃物的交换价格及利益分配，维护内部生态工业链的稳定性。

(3) 企业集团从自身利益出发，通过横向一体化或纵向一体化等手段，把园外企业纳入自己的工业生态链，推动原料、能源、废物和各种环境要素之间逐级逐层次的立体环型流动，实现废弃物的再生增值。

(4) 企业集团通过设立专门的后勤管理部门，为工业园区提供所需要的服务设施和设备，包括自助餐厅、医疗中心和体育锻炼设施等。

四、结论

生态工业园是循环经济的载体和重要实践手段，是生态社会的重要标志，其发展需要包括市场、政府、企业多方面主体的推动。不同类型的生态工业园，市场、政府和企业在推动工业园发展过程中的作用也不尽相同。我们应该针对基于不同企业契约式共生基础上构建的生态工业园和基于同一企业集团内生式共生基础上构建的生态工业园这两类工业园构建模式，采用不同的推进机制推动我国工业园的发展。

---

① (美)罗纳德·科斯．企业的性质．现代制度经济学[M]．北京：北京大学出版社，2003：103－114.

② (美)奥利弗·伊顿·威廉姆森．生产的纵向一体化：市场失灵的考察[M]．上海：上海三联书店出版社，2006：1－19.

循环经济型现代物流业构建策略

摘　要：构建适应循环经济发展要求的现代物流是物流业发展的必然趋势，是中国物流业与国际接轨的必然要求。我们应按照“减量化、再利用、资源化”原则构建适应循环经济发展要求的现代物流业发展战略及推进机制，以实现建设综合性、智能性和环境友善的“大物流”目标。

关键词：循环经济；现代物流；构建

随着国民经济的发展，物流业已成为我国经济发展的重要产业和新的经济增产点。目前，国内物流业基本上停留在做大做强以赢得规模经济的层面上，还没有从改善人类生存环境、实现生态增长与经济发展“双赢”的角度来思考自身发展问题，因而滞后于科学发展观的要求。本文从发展循环经济、建设生态社会的要求出发，提出了构建适应循环经济发展要求的现代物流业的思路，并做了初步探索。

一、循环经济的内涵及其对构建现代物流业的意义

循环经济是基于环境污染、生态恶化、资源短缺等人类发展中的突出矛盾而提出的一种新的经济发展模式，它是人类生态文明的重要标志。所谓循环经济，本质上是一种生态经济，它要求运用生态学规律把经济活动组织成一个“资源—产品—再生资源”的反馈式流程，所有的物质流、能量流、信息流在这个不断进行的经济循环中得到合理而持久的利用，从而把经济活动对自然环境的影响降低到尽可能小的程度。所以，循环经济是一种自然与社会、经济与生态和谐统一的经济发展模式。

物流是物质实体被能动地按一定需求和方式在始发端与目的端之间，通过将运输、储存、装卸、搬运、包装、流通加工、配送、信息处理等基本功能实施有机结合，进行有计划的流通过程。它贯穿于生产以及生产以前的过程、物理性的流通过程以及售后服务、销毁回收等全过程，是实现产品价值链的一个重要环节，承载着产品价值实现的加速剂和推动机的功能。随着国民经济的发展，物流业逐渐成为第三产业的一个重要组成部分。目前，我国物流业虽然有了一定发展，但还不成熟、不完善，系统分割、资源分散的物流运营体制在推动物流业粗放型发展的同时也带来了高污染、高消耗、低效率等问题，这就要求我们需要按照循环经济的发展要求重新定位和构建现代物流业，以打造一个高效率的物流服务平

台，服务于企业和社会。

构建适应循环经济发展的物流业具有重要意义，具体表现在：

1. 它是中国物流业与国际接轨的必然要求

信息革命和电子商务的兴起，加快了世界经济一体化进程，促进了国际物流的发展。发达国家是物流业的最早开启者和实践者，主导着国际物流业发展的规范和模式，形成了比较成熟的经验和做法。他们较早地关注了物流对环境和生态的负外部性，并且采用源头治理和末端治理并重的做法，积极发展“绿色物流”。如有的国家规定农药仓库要符合以下要求：货仓应有齐全的通风设备、特别的防火设施和防止危险品溢出的设施(如防危险品外溢斜坡)。我国有物流企业几十万家，仅快递物流就有1200多家，但这些企业大多规模小，经营分散，没有形成自觉关注生态环境的意识，存在着运输噪声、废弃物污染和包装质地污染等环境问题。因此，要与国际物流业接轨，我们必须发展适应循环经济要求的中国物流。

2. 它是物流载体提高竞争力的客观要求

随着社会生产力的发展，企业间竞争的重点逐步过渡到物流管理领域，而物流管理之间的竞争主要取决于物流载体的实力和竞争力。现代物流包含两类：一是制造或零售企业自我提供的物流，称为“业内物流”，由企业自己组织专门部门负责；二是专门的物流公司提供的“第三方物流”，又称为“外购物流”。无论哪一类物流载体组织的物流，要增强自己的竞争力，必须遵循循环经济的“减量化、资源化、再利用”原则，在降低耗材、减少污染、提高资源利用效率方面下工夫。物流载体只有按照循环经济的要求改善自己的技术、工艺和管理，达到包装规格、产品运输工具等方面的环保要求，才能更好地降低物流成本，提高自身在国内同行企业中的竞争力和国际竞争力。

3. 它是物流业发展的必然趋势

目前，发展循环经济已成为人类的共识。建设生态社会的发展目标要求社会生产和生活的各个环节都按照循环经济的发展要求，规范自己的行为，物流业也不例外。当下人们较多关注经济发展过程中生产和消费活动对资源和环境的破坏作用，而没有足够重视物流活动引起的生态问题。随着人们的观念从生态觉醒到生态自觉的转变，对物流业的循环经济要求也将提到日程。

二、构建适应循环经济要求的现代物流业的原则

循环经济主要有三大原则，即“减量化、再利用、资源化”原则，每一个原则对循环经济的成功实施都是必不可少的，也是构建现代物流业所要求的。

1. 减量化原则

针对的是输入端，旨在减少物流过程中所使用的物质和能源流量。换句话说，就是通过源头治理的方式，减少物流载体在运输、储存、装卸、搬运、包装、流通加工、配送等活动中所投入的物质量和能源量。

2. 再利用原则

属于过程性方法，目的是延长产品和服务的时间强度，避免物品过早地成为垃圾。这要求在物流业的业务发展中，尽量使用标准工具和标准部件，这样可以在装配物报废之前非常容易和便捷地升级换代，而不必更换整个产品，从而节约耗材，降低成本。

3. 资源化原则

属于输出端方法，通过把废弃物再次变成资源以减少最终处理量，也就是我们通常所说的废品的回收利用和废物的综合利用。资源化有两种：一是原级资源化，即将消费者遗弃的废弃物资源化，形成同种类型的新产品，例如，将废纸生产出再生纸，用废玻璃生产玻璃；二是次级资源化，即将废弃物变成不同类型的新产品。原级资源化在形成新产品中可以减少20%～90%的原生材料使用量，而次级资源化可以减少25%的原生材料使用量。与资源化过程相适应，物流载体在运输、储存、装卸、搬运、包装、流通加工、配送中尽量使用可再生和可分解的材料，以便实现资源的循环利用。

三、构建适应循环经济要求的现代物流业的措施

1. 制定适应循环经济发展要求的现代物流业发展战略

政府要制定重点突破和全面推进相结合的现代物流业发展战略。

所谓的重点突破是指在物流的某个环节(比如运输、包装、仓储等)就危害生态环境比较严重的方面确立绿色物流推进目标、规范要求，并重点治理以起到示范作用。比如，包装材料运用方面，政府可以加强监督和监管，督促物流载体用可再生材料代替商品包装的一次性、豪华性、不可降解材料；在物流仓库的选址方面，要求企业远离市区，并且减少土地占用面积；在运输车辆方面，规定其噪声影响标准、尾气排放标准和载重标准。通过单方面突破，重点治理物流业中不适应循环经济要求的环节，督促物流载体重视物流对环境和生态的负面影响。

全面推进是指在源头和末端、在企业内部物流和“第三方物流”之间、在物流的各个环

节和整个行业中完全按照发展循环经济的要求开展业务，建设适应生态社会要求的现代物流，实现废弃物“零排放”目标。这要求物流载体在运输、储存、装卸、搬运、包装、流通加工、配送等过程中严格按照“减量化、再利用、资源化”原则规范业务流程，实现资源利用和环境危害的最小化。

通过制定重点突破和全面推进相结合的现代物流业发展战略，实现传统物流向现代绿色物流的转变，进而推动整个物流业的发展。

2. 构建适应循环经济要求的现代物流业的推进机制

(1) 构建适应循环经济要求的现代物流业管理体系。

一是建立一个权威的国家物流领导机构或协调机构。这个机构应由国务院相关部门牵头，各物流系统的管理部门特别是环保部门参加，主要负责按照建设生态社会和发展循环经济的基本要求，统一规划全国重大物流项目，研究制定发展现代物流业的政策法规体系，构建静脉循环型物流系统，确立现代物流业发展的生态要求；

二是各系统的行业管理部门要负责本系统重大物流设施的规划，制定本系统体现循环经济发展要求的物流发展标准、要求和规范，并且通过经济激励、政策规制等措施督促物流载体按照要求开展业务；

三是物流行业协会要发挥监督和监管作用，协助行业主管部门做好以下工作：① 对物流业的生态要求进行研究，推动新的行业规章制度和标准的制定；② 为会员提供相互交流的机会，通过发行内部刊物和研讨会形式，推动行业发展中一些重大问题的合作和经验的推广；③ 与有关高等院校合作，加强对物流从业人员绿色物流知识的教育培训，实现对物流人员从业资格的认证。通过这些工作，发挥物流行业协会在物流行业标准制定、物流人才教育和培训、物流技术交流与推广、物流统计体系建立以及物流规划咨询服务等方面的积极作用。

(2) 制定符合循环经济要求的现代物流业的标准化规范。

物流标准化建设是推进物流现代化的基石，是中国物流业与国际接轨的前提。

物流标准化包括：① 设备、设施的标准化，如托盘、货柜、集装箱、包装等的标准化；② 信息标准化，如运输单据、出入库单据、条形码等的标准化；③ 管理模式标准化，如应答制度、赔偿制度、信息反馈制度等的标准化。

目前，美国、欧洲不仅基本实现了托盘、集装箱规格及条码技术等物流工具和设施的标准化，而且在物流信息传递技术方面，欧洲各国也基本实现了欧洲统一市场内企业之间的标准化。现在我国还没有制定详细严格的物流标准化规范，这对我国企业参与全球化竞争造成了很大障碍。很多发达国家出于维护自身经济和贸易利益的考虑，纷纷举起物流标准化的大旗限制我国产品的出口，如有些国家以包装规格或产品运输工具不符合环保要求为由限制我国产品的进入。因此，我们要积极开展物流术语、计量、技术标准、数据传输标准、物流运作模式与管理标准等的普及工作，积极推进托盘、集装箱等各种物流装卸设施、条形码等通用性较强的物流技术的标准化，推动物流企业进行国际认证，提高我国物流业的国际化水平。

(3) 实施积极的激励政策，鼓励物流载体按照循环经济的要求开展业务。

制定和实施有效的激励政策是现代物流业沿着循环经济要求健康发展的重要保证。

首先，认真落实国家对绿色物流的扶持政策。政府有关部门应加大宣传咨询力度，积极引导物流载体掌握并运用好国家优惠政策，将各项政策落到实处；

其次，制订完善的配套激励政策措施。根据国家有关政策，积极运用经济手段，通过财政补贴、贷款贴息、返还排污费、优先采购等形式，加大财政扶持力度，支持物流载体推行循环经济技术，加快与物流相关的环保基础设施和大型项目的建设；

再次，创造公平竞争的市场秩序，建立股票债券融资、招商引资、金融信贷等多元化筹融资体系，为物流载体的发展提供良好的投资环境；最后，通过政策调控措施鼓励物流载体转变观念，按照现代企业制度的要求和市场经济的需要进行改革、改组、改造，建立综合物流企业集团，实现物流企业集团内部上下游企业物质和能量的交流，以达到物质减量化、资源化和再利用化目标，进而减少无序物流对环境的消极影响。

(4) 应用和推广适应循环经济要求的绿色物流技术。

首先，积极应用信息处理技术，利用电子商务平台获取供求信息，并统计、分析这些信息，以便对业务开展做出合理及时的安排，提升物流企业信息流速度。同时，利用现代信息技术实现不同经济部门、不同企业之间的物流信息交流和共享，从而实现对各种物流要素的有效协调和管理，提高物流载体工作效率和经济效益。海尔集团在物流管理系统中成功引入信息技术后，构建和理顺了企业内部的供应链，带来了显著的经济效益：库存资金降低约 7 亿元；库存资金周转日期从 30 天降低到 12 天以下；仓储面积半年内减少了一半①。

其次，支持发展能源综合利用技术、回收和再循环技术、资源重复利用和替代技术、环境监测技术以及智能交通系统技术(ITS)等，加快那些经济上和技术上都可行的绿色物流技术的实施。通过这些绿色物流技术的应用，达到从生产设计、能源与原材料选用、工艺技

---

① 邢贞信，王雁. 电子商务与现代物流[J]. 中国制造业信息化，2004(2).

术与设备维护管理等生产和服务的各个环节对物流过程进行控制的目标。

（5）加强物流从业人员的生态伦理教育。

物流业作为一项服务产业，不仅与管理学、市场营销学、贸易学、经济学息息相关，也与生态学紧密联系。我们必须重视物流从业人员生态伦理教育和生态情怀培养，督促其自觉把物流业置于循环经济发展的要求下，推动中国物流业与世界接轨。

马克思的“自然生产力”思想论

摘　要：新中国成立后很长一段时间里，学者将马克思的生产力一般等同于物质生产力或社会生产力的特殊，一味地强调人类征服、控制、改造和利用自然的能力，忽略了自然生产力的价值和作用，引起了理论上的混乱和实践中的失误。马克思在其著作中，将自然界自身的自然力、人的自然力以及人化自然力看做自然生产力，并论述了其存在的作用。马克思的“自然生产力”思想对于我们今天落实科学发展观、发展循环经济和建设和谐社会具有重要的理论指导意义。

关键词：马克思；自然生产力；生产力；现代价值

人类自农耕文明发展到工业文明以来，以高消耗、高污染和低利用为特征的线性经济成为经济发展的主导模式。这种经济发展模式引起了人类发展过程中的资源短缺和环境污染问题。反思工业文明以来人类社会发展的经验教训，构建社会主义生态文明，我们必须重新审视自身经济发展的行为，从经典作家的著作中寻找解决今天发展困境的答案。马克思在其著作中见微知著，较早地关注了资本主义社会的生态问题，提出了尊重自然、重视自然的“自然生产力”思想。这一思想对于我们今天落实科学发展观、发展循环经济和建设和谐社会具有重要理论指导意义。

一、传统生产力概念界定的局限性

生产力作为推动社会历史发展的基础性因素，在马克思唯物主义历史观逻辑系统的构架中具有重要地位，是历史唯物主义最根本的理论基石。在一定意义上，生产力理论的形成与历史唯物主义的获得是一致的[①]。在马克思的著作中，关于生产力的表述有很多种，如“物质生产力”“社会的物质生产力”“生产力”“社会生产力”“劳动生产力”“社会劳动生产力”“科技生产力”等。这些概念语言组成不同、表述方式各异、内涵和外延也很难界定和区分，因而很长一段时间以来，我国学者对马克思的生产力概念有不同程度的误读和曲解。

传统工具书和学者往往沿袭苏联教科书的说法，将人类与自然对立起来考察生产力概

① 郭杰忠. 生产力概念的制定及其对历史唯物主义的意义[J]. 江西社会科学，2005(9).

念。1980年版的《辞海》《政治经济学辞典》，1987年版的《中国大百科全书》和1998年版的《政治经济学大辞典》都将生产力界定为人们控制、征服、改造和利用自然的能力，并将其等同于物质生产力或社会生产力。于光远、刘贵访等学者在界定生产力概念时，观点和上述工具书基本一致。20世纪90年代以后，冯契、陈先达、叶敦平等学者在已有研究的基础上，试图对生产力概念修正、发展，并最终推动生产力概念经历了“征服说—控制说—改造说—影响说—适应说”[①]等的变迁。

尽管生产力概念经历了一些变迁，但是仍然没有脱离把人与自然作为主客体存在的“两要素说”的窠臼。在《现代汉语词典》中，征服是指“用武力使(别的国家、民族)屈服；控制是指“使处于自己的占有、管理或影响之下”；改造是指“就原来的事物加以修改或变更使适合需要”；影响是指“对人或事所起的作用”；适应是指“符合客观条件或需要”。从这些词语的含义可以看出，已有生产力概念仍然将生产活动界定为人类向大自然单向索取的活动，仍然没有摆脱将人与自然分离对立的二元思维方式和人类中心主义的价值理念。这种生产力概念界定存在以下缺陷：

(1) 把自然看成是人类征服、控制和支配的对象和工具，隔离了人类与自然、经济系统与生态系统的统一性和联系。实质上，作为人类生存和发展前提条件的自然，存在于生产力构成的三要素中，体现了生产力概念的生态纬度。其一，作为生产力中最活跃要素的劳动者的个体生命来自于自然界，“属于自然界，存在于自然界”[②]；其二，作为生产力发展水平重要标志的生产工具、基础设施和能源设施等劳动资料，其构成质料直接或间接来自于自然界；其三，作为生产力发展源泉的劳动对象，其表现为直接自然物和加工过的自然物。从生产力的三个组成要素我们可以看出，自然存在于生产力的各个要素中，并起着基础性作用，是生产力要素的基本组成部分。正如马克思所说的：“土地(代指自然界——作者注)和劳动似乎是生产的原始因素，而专供劳动使用的产品，即生产出来的劳动材料、劳动资料、生活资料，只是一种派生因素。”[③]

(2) 把进入生产过程的人化自然与初始自然分开，割裂了自然系统自身的统一性和联系。自然界是集整体性、复杂性、有机性和系统性等特征于一身的复合体，各组成部分之间互相联系、互相影响、相互制约。而传统生产力概念只重视进入生产过程的人化自然即原材料对生产力发展的推动作用，忽略了初始自然作为生产力构成部分的基础作用，割裂了自然系统自身的有机联系。

(3) 把人类征服、控制、改造和利用自然的能力单向度理解为积极生产力，忽略了其带来的消极生产力影响。长期以来，在传统生产力概念的影响下，人们认为生产工具越先进，

---

① 巨乃岐，刘冠军. 生产力新论：大生产观初探[J]. 东方论坛，2003(1).

② 马克思恩格斯全集(第20卷)[M]. 北京：人民出版社，1971：519.

③ 马克思恩格斯全集(第47卷)[M]. 北京：人民出版社，1979：105.

征服、改造自然的能力越强，劳动生产率越高，生产力发展就越快，没有看到人类的这种行为在创造物质生产力的同时，也销蚀了自然生产力，反过来制约了社会生产力的发展。

总之，已有生产力概念只是看到了人(社会)与自然界的区分，“剥夺自然性相，使自然质料化”，割裂了“社会的世界”和“自然的世界”“人的历史”与“自然的历史”的联系。这种生产力概念界定歪曲、篡改了马克思的生产力学说，忽略了自然生产力的价值和作用，引起了理论上的混乱和实践中的失误。因此，“我们必须还给生产力以本来面目，把社会力量和自然力量有机协调地结合为完整的生产力。”①

二、自然生产力的概念、类型与特征

尽管马克思在著作中系统地阐述了生产力学说，但是并没有给出一个能够囊括用法不一、出处于不同作品的一般性的生产力概念。实际上，马克思的生产力概念可以分为三类：第一类，狭义的生产力概念，是指人类以劳动为媒介征服、控制、改造和利用自然，并通过与自然界的物质变换以创造使用价值的能力，等同于物质生产力。第二类，中义的生产力概念，即社会生产力，是指人类有意识地影响和控制人周围的自然与人自身的自然，创造社会物质财富、精神财富和促进人类自身发展的能力总和，是物质生产力、精神生产力和人才生产力的有机统一。第三类，广义的生产力概念，包括社会生产力和自然生产力，是指人类与自然以劳动为媒介双向建构、协同发展的能力，是自然生态再生产能力和社会经济再生产能力的统一。传统的生产力概念基本上属于第一类和第二类的界定，将物质生产力或社会生产力特殊等同于生产力一般，忽略了自然生产力。

自然生产力属于广义生产力的范畴，是指客观存在于自然界同时又与人类的生存和发展紧密相关，能够直接或间接地影响生产活动的各种自然力量的总和，包括自然界的自然力、人的自然力和人化自然力②。马克思把人类外部的自然分成两类：第一自然和第二自然。第一自然也称初始自然，是指尚未进入人类实践范围内的自然，包括人类产生前的自然和存在于人类实践之外的自然，如尚未被人类完全认识和利用的地力、水力、风力、太阳能等，它是自然生产力的基础要素，表现为自然界的自然力。第二自然也称人化自然，是指人类产生后进入人类实践范围内的自然，如被运用于人类生产活动中的土地、江河、瀑布、气候、矿藏、森林、鱼类等，它是自然生产力的主体和核心，表现为人化自然力。

---

① 柯宗瑞. 生态生产力论[J]. 新华文摘，1991(6).

② 学者徐春、谢保军、刘思华认为，包括自然资源和自然生产条件在内的整个自然生态环境都直接或间接表现为生产力。本文赞同该观点。(参见徐春. 论生产力尺度与生态尺度的统一[J]. 北京大学学报，1994(3)；谢保军. 马克思“自然生产力”思想探析[J]. 马克思主义研究，2002(5)；刘思华. 马克思广义生产力理论探索(下)[J]. 湘潭大学学报，2006(4).)

无论哪一类自然，都是自然生产力的物质载体，都可以表现或转化为直接的、现实的生产力。马克思更多地论述了人化自然力的存在意义，指出："人在生产中……要经常依靠自然力的帮助"①，因为"种种商品体，是自然物质和劳动这两种要素的结合"②。马克思以农业生产为例指出："农业劳动的生产率是和自然条件联系在一起的，并且由于自然条件的生产率不同，同量劳动会体现为较多或较少的产品或使用价值"③，所以"在农业中(采矿业中也一样)，问题不只是劳动的社会生产率，而且还有由劳动的自然条件决定的劳动的自然生产率"④，"自然界和劳动一样也是使用价值的源泉。"⑤在这里，马克思强调了自然对社会物质资料生产的作用，认为自然是使用价值生产的源泉，"产生的劳动生产率所起的作用显然和劳动的社会生产力的发展完全一样。"⑥另外，马克思还把人自身的自然看成是生产力发展的一个重要因素，指出："绝对剩余价值的单纯存在，无非以那样一种自然的生产力为前提，以那样一种自然产生的劳动生产率为前提。"⑦

马克思认为自然生产力有两个特征：其一，无偿性。价值是凝结在商品中的无差别的人类劳动，而由于自然资源"它们不是人类劳动的产物"，因而"这些自然力本身没有价值"。马克思指出，"未开发的自然资源和自然力"同劳动力自身的生产力一样是"无偿的生产力"⑧，"可以作为要素，以或大或小的效能并入生产过程"的各种自然力是"不费分文的"⑨。其二，潜在性。没有开发的自然资源具备潜在生产力，在科学技术和大机器生产推动下可以转化为现实生产力。马克思指出，自然力作为劳动过程的因素，只有"借助机器才能占有，并且只有机器的主人才能占有"⑩，"应用机器，不仅仅是使与单独个人的劳动不同的社会劳动的生产力发挥作用，而且把单纯的自然力——如水、风、蒸汽、电等——变成社会劳动的力量。"⑪

三、自然生产力的作用

自然生产力是生产力的基本构成部分，是社会生产力存在和发挥作用的前提和基础。

① 马克思恩格斯全集(第 23 卷)[M]. 北京：人民出版社，1972：56 - 57.
② 马克思恩格斯全集(第 23 卷)[M]. 北京：人民出版社，1972：56.
③ 马克思恩格斯全集(第 25 卷下)[M]. 北京：人民出版社，1974：922.
④ 马克思恩格斯全集(第 25 卷下)[M]. 北京：人民出版社，1974：864.
⑤ 马克思恩格斯全集(第 19 卷)[M]. 北京：人民出版社，1963：15.
⑥ 马克思恩格斯全集(第 48 卷)[M]. 北京：人民出版社，1985：4.
⑦ 马克思恩格斯全集(第 48 卷)[M]. 北京：人民出版社，1985：4.
⑧ 马克思恩格斯全集(第 47 卷)[M]. 北京：人民出版社，1979：553.
⑨ 马克思恩格斯全集(第 24 卷)[M]. 北京：人民出版社，1972：394.
⑩ 马克思恩格斯全集(第 47 卷)[M]. 北京：人民出版社，1979：569.
⑪ 马克思恩格斯全集(第 47 卷)[M]. 北京：人民出版社，1979：363.

马克思在分析农业资本有机构成时就曾指出，由于农业强依赖自然资源的特征，可能有这种情况："在农业中，社会生产力的增长仅仅补偿或甚至还补偿不了自然力的减少，——这种补偿总是只能起暂时的作用，——所以，尽管技术发展，产品还是不会便宜，只是产品的价格不致上涨的很高而已。"①也就是说，自然生产与社会生产、自然生产力与社会生产力不能互相替代，二者相互作用、彼此交织在一起，共同推动人类生产力的发展和社会的进步。

第一，自然生产力是人类赖以生存的前提条件。在茹毛饮血的原始社会，人类靠四肢或简单的劳动工具直接从自然界获取生活资料，维持自身的生存。随着人类文明的演进和更替，人化自然逐渐取代初始自然，人造资本逐渐取代自然资本，自然成为人类间接的生活来源。人类通过劳动与自然进行物质、能量和信息变换，变潜在的自然力为现实的社会生产力，维持自身的生存和发展。马克思指出，劳动"首先是人和自然之间的过程，是人以自身的活动来引起、调整和控制人和自然之间的物质变换的过程"②，而劳动过程是"制造使用价值的有目的的活动，是为了人类的需要而占有自然物，是人和自然之间的物质变换的一般条件，是人类生活的永恒的自然条件"③。无论人类如何发展，自然依然是人类的"衣食父母"、存在前提，因为"人是自然的一部分"，自然是"人的无机的身体"，"一切生产力都归结为自然界。"④马克思指出："劳动生产力是由多种情况决定的，其中包括：工人的平均熟练程度，科学的发展水平和它在工艺上应用的程度，生产过程的社会结合，生产资料的规模和效能，以及自然条件"⑤，而自然条件所蕴含的自然生产力无疑是人类生存的基础因素和前提。

第二，自然生产力是人类发展的保证。马克思指出："撇开社会生产的不同发展程度不说，劳动生产率是同自然条件相联系的。这些自然条件都可以归结为人本身的自然(如人种等等)和人的周围的自然。外界自然条件在经济上可以分为两大类：生活资料的自然富源，例如土壤的肥力，渔产丰富的水等等；劳动资料的自然富源，如奔腾的瀑布、可以航行的河流、森林、金属、煤炭等等。"⑥可见，人类社会要发展不仅要依赖"生活资料的自然富源"，也要依赖"劳动资料的自然富源"。因此，人类在发展过程中，不仅要重视人口的再生产和物质生产资料的再生产，也要注重自然的再生产。如果人类的生态足迹破坏了自然资源的存量，削弱了自然的再生产能力，那么最终自然再生产将滞后于人口再生产和物质资料再生产，自然生产力将阻碍和制约社会生产力的可持续发展。所以，马克思说："经济的再生

① 马克思恩格斯全集(第25卷下)[M]. 北京：人民出版社，1974：864.
② 马克思恩格斯全集(第23卷)[M]. 北京：人民出版社，1972：201-202.
③ 马克思恩格斯全集(第23卷)[M]. 北京：人民出版社，1972：208.
④ 马克思恩格斯全集(第46卷下)[M]. 北京：人民出版社，1980：34.
⑤ 马克思恩格斯全集(第23卷)[M]. 北京：人民出版社，1972：53.
⑥ 马克思恩格斯全集(第23卷)[M]. 北京：人民出版社，1972：560.

产过程，不管它的特殊的社会性质如何，在这个部门（农业）内，总是同一个自然的再生产过程交织在一起。后者的显而易见的条件，会阐明前者的条件，并且会排除只是由流通幻影引起的思想混乱。”①

第三，自然生产力是人类文明进步的重要标志。人类正从工业文明向生态文明迈进，在这个过程中，我们必须重新认识人类与自然之间的关系，尊重自然，爱护环境，重视自然生产力。只有如此，自然生产力才得以延续，社会生产力才得以发展，因为“只要有人存在，自然史和人类史就彼此相互制约。”②在人类史和自然史的发展过程中，“社会是人同自然界的完成了的本质的统一，是自然界的真正复活，是人的实现了的自然主义和自然界的实现了的人道主义。”③而实现“人—社会—自然”三位一体的生态文明社会只能是未来的共产主义社会，因为“这种共产主义，作为完成了的自然主义，等于人道主义，而作为完成了的人道主义，等于自然主义，它是人和自然界之间、人和人之间的矛盾的真正解决，是存在和本质、对象化和自我确证、自由和必然、个体和类之间的斗争的真正解决。”④也即在共产主义社会，共产主义、自然主义和人道主义实现了真正的统一，人与人、人与自然之间的异化真正消解，生态文明社会真正来临。

四、马克思“自然生产力”思想的当代价值

很长时间以来，学者在论述环境问题时，经常以马克思的生产力理论没有将生态环境问题纳入其中为由而对其进行批判⑤。但是，深入挖掘马克思的“自然生产力”思想，我们会发现正如学者弗罗洛夫所言：“无论现在的生态环境与马克思当时所处的情况多么不同，马克思对这个问题的理解、他的方法、他的解决社会和自然相互作用问题的观点，在今天仍然是非常现实而有效的。”⑥马克思的“自然生产力”思想富有深厚的生态哲学意蕴，对于我们今天正确认识新中国成立后我国经济增长、资源短缺和环境污染之间的矛盾，落实科学发展观、发展循环经济和建设和谐社会具有重要的理论指导意义和实践价值。

新中国成立后很长一段时间以来，为了解决日益增多的人口的温饱问题，各级政府更多地关注物质生产力的增长速度和积累规模，没有认识到自然生产力的价值和作用。具体而言，人们对自然生产力在生产力中作用的认识经历了三个阶段：

第一阶段：新中国成立后到1978年。在这个阶段，大多数学者坚持狭隘的物质生产力

---

① 马克思恩格斯全集（第24卷）[M]. 北京：人民出版社，1972：398-399.

② 马克思恩格斯全集（第3卷）[M]. 北京：人民出版社，1965：20.

③ 马克思恩格斯全集（第42卷）[M]. 北京：人民出版社，1979：122.

④ 马克思恩格斯全集（第42卷）[M]. 北京：人民出版社，1979：120.

⑤ （日）岩佐茂. 环境的思想》[M]. 北京：中央编译出版社，1997：141.

⑥ （苏）弗罗洛夫. 人的前景》[M]. 北京：中国社会科学出版社，1989：153.

观，把作为主体的人和作为客体的自然对立起来，无限夸大人自身的生产力和创造力，强调人类对自然的征服、控制、改造和利用能力，以期实现我国社会生产力的“跨越式”发展。在实践中破坏了生态系统的平衡，引起了我国自然资源的锐减和生态环境的急剧恶化。

第二阶段：20 世纪 80 年代初至 90 年代中期。在这个阶段，面对人口急剧增长和就业岗位需求增多的局面，党和政府一方面提出计划生育的基本国策，控制人口的增长速度和规模，实现人口再生产的质量型增长；另一方面，提出以经济建设为中心的战略思想，继续以物质生产力的增长为社会的主导发展目标，沿袭“资源—产品—废弃物”为特征的线性经济发展模式，单纯依靠要素的高投人、资源的高消耗扩大经济规模，以实现 GDP 高增长，结果导致了资源和环境问题的积累性恶化。

第三阶段：自 20 世纪 90 年代中期至今。在这个阶段，随着人口的增长、工业化和城市化的发展，经济发展与资源和环境之间的矛盾越来越突出。为了解决这一矛盾，党和政府陆续提出了经济增长方式的转变、可持续发展观、循环经济、科学发展观和和谐社会等一系列战略思想，开始重视自然生产力和生态生产力。

在第一、二阶段，我们片面强调人类对自然的征服、控制和改造能力，以满足人们日益增长的物质文化需要，忽略了自然资源的节约和生态环境的保护和修复，割裂了人与自然之间的物质变换关系，引起了一系列生态环境问题。恩格斯曾经指出：“一切动物的一切有计划的行动，都不能在自然界上打下它们的意志的印记。这一点只有人才能做到。”①然而，人类对自然留下的“印记”，一方面征服、改造自然界为我所用，推动了社会生产力的发展，另一方面却改变和重构了自然界，破坏了自然生产力的连续性，结果导致“追求控制自然进行的越主动，个人所得报偿越被动；获得控制自然的能力越强大，个人力量与压倒一切的社会现实相比更弱小。”②这正如恩格斯在 100 多年前警告人类的，“我们不要过分陶醉于我们对自然界的胜利。对于每一次这样的胜利，自然界都报复了我们。每一次胜利，在第一步都确实取得了我们预期的结果，但是在第二步和第三步却有了完全不同的、出乎预料的影响，常常把第一个结果又取消了。”③目前，随着人口的增加和由此带来的就业压力的增大，我国经济增长、资源短缺与环境污染之间的矛盾仍然存在。生态问题已经成为当代中国发展进程中的一个最大的、最综合的根本性问题④。

今天，我们正处于构建生态文明、建设和谐社会的关键时期，这就要求完整、准确地理解和把握马克思的生产力概念，以指导和推动现实生产力的发展。在实际工作中，我们应重视自然生产力的作用，节约资源，保护环境，推动经济增长方式由粗放型向集约型的转

---

① 马克思恩格斯全集(第 20 卷)[M]. 北京：人民出版社，1971：518.

② (加)威廉·莱斯. 自然的控制[M]. 重庆：重庆出版社，1996：137.

③ 马克思恩格斯全集(第 20 卷)[M]. 北京：人民出版社，1971：519.

④ 刘思华. 生态马克思主义经济学原理[M]. . 北京：人民出版社，2006：23.

变，经济发展模式由线性经济向循环经济的转变，进而实现人类与自然和谐共处。具体而言，我们应该做到以下几点：

第一，扩大生产力概念的范畴，把自然生产力纳入到生产力概念中去，并恢复其基础性地位。树立"保护资源环境就是保护生产力，改革资源环境就是发展生产力"[①]的理念，完善马克思主义生产力理论，把自然生产力和社会生产力结合起来，实现二者的协调发展。

第二，完善评价生产力发展水平的标准。我们强调社会主义的根本任务是发展生产力，这不仅包括发展社会生产力，也包括发展自然生产力。因此，在评价生产力发展水平时，我们不仅要看物质财富的积累速度和总额，而且要看自然资源存量的消耗和生态环境的保护情况；不仅要看劳动生产率的提高程度，而且要看自然资源利用率的提高程度；不仅要看国民经济两大部类的实物和价值补偿情况，而且要看自然生态系统的实物和价值补偿情况。我们必须变革国民经济核算系统和官员政绩评价标准，将生态因素纳入考核指标当中，科学衡量生产力发展水平和地方官员政绩。

第三，重视科技和制度对生产力发展的作用。人类对物质财富的需求是无限的，而自然资源是有限的，这就产生了人类无限的财富追求欲望与有限的自然资源存量之间的矛盾。要解决这个矛盾，一方面需要发挥科学技术的作用，将关于初始自然的科学转化为人化自然的科学，发现和创造可再生资源取代不可再生资源，发明资源消耗低、环境污染小的工艺和技术替代传统高污染、高消耗的工艺和技术，以实现物质的减量化、资源化和再利用，最大限度降低资源消耗和环境污染。另一方面，需要加强政府对资源和环境问题的调控、监督和管理。自然资源和生态环境作为公共产品，其所具有的外部性特征使市场很难发挥资源配置作用，因此需要政府构建合理的制度对资源和环境事务进行规制、管理和监督。各级政府应将环境保护列入公共事务管理的重要议程，制定科学合理的生态战略规划、法律制度、经济政策等，规制科学技术的作用和属性，改变科技存在的形式，将其由控制自然能力的工具变成调控人与自然关系的工具，遏制技术滥用和技术异化的倾向。同时，调控市场中各经济主体的行为，激励企业采用环保型设备、技术和工艺流程，倡导政府实行绿色采购、居民实行绿色消费，进而实现人与自然、经济与生态的和谐发展。

---

① 江泽民．江泽民论有中国特色社会主义（专题摘编）[M]．北京：中央文献出版社，2002：282.

国家生态环境治理现代化论

摘　要：界定了国家生态环境治理现代化的概念，阐述了国家生态环境治理现代化的必要性和意义，并提出了国家生态环境治理现代化建设的对策。

关键词：生态环境治理现代化；制度体系；治理能力

“推进国家治理体系和治理能力现代化”“建立系统完整的生态文明制度体系”在党的十八届三中全会中提出。前者是全面深化改革总目标的重要内容，体现了治国理政理念的重大变革，后者是生态文明建设的核心内容，体现了生态环境治理理念的重大创新。而国家生态环境治理现代化则将二者统一起来，体现国家治理现代化的生态维度关切。

一、国家生态环境治理现代化的概念

简单地说，国家生态环境治理现代化就是通过国家生态制度体系的构建、完善和运作，使制度理性、多元共治、生态正义、生态民主等理念渗透到生态环境治理实践中并引起整个社会思想观念、组织方式、行为方式等的深刻变化，进而实现由传统国家生态环境监管向现代国家生态环境治理转变的过程。它是对国家生态环境治理困境和危机的主动性回应，是国家生态环境治理功能的自我矫正，是生态环境治理由人治向法治的转变。

其一，国家生态环境治理体系现代化是国家生态环境治理现代化的前提和基础。国家生态环境治理体系，是指党领导人民治理生态环境、建设生态文明的系列体制机制和法律法规安排，也就是一整套紧密相连、相互衔接的制度体系。该体系主要包括政策法规体系、思想理念体系、技术支撑体系、执行监督体系和目标责任考核体系等，其中生态环境治理的政策法规体系是核心。

其二，国家生态环境治理能力现代化是国家生态环境治理现代化的目标和保证。国家生态环境治理能力，是指“运用国家制度治理生态环境、建设生态文明的能力，包括促进人口资源环境相均衡、经济生态社会效益相统一、预防和应对生态突发事件、维护国家生态安全、提高人民生态幸福指数等各方面”。① 国家生态环境治理能力现代化也是国家生态环

① 刘建伟．推进国家生态治理能力现代化[N]．中国环境报，2014-6-16．

境治理的制度化、协同化、高效化，它体现在治理理念的合理性、治理主体的多元性、治理关系的交互性、治理模式的复合性、治理方法的科学性以及治理结果的高效性等方面。国家生态环境治理体系和生态环境治理能力的现代化也就是国家生态环境治理的现代化。

其三，国家生态环境治理现代化是动态的过程和趋势。首先，国家生态环境治理现代化表现为一个过程。它是在社会推力、拉力和压力综合作用下，不断调适生态环境治理模式、手段的过程，是不断将生态环境治理的理念、目标、制度等转化为现实的治理效能的过程，也是不断矫正、反馈并重构合法性的过程。其次，国家生态环境治理现代化表现为一种趋势。它只有进行时，没有完成时，是一直进行着的、不断进步的过程。随着全球生态环境治理格局的变迁、中国生态国情的变化以及人民对生态问题关注度的提高，生态环境治理的目标不断调整，治理的结构和功能不断优化，治理的手段不断丰富，与社会经济发展水平、时代进步和人民期待之间的差距逐渐缩小。

其四，国家生态环境治理现代化是全方位的整体性变化。国家生态环境治理现代化并非生态环境治理的某一领域、某一方面的现代化，而是包括治理理念、治理结构、治理功能、治理体制在内的整体性、协同性变革，是对传统国家生态环境监管理念的扬弃。它强调生态环境治理的一揽子、全方位改革，要求对工业点源、农业面源、交通移动源等全部污染源排放的所有污染物，以及大气、土壤、地表水、地下水和海洋等所有纳污介质一体化管控，对各类自然资源从生产、消费的源头、过程和末端实行节约和保护。当然，全方位变革不是同时变革，也不是同步变革，而是重点突破和全面推进相结合，最终实现生态环境的整体性改善。

二、国家生态环境治理现代化的必要性及意义

（一）国家生态环境治理现代化的必要性

（1）优化五位一体格局、实现全面深化改革总目标的需要。党的十八大提出中国特色社会主义五位一体的布局，并将生态文明建设放到更加突出的地位，党的十八届三中全会又提出全面深化改革的总目标是“完善和发展中国特色社会主义制度，推进国家治理体系和治理能力现代化”[①]，并强调注重改革的系统性、整体性和协调性。要实现这一目标，既需要总布局、总规划、总部署，也需要经济、政治、文化、社会、生态各方面的具体布局、具体规划、具体安排，并互相支撑、相互配合。因而，生态环境治理现代化既是推进国家治理整体现代化的重要内容，也是优化五位一体格局，推动社会主义市场经济、民主政治、先

① 中共中央关于全面深化改革若干重大问题的决定[M].．北京：人民出版社，2013：3.

进文化、和谐和会发展的必然要求，关乎全面深化改革总目标实现的速度和质量。

(2) 改善生态环境、建设生态文明的需要。生态环境是最公平的公共产品，也是与人民群众生活最密切的公共产品，受益不觉、失之难存。生态环境的优良与否，关系民生福祉、民心所向。然而，当前中国的生态环境问题与工业化、城市化、城镇化的发展交织在一起，受历史条件、国际资本转移、经济结构、国民素质等多重因素的影响，呈现出结构型、压缩型、复合型特征，治理的难度前所未有。有学者尖锐地指出："目前资源约束趋紧、环境污染严重、生态系统退化的形势依然十分严峻，已经成为制约经济持续健康发展的重大矛盾、人民生活质量提高的重大障碍、中华民族永续发展的重大隐患，生态产品成为当今中国最短缺的产品，生态差距成为我国最大的发展差距。"[①]一方面生态环境持续恶化的趋势没有得到根本遏制，另一方面人民群众要求改善生态环境、保障生态安全的愿望愈加强烈，并在意愿得不到满足、正常渠道难以解决的情况下，诉诸"上访"、请愿甚至暴力等非正常的意见表达方式，导致社会秩序不稳定甚至引发冲突。另外，国际社会上"中国环境威胁论""中国环境责任论"不时叫嚣，参与全球治理、承担大国责任的使命与防止、抵制发达国家污染产业转移的压力并存，增加了中国生态环境治理的风险和困难。面对新形势新任务、建设社会主义生态文明，必须实现生态环境治理的转型。

(3) 突破生态环境治理困境、走出治理危机的需要。目前生态环境治理遭遇"制度失范"的困境，体制性障碍长期存在，现行的生态管理体制权威性和有效性不够，职能交叉、权责脱节、重复建设情况严重，分权化、部门化和碎片化监管现象突出。比如，污染防治职能分散在海洋、渔政、公安、交通等部门，资源保护职能分散在矿产、林业、农业、水利等部门，综合调控管理职能分散在发改委、财政、国土等部门。生态环境治理需要多个部门、多个方面的配合，然而实际上受部门利益、局部利益、当下利益的影响，多头治理、推诿扯皮、争功避责现象时有发生，治理效率低下。流域性的环境问题之所以久治不下，根本原因在于受部门和地区利益本位思想的影响，有利于自己的事情大家蜂拥而上，有损自己利益或者出力不讨好的事情大家消极对抗甚至互相扯皮、推诿。而另一方面，我国的生态环境治理制度尚不健全、不系统，自然资源资产产权制度尚未建立，严密的生态环境监管制度尚未形成，严厉的责任追究和赔偿制度尚未出台。另外，生态环境治理的体制机制尚不完善，体现生态文明理念的市场经济体制、反映资源成本的价格机制、有利于生态环境治理的宏观调控机制尚未完全形成。

这样造成的结果是生态环境治理能力弱化、治理绩效差。要统筹各方形成治理合力、并将环保引导和倒逼机制有效传导到经济转型上来，也必须推进国家生态环境治理的现代化。

① 本书编写组. 中共中央关于全面深化改革若干重大问题的决定辅导读本[M]. 北京：人民出版社，2013：319.

(4) 参与全球生态环境治理、贡献中国智慧的需要。生态问题是全球性的问题，中国的生态环境治理是全球生态环境治理的重要组成部分。国外学者如 Martin Jarucke(1982)的生态现代化理论、Forster Ndubisi(2005)的生态规划理论、Arthur Mol(2008)的生态监管理论等都对生态环境治理有所阐释。Robyn Eckeealey，David Pepper，Dobson Andrew，Martin Jarucke 等的生态政治思想蕴含生态环境治理现代化的主张，是西方文化背景下的理论逻辑和话语体系。要提高中国参与全球生态环境治理的水平并发挥更大的作用，必须适应建设生态文明的需要，推动生态环境治理的现代化，创造生态环境治理的中国话语，为世界贡献更多中国智慧。

(二) 国家生态环境治理现代化的意义

从理论层面来说，马克思、恩格斯尽管对资本主义国家的生态环境问题有所关注，并且深刻揭示了资本主义社会存在的人与自然异化的现象，提出在未来的共产主义社会实现“人的实现了的自然主义”和“自然界的实现了的人道主义”[①]的有机统一，真正消解人与自然、人与人之间的矛盾，但是对于社会主义国家如何治理生态环境，他们并没有做出具体的专门论述。后来列宁及其后继者在探索社会主义国家治理道路的过程中，受国际形势和国内社会矛盾的影响，他们并没有对经济发展中的生态环境问题给予足够重视。新中国成立后，中国共产党由革命党转变为执政党，在建设国家的道路上曲折前进，有成功的经验，也有失败的教训。改革开放以后，中国共产党逐渐认识到生态问题的重要性，陆续提出了提高经济效益，转变经济发展方式，实施可持续发展战略，发展绿色经济、循环经济、低碳经济，建设资源节约型和环境友好型社会，以及实现社会主义生态文明等战略思想，并将保护环境、节约资源作为基本国策固定下来，推动了生态环境的治理，积累了丰富的经验，但是尚未形成比较系统而完整的、具有战略性和可操作性的生态环境治理理论。因而，国家生态环境治理现代化的提出和建设，可以丰富马克思主义生态保护思想和我国的生态保护理论体系，深化我们对社会主义建设规律和国家治理规律的认识，为全球生态环境治理增添中国智慧。同时，它也是中国共产党执政思维、执政方略和执政方法的重大跃升，是治国理政理念的丰富和升华。

从实践层面来说，生态环境治理现代化是衡量一国现代化程度和社会进步程度的重要向度，是社会整体现代化的重要内容。通过治理体系和治理能力现代化建设，强化国家生态环境治理的顶层设计和整体部署，有利于克服生态环境治理过程中的观念障碍、制度障碍和体制障碍，尽快解决攸关人民利益、危害人民健康、人民反映强烈的生态环境问题，缓解因治理能力不足引起的脱节、失序乃至冲突，推动人口、经济、社会、资源和环境的可持

---

① 马克思恩格斯文集(第1卷)[M]. 北京：人民出版社，2009：187.

续发展，早日实现生态文明建设的目标和美丽中国梦。同时，通过系统而非零碎的改革，在不断增强国家生态环境治理能力的过程中重塑合法性基础，可以更好地解决中国共产党面临的合法性危机。

三、推进国家生态环境治理现代化的对策建议

“治理是指一套价值、政策和制度的系统，在这套系统中，一个社会通过国家、市民社会和私人部门之间、或者各个主体内部的互动来管理其经济、政治和社会事务。”①由此可见，治理涉及多元主体、多样手段和复杂机制，具有综合性、复杂性特征。国家生态环境治理现代化建设因为治理本身的特点变得更加艰巨，甚至可以说是一项具有全局性、系统性、联动性和动态性的社会工程，需要多方面共同推进。具体而言，包括：

（一）确立科学的生态环境治理理念

科学的生态环境治理理念应该根植于我国的历史传承、文化传统、经济社会发展水平和生态国情，反映人民的期盼、国家治理和生态环境治理的规律，与社会主义生态文明建设要求相适应，与市场经济、民主政治、先进文化和和谐社会相协调，与新型工业化、城镇化、农业现代化、信息化相同步。它应该注重顶层设计和全盘规划，突出制度伦理和制度理性。

它的思想来源包括四个方面。其一，马克思主义国家理论和生态保护的思想。在国家生态环境治理现代化的视角下重新审视马克思主义经典作家的相关论述，分析所蕴含的国家生态环境治理的基本立场、观点和方法。其二，中国传统文化中的生态环境治理智慧。挖掘传统文化中的生态环境治理思想，阐释其基本精神、基本内容、基本方法，探寻制度伦理在其中的地位和作用。其三，新中国成立后中国共产党治理生态环境的基本经验。梳理新中国成立后中国共产党领导人民在人口增长、经济发展和生态保护之间艰难抉择的过程，总结中国共产党治理生态环境的基本思想、基本做法、基本经验。其四，其他国家生态环境治理的理论和做法。最终，以社会主义核心价值观为引领，继承马克思主义的国家理论和生态观，吸收中国传统文化中的生态环境治理智慧，融合新中国成立后党领导人民建设生态文明的基本经验，同时借鉴其他国家生态环境治理的理论和做法，确立体现以人为本、生态正义、和谐共生价值取向的生态环境治理理念。

（二）构建精良的生态环境治理制度体系

制度是生态环境治理体系和生态环境治理能力的关键变量和核心要素，是国家生态环

① UN.“Governance Indicators：A User's Guide”［EB/OL］. www. Undp. org.

境治理的有效工具和基本遵循，制度化是国家生态环境治理现代化的根本表征。习近平指出："保护生态环境必须依靠制度、依靠法治。只有实行严格的制度、最严密的法治，才能为生态文明建设提供可靠保障。"①当前中国存在的诸多生态环境治理的"顽疾"多是由于制度本身的不完善、不配套、不衔接造成的。通过构建系统、完备、规范、有效的制度体系，并通过体制机制的创新保证制度实施的准确性，可以整合国家生态环境治理资源、规范治理程序、减少治理成本、降低治理风险、提高治理效能。

生态环境治理制度体系由三部分构成：根本制度，特指以《中华人民共和国环境保护法》为核心的法律法规；基本制度，包括环境污染防治制度、自然资源保护制度、可持续发展制度等；具体制度，包括基本制度下的具体政策、规章、办法、体制机制等。生态环境治理制度体系建设的途径是坚持和完善根本和基本制度，修订和改革具体制度、管理体制和协调机制，调适制度体系内部各构成要素的位置、功能；重点是构建根本制度、基本制度和具体制度共生互补、相互支撑的耦合机制，协调好根本制度与基本制度、基本制度与具体制度以及具体制度之间的关系。

制度不仅包括法律、规章、政策等正式制度，也包括文化、习俗、传统等非正式制度，而非正式制度在国家治理现代化中亦发挥着不可替代的重要作用。"一个现代国家如果不重视精神、价值以及文化等治理形态，不将其纳入现代国家治理体系和治理能力建设当中，就不能创造良好国家认同和维系社会和谐稳定，现代国家就不能实现有机团结，不能完成时代赋予现代国家的治理使命，甚至会出现国家治理的危机。"②故需注意的是，国家生态环境治理现代化还应该重视生态文化建设，营造保护生态的氛围，提高公民生态环境治理参与意识，增进公民对生态环境治理的认同。

(三) 改革生态环境保护管理体制

生态环境治理现代化要求制度构建和制度执行的完美统一。制度体系建成以后，要真正发挥制度优势和制度效益，还必须增强制度执行能力，营造忠于和遵守制度的氛围，而这就需要深化生态环境保护管理体制改革。目标是实现政府和社会、政府和市场、中央政府和地方政府之间的功能划分和良性互动，发挥政府、市场、民间组织、企业和居民在生态环境治理方面的功能，形成多元交互共治格局，提高治理绩效；核心是优化生态环境治理的政府机构设置、职能配置，规范各级政府管理机构的权责，明确权力配置和权力运作的界限，克服政府在履行职能方面的功能性障碍和自主性羁绊，形成分权制约、分权配合、分权合治的良好局面；重点是加强环境监管和行政执法独立性的改革，进一步确定环境监察部门的行政主体地位，明确其监督、检查和执法的权力，推动统一执法、联合执法、协同执

① 习近平关于全面深化改革论述摘编[M]. 北京：中央文献出版社，2014：104.

② 任勇，肖宇. 软治理与国家治理现代化：价值、内容与机制[J]. 当代世界与社会主义，2014(2).

法，提高环境执法的权威性和有效性。

具体而言，首先，完善有利于资源节约、环境保护和生态补偿的市场经济体制，发挥市场对自然资源配置的决定性作用，形成反映资源供求关系的价格机制；其次，强化政府的宏观调控和制度执行能力，健全国家自然资源资产管理体制、自然资源监管体制，推进资源开发的用途管制，形成重点流域和区域的水污染防治、重点行业和重点区域大气污染治理的上下左右、横向纵向的联动机制，以及陆海空统筹的生态系统保护修复和区域污染防治的协作机制，实现各部门各区域各层次的全防全控、协同治理。

(四) 借鉴其他国家生态环境治理的理论和实践

生态问题是全球性的问题，非中国独有，也非中国最突出。20 世纪 60 年代以来，随着世界“八大公害”事件的出现、环境保护运动的兴起，西方发达国家较早地开启了生态环境治理历程，并积累了大量的经验和教训。“他山之石，可以攻玉”，推进生态环境治理的现代化必须学习和借鉴其他国家生态环境治理的先进理论，梳理和总结他们的生态环境治理实践，分析他们在理念设计、制度构建、体制创新和实施效果等方面的异同，探究他们在生态环境治理制度构建及执行方面的成败，归纳他们具有普遍意义的先进做法，然后结合中国的国情，吸收、转化并融于生态环境治理实践之中。

需要注意的是，国家生态环境治理现代化的前提和基础是完善和发展中国特色社会主义制度。我们学习和借鉴其他国家生态环境治理的做法、经验，并不是全部照搬、迷失自我，而是发挥制度优势、组织优势整合古今中外各种资源并创造性转化，创建生态环境治理现代化建设的中国经验，形成生态环境治理现代化的中国理论。

(五) 搭建生态环境治理的网络支持平台

国家生态环境治理本质上是一种网格化治理，它需要规范诸多子系统或要素在总系统中的位置和功能，使它们能够互相支撑形成治理合力，而这就需要保证系统内部的信息畅通。积极开辟网络渠道推动生态环境治理的信息共建、信息共享、信息沟通，减少生态环境治理的信息滞后、信息屏障、信息混淆。通过构建全国统一、链接各地、运作顺畅的生态环境治理网络，做到：搭建协同治理平台，通过政策法规、机构职能、工作规划、重大事件等的公开，推动各级、各类生态环境治理主体之间的信息互通，进而有针对性地开展工作，避免职能交叉、分散治理、相互掣肘；开展网络问政，扩大信息公开范围，完善信息公开方式，积极推行涉及民生的、社会关注度高的生态环境事件或事项的网上发布制度，强化政府与民众之间的平等互动关系，实现问政于民众和问事于政府的有机结合，保证公民、企业、非政府组织等参与生态环境治理的规范化、有序化；构建全国及区域监测网络和应急响应体系，定期发布资源环境承载能力及大气、水、土壤污染防治方面的预警信息。

（六）完善针对各级领导干部的考核机制

完善国家治理现代化评价体系和发展成果考核评价体系，将资源消耗、环境损害、生态效益等指标纳入其中，并将之作为衡量各级领导干部治理绩效的重要指标。建立领导干部离任自然资源资产审计制度、生态环境损害责任终身追究制度，激励和约束领导干部的行为。对那些不顾生态环境盲目决策、造成严重后果，特别是危害人民群众身心健康、损害人民群众生态利益、影响社会秩序稳定者，必须严加惩处、终身追责；对于那些追求经济效益和部门利益，执行生态环境治理制度不力、有损生态红线且离任自然资源资产审计为差评者，必须限制提拔并给予惩戒；对于离任时自然资源资产审计为优良且得到人民群众的一致认可者，应该给予一定表彰和晋升机会。最终，通过完善奖惩制度，督促各级领导干部做生态文明的引领者、推动者和实践者。

生态评价篇

新中国成立后至 2008 年
中国生态足迹的动态测度与分析

摘　要：运用生态足迹法对新中国成立后至 2008 年中国的生态足迹进行了测度。结果表明：新中国成立后至上世纪 70 年代初，中国的生态足迹小于生态承载力，生态账户表现为盈余；20 世纪 80 年代至 2008 年，生态足迹迅速扩大，超越了生态承载力，生态账户表现为赤字。比较近年来中国人均生态足迹、人均生态承载力与全球生态足迹标杆的数据可知：自 1962 年至 20 世纪 70 年代末，中国尚属于地方-全球可持续性的国家，1980 年后中国成为地方非可持续性-全球可持续性的国家。

关键词：生态问题；生态足迹；生态承载力；生态账户

一、引言

新中国成立后，为了解决日益增长的人口的温饱和就业问题，中国政府在很长一段时间里沿袭工业革命以来以“资源—产品—废弃物”为特征的非可持续的线性经济发展模式，片面追求物质的增长和积累所表现的经济的数量型增长，忽略了兼顾生态环境的经济的质量型增长，引起了耕地毁坏、土地沙漠化、森林面积减少、能源危机、水资源危机等生态问题，中国已陷入经济增长与生态保护的“两难困境”当中，生态问题成为挑战未来中国的全局性、战略性问题。

要解决中国的生态问题，首先要定量描述生态容量的状况，然后在此基础上分析生态恶化的原因、提出解决生态问题的对策。20 世纪 70 年代以来，学者陆续提出了净初级生产力评价法、生态风险评价法等定量测算生态状况的方法。近年来，生态足迹法由于“计算简单，结果明了，有效地把人类社会经济活动与自然相互作用这个复杂问题简单化、定量化”①，受到学术界的青睐。该方法用具体明确的数字呈现了人类消费对自然资产的影响，推动了生态评价方法的具体化和可操作化。

生态足迹法提出以来，迅速被国内外学者应用，并修正、完善和发展。目前关于生态足

---

① VAN DEN BERGH，JEROEN C. J. M，VERBRUGGEN H. An evaluation of the ecological footprint：Reply to Wackernagel and Ferguson[J]. Ecol. Econ.，1999，31(4)：319－321.

迹法的研究已经在全球层面(全球国家生态足迹的测算[1][2])、国家层面(某一国家生态足迹的测算[3][4])、地区层面(省、市、城镇生态足迹的测算[5])和产业层面(旅游[6]、种养殖业[7]、交通[8]、贸易[9]等项目的生态足迹测算)展开。

生态足迹法于2000年被引入中国[10]，随后相关的原理性和应用性研究迅速展开。目前，学者对中国生态足迹的研究主要集中在以下几个方面：对特定年份生态足迹的测算；对时间序列生态足迹的测算[11]；对生物账户或化石能源账户生态足迹的测算等。现有的研究主要以连续时间序列的生态足迹研究为主，运用联合国粮农组织数据库和中国统计年鉴中的数据，采用综合法对中国生态足迹进行测算。尚存在以下缺陷：产量因子的选择采用恒定因子，忽略了生物生产力的动态变化；贸易携带能源的计算，忽略了进出口商品嵌入能部分；生态足迹的测度，忽略了化学能源用地的替代留存。

本文采用联合国粮农组织数据库和中国统计年鉴中的数据，运用生态足迹模型对新中国成立后至2008年间的生态足迹进行测算。在研究过程中，运用综合法对新中国成立后至2008年跨度的生态足迹进行测算，在一定程度上消除了个别数据失真的影响。同时，采用可变产量因子的计算方法反映了中国生物生产力的进步状况，将贸易嵌入能纳入到生态足迹测算当中，弥补了现有研究的不足。

二、模型简介

生态足迹是指能够持续地向一定人口提供他们消耗的所有资源和消纳他们所产生的所

① WACKERNAGEL M, MONFREDA C, Deumling D. The Living Planet Report 2002[R]. World Wild Fund for Nature International (WWF), Grand, Switzerland, 2002.

② LOH J, WACKERNAGEL M. The Living Planet Report2004[R]. World Wild Fund for Nature International (WWF), Grand, Switzerland, 2004.

③ VAN P D, VUUERN E M, SMEETS W. Ecological footprints of Benin, Bhutan, Costa Rica and the Netherlands [J]. Ecol. Econ., 2000, 34(3): 115-130.

④ WACKERNAGEL MATHIS. Evaluating the use of national capital with the ecological footprint applications in Sweden and sub regions [J]. AMBIO, 1999, 28(7): 604-612.

⑤ 郭秀锐，杨居荣，毛显强. 城市生态足迹计算与分析：以广州市为例[J]. 地理研究，2003(5).

⑥ 章锦河，张捷，梁玥琳，等. 九寨沟旅游生态足迹与生态补偿分析[J]. 自然资源学报，2005(5).

⑦ THOMASSEN M A, DE BOER I J M. Evaluation of indicators to assess the environmental impact of dairy production systems[J]. Agriculture, Ecosystems & Environment, 2005, 111(14): 185-199.

⑧ Federici M, Ulgiati S, Verdesca D, et al. Efficiency and sustainability indicators for passenger and commodities transportation systems: The case of Siena, Italy[J]. Ecological Indicators, 2003, 3(3): 155-169.

⑨ Hubacek K, Giljum S. Applying physical input-output analysis to estimate land appropriation (ecological-footprints) of international trade activities[J]. Ecological Economics, 2003(44): 137-151.

⑩ 徐中民，张志强. 可持续发展定量研究的几种新方法评介[J]. 中国人口·资源与环境，2000(2).

⑪ 刘宇辉. 中国1961—2001年人地协调度演变分析：基于生态足迹模型的研究[J]. 经济地理，2005(2).

有废弃物的土地和水体的总面积。① 生态足迹法是指通过测定一定区域的生态足迹，并与该区域能够提供的生态承载力进行比较，进而评估人类活动对生态影响程度的方法。运用该方法评价一定区域的生态状况有 6 个假设条件②：① 跟踪人类消费的大部分资源和产生的废弃物是可能的；② 这些资源和废弃物流量的大部分可根据支持这些流量所必需的生物生产性土地面积进行测度；③ 各类可用的生物生产能力不同的土地，可以折算成标准公顷——全球公顷；④ 由于这些土地的用途是互相排斥的，所以它们相加成为资源消费和废弃物容纳所需的总面积；⑤ 自然的生态服务的供应也可以用以全球公顷表示的生物生产空间表达；⑥ 生态足迹可以超越生态承载力。

根据生产力大小的差异，地球表面的生物生产性土地可分为 6 大类，即化石能源地、可耕地、牧草地、林地、建成地、海洋，将六类土地加总就是一个国家的生物生产性土地面积。由于不同类型的土地单位面积的生物生产能力差异很大，为了使计算结果转化为量纲统一的可比较的生物生产性地域面积，有必要在各类生物生产面积前乘上一个均衡因子。同时，由于自然条件和管理因素的原因，同一种生物在不同地区的生产能力不同，为了使之可以比较需要在前面乘上一个产量因子。

通过两个转换因子(均衡因子和产量因子)将每种生物生产性实际面积由公顷转化为世界公顷。生态足迹和生态承载力的具体计算公式(公式 1、2 和 3)如下所示：

生态足迹：
$$EF = \sum EF_i = \sum (C_i / P_i * E_i) \quad (1)$$

其中，EF 表示一定区域总的生态足迹；C_i 表示第 i 种消费品的消费总量(吨)，它等于生产量＋进口量－出口量；P_i 表示第 i 种消费品的世界平均产量(吨 / 公顷)；E_i 表示第 i 种消费品所占用土地类型的均衡因子(世界公顷 / 公顷)。

生态承载力：
$$EC = \sum EC_j = \sum (A_j * Y_j * E_j) \quad (2)$$

其中，EC 表示一定区域总的生态承载力；A_j 表示 第 j 类土地利用类型的实际面积(公顷)；Y_j 表示第 j 类土地利用类型的产量因子；E_j 表示第 j 类 土地利用类型的均衡因子。

生态账户：
$$ED(ER) = EC - EF \quad (3)$$

其中，$ED(ER)$ 表示生态赤字或生态盈余；若 $EC - EF > 0$，表示生态账户为盈余；若 $EC - EF < 0$，表示生态账户为赤字；若 $EC - EF = 0$，表示生态账户均衡。

---

① Wackernal M, Rees W E. Perceptual and structural barriers to investing in natural capital: Economics from an ecological footprint perspective[J]. Ecological Economics, 1997(20): 3 - 24.

② Wackernagel M, Schulz N B, Deumling D, et al. Tracking the ecological over shoot of the human economy [J]. PNAS(Proceedings of the National Academy of Sciences of the United States of America), Washington, DC, USA, 2002, 99(14): 9266 - 9267.

三、数据来源和指标选取

1962—2007 年生物资源消费的数据、进出口贸易中的生物账户数据和世界单产的数据主要来自联合国联农组织统计数据库(http：//apps. fao. org/)；能源账户中的数据、工业品进出口贸易中的数据、各种类型的土地面积以及 1952、1957、2008 年的生物资源消费的数据主要来自 1980—2009 年的历年《中国统计年鉴》；部分数据来自《新中国五十年统计资料汇编》《国际统计年鉴》以及国家统计局、国家林业局、国土资源部的网站和相关数据库。

根据生态足迹法，将消费项目划分为生物资源消费和能源消费两大类。生物资源消费项目主要包括农产品、动物产品、林产品和水产品等；能源消费项目主要包括煤、石油、天然气和电力等。在本研究中，将生物资源消费分为 33 项，其中农产品 19 项，包括粮食(小麦、稻谷、玉米、豆类)、薯类(木薯、甘薯、马铃薯)、棉花、油料(花生、油菜籽、芝麻、麻类(黄麻)、甘蔗、甜菜、烟叶、蔬菜、蚕茧、茶叶、水果，可以转化为相应的耕地足迹；林产品 4 项，包括圆木、锯木、胶合板、造纸木材，可以转化为相应的林地足迹；动物产品 9 项，包括肉类(猪肉、牛肉、绵羊肉、山羊肉、禽肉)、羊毛、牛奶、蜂蜜、禽蛋，其中猪肉、禽肉和禽蛋转化为相应的耕地足迹，而其余项目转化为相应的草地足迹；水产品的项目转化为相应的水域足迹。能源消费分为 4 项，包括煤、石油、天然气和电力，其中煤、石油、天然气转化为化石能源足迹，而电力资源则转化为建成地足迹。

四、测算与分析

根据生态足迹的计算公式，将相关数据代入其中可以测算出新中国成立后至 2008 年间的生态足迹、生态承载力以及生态账户情况。

(一) 生态足迹测算

生物资源消费项目都是由相应的耕地、林地、水域和草地等生物生产土地提供的，所以对应的需要转化为耕地、林地、水域和草地。用某一项目的消费量除以世界平均产量，就可以得到对应的生态足迹面积。其中，林产品的世界平均产量以 Wackernagel 等计算的 1993 年的数据 1.99 hm^2 为准；动物产品中的猪肉、禽肉为耕地间接产品，其单位面积全球平均产量利用从粮食而来的转化系数进行调整。① 能源的计算主要采用 CO_2 吸收法，即用吸收人类消费化石能源释放 CO_2 所需要的森林面积表示化石能源用地。

① Wackernagel M, Onisto, L. , Linares, A C et al. Ecological Footprints of nations. How much nature do they use? How much nature do they have? [EB/OL]http://www. ecouncil. ac. cr/rio/focus/report/english/footprint/. 1997.

贸易生态足迹的计算不仅要考虑生物账户中产品进出口的数量，而且要考虑能源本身的进出口情况以及所有产品进出口过程中携带能源的状况，即贸易产品嵌入能问题。根据世界能源平均密度①，将农产品、动物产品、水产品以及工业品的进出口实物量或价值量转化为能源携带量，用进口产品的能源携带量减去出口产品的能源携带量，即是一国进出口能源携带量。再按照能源平均密度，计算出进出口贸易中嵌入能的总足迹。

根据学者 Wackernagel 的研究结果，自 1961 年至 1999 年全世界的各类生物生产性土地的均衡因子只存在微小的变化。② 为了计算简便，本研究综合《地球生命力报告》(2002)、《地球生命力报告》(2004)、《地球生命力报告》(2006)中所计算的 1999、2001、2003 三年的均衡因子，求平均值得本研究所采用的均衡因子，分别为：耕地：2.17；林地：1.36；草地：0.48；能源用地：1.36；建筑用地：2.17；水域：0.36。

在具体测算过程中，对 1949 至 1985 年间生态足迹的计算选取重点年份进行。由于 1990 至 2008 年中国生态状况加剧恶化，因此在该时段采用连续时间序列方法计算各年的生态足迹。1952、1957 年的个别数据缺失，采用 1962 年的数据，不影响整个时间序列的趋势分析。将各类土地加总，并将贸易足迹考虑在内，计算出 1952 年至 2008 年各年的总生态足迹、人均生态足迹(见表 1)。

(二) 生态承载力测算

生态承载力的测算首先要确定产量因子，用中国单位生物生产性土地的产出与世界单位生物生产性土地的产出比表示。由于绝大多数建筑用地都是占用了原本可以成为耕地的肥沃土地，因此建筑用地采用与耕地相同的产量因子。化石燃料用地是指用来吸收 CO_2 的森林的面积，因此其产量因子与林地相同。另外，因为数据可获得性的原因，1952、1957 年的产量因子用 1962 年的表示。

在以往生态承载力的研究中，一般认为一个国家不可能预留出化石能源用地以吸收 CO_2，因此化石能源用地的供给设定为零。但是如果一直将化石能源用地的供给面积设定为 0，则容易产生悲观论。本文采用历年造林面积作为化石能源用地，这尽管对生态承载力的计算结果没有太大影响，但是可以让人们了解到通过植树造林可以保护生态，缓解生态赤字。根据世界环境与发展委员会(WCED)的报告，应至少留出 12%的生态承载力来保护生物多样性。

① Wackernagel M, Onisto L, Bello P, et al. National natural capital accounting with the ecological footprint Concept [J]. Ecological Economics, 1999(29): 375 - 390.

② Mathis Wackernagel, Chad Monfreda, Karl-Heinz Erb, et al. Ecological footprint time series of Austria, the Philippines, and South Korea for 1961 - 1999: Comparing the conventional approach to an 'actual land area' approach[J]. Land Use Policy, 2004(2): 261 - 269.

表 1　新中国成立后至 2008 年中国的生态足迹与生态承载力

年份	人口数（万人）	总足迹（hm^2）	总承载力（hm^2）	人均足迹（hm^2/人）	人均承载力（hm^2/人）
1952	57 482	362 920 926	734 725 437	0.631	1.278
1957	64 653	423 808 561	765 115 334	0.655	1.183
1962	67 295	493 661 636	725 559 824	0.733	1.078
1965	72 538	615 892 342	770 656 500	0.849	1.062
1970	82 992	681 420 624	779 917 633	0.821	0.939
1975	92 420	831 065 526	866 842 230	0.899	0.937
1980	98 705	1 000 658 034	882 137 152	1.014	0.894
1985	105 851	1 214 199 888	892 546 497	1.147	0.843
1990	114333	1 427 187 943	892 240 562	1.248	0.780
1991	115 823	1 483 272 581	922 613 763	1.281	0.797
1992	117 171	1 536 965 105	961 230 608	1.312	0.820
1993	118 517	1 638 316 199	1 011 674 897	1.382	0.854
1994	119 850	1 718 275 232	1 039 013 210	1.434	0.867
1995	121 121	1 829 327 976	1 050 885 702	1.510	0.868
1996	122 389	1 896 940 107	1 119 359 314	1.550	0.915
1997	123 626	1 900 385 522	1 130 971 084	1.537	0.904
1998	124 810	1 891 462 602	1 158 503 502	1.515	0.928
1999	125 909	1 909 708 628	912 518 825	1.516	0.725
2000	126 743	1 945 410 479	901 607 385	1.535	0.711
2001	127 627	1 950 763 855	919 464 594	1.528	0.720
2002	128 453	2 093 544 210	936 848 513	1.630	0.729
2003	129 227	2 279 008 112	953 342 300	1.764	0.737
2004	129 988	2 409 196 039	994 094 362	1.853	0.764
2005	130 756	2 439 667 771	984 890 588	1.866	0.753
2006	131 448	2 518 707 750	1 066 090 739	1.916	0.811
2007	132 129	2 572 551 631	985 682 343	1.942	0.746
2008	132 802	2 612 215 342	997 343 024	1.967	0.751

从表 1 中可以看出，总体上中国生态总足迹、人均生态足迹呈现上升趋势，人均生态足迹年均增长 2.41%。进入 20 世纪 90 年代以来，随着中国 GDP 的快速增长和人口数量的增加，人均生态足迹剧增。各类土地的人均足迹趋势变化见图 1。另外，通过表 1 可以看出：新中国成立后中国人均生态承载能力呈下降趋势，特别是在 1952 年至 1990 年时间段；1991 年至 2008 年，人均承载力在波动中呈下降态势；自 1952 年至 2008 年人均生态承载力减少 70.17%，年均减少 1.25%。可见，中国生物生产性土地日益减少，区域内经济、资源和生态非可持续性发展。将各种类型土地的总生态承载力除以人口数，可以得到人均各类土地的承载力变化趋势，见图 2。

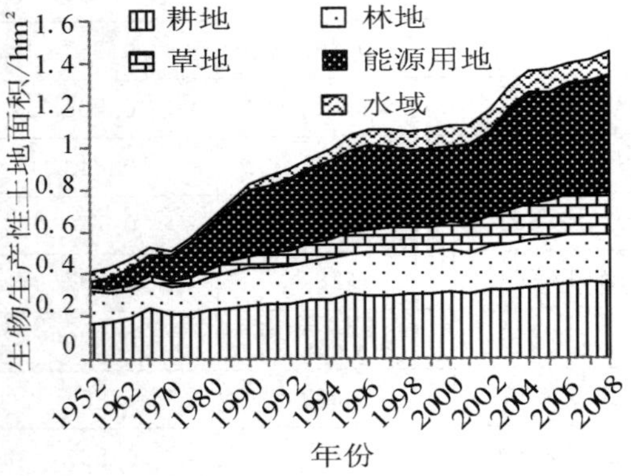

图 1　各类土地的人均生态足迹变化趋势

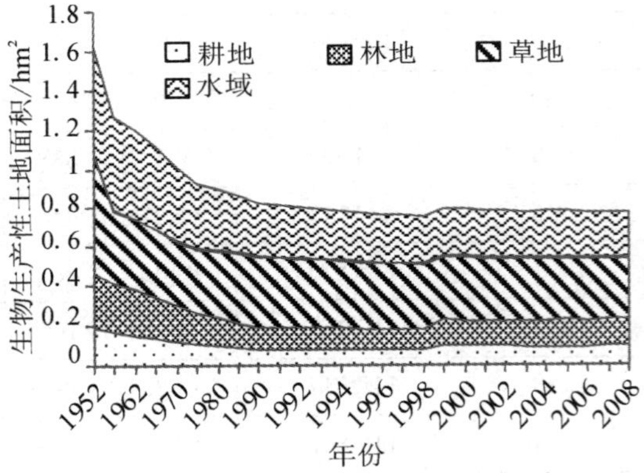

图 2　各类土地的人均生态承载力变化趋势

从图 1 可以看出，耕地、林地、草地、能源用地和水域的人均生态足迹均呈上升趋势，其中上升最快的是能源用地，可见中国迈入重化工业化阶段后，在传统产业结构的影响下，经济发展对能源的需求急剧上升，扩大了化石能源用地的足迹。林地、耕地和草地的人均足迹上升也比较快，反映了增长的人口对生活消费品需求的增加。如图 2 所示，中国各种类型的土地人均生态承载力均呈下降趋势，其中尤其以耕地和林地的变化最大。不过，在国家实施西部大开发、“退耕还林”政策后，人均耕地和森林面积在 1997 年后有不同程度的回升。

(三) 生态账户分析

比较新中国成立后历年生态足迹与生态承载力的值，可以判断中国生态足迹账户的盈余和赤字情况。另外，按照是否处于可持续状态、处在怎样的可持续状态，世界不同国家可以分成 4 种类型[①]：

① 杨开忠. 生态足迹分析理论与方法[J]. 地球科学进展，2000(6).

(1) 地方-全球可持续性的国家(A)，即人均生态足迹既未超出人均生态容量也未超出全球生态标杆，因而其发展既保持在本国生态容量范围之内同时又不危害全球生态安全；

(2) 地方可持续-全球不可持续性的国家(B)，即人均生态足迹未超出人均生态容量但超出全球生态标杆，因而其发展虽然保持在本国生态容量之内却危及了全球可持续性；

(3) 地方非可持续性-全球可持续性的国家(C)，即人均生态足迹超出人均生态容量但未超出全球生态标杆，因而从地方来看是不可持续的，但从全球来看是可持续的；

(4) 地方-全球非可持续性的国家(D)，即人均生态足迹既超出人均生态容量也超出全球生态标杆，因而无论从地方尺度还是从全球尺度来看目前都处于非可持续性状态。

根据2004年WWF发布的1961—2001年世界平均生态足迹(全球标杆)的数据、2006年发布的2003年的数据以及2008年发布的2005年的数据，比较中国人均生态足迹、人均生态承载力与全球生态标杆之间的差别，判断中国不同时期处于可持续发展国家的哪一类型(如表2所示)。同时，用全球生态标杆减去中国人均生态足迹表示中国与世界人均生态足迹之间的差距。

表2 新中国成立后至2008年中国生态账户及人均生态足迹与全球生态足迹标杆的比较

年份	全球标杆(hm^2/人)	中国人均生态足迹(hm^2/人)	中国人均生态承载力(hm^2/人)	生态盈余(赤字)(hm^2/人)	差值(hm^2/人)	类型
1952	——	0.631	1.278	0.647	——	——
1957	——	0.655	1.183	0.528	——	——
1962	1.711	0.733	1.078	0.345	0.978	A
1965	1.873	0.849	1.062	0.213	1.024	A
1970	2.117	0.821	0.939	0.118	1.296	A
1975	2.165	0.899	0.937	0.038	1.266	A
1980	2.262	1.014	0.894	−0.120	1.248	C
1985	2.188	1.147	0.843	−0.304	1.041	C
1990	2.244	1.248	0.780	−0.468	0.996	C
1991	2.222	1.281	0.797	−0.484	0.941	C
1992	2.180	1.312	0.820	−0.492	0.868	C
1993	2.172	1.382	0.854	−0.528	0.790	C
1994	2.166	1.434	0.867	−0.567	0.732	C
1995	2.198	1.510	0.868	−0.642	0.688	C
1996	2.206	1.550	0.915	−0.635	0.656	C

续表

年份	全球标杆（hm²/人）	中国人均生态足迹（hm²/人）	中国人均生态承载力（hm²/人）	生态盈余（赤字）（hm²/人）	差值（hm²/人）	类型
1997	2.197	1.537	0.904	−0.633	0.660	C
1998	2.174	1.515	0.928	−0.587	0.659	C
1999	2.165	1.516	0.725	−0.791	0.649	C
2000	2.178	1.535	0.711	−0.824	0.643	C
2001	2.190	1.528	0.720	−0.808	0.662	C
2002	2.230	1.630	0.729	−0.901	0.600	C
2003	2.230	1.764	0.737	−1.027	0.466	C
2004	——	1.853	0.764	−1.089	——	——
2005	2.700	1.866	0.753	−1.113	0.834	C
2006	——	1.916	0.811	−1.105	——	——
2007	——	1.942	0.746	−1.196	——	——
2008	——	1.967	0.751	−1.216	——	——

从表2可以看出，新中国成立后至20世纪70年代，中国的生物生产性土地供给大于需求，生态账户出现盈余。但是自80年代以后，生态足迹迅速膨胀，超越了生态承载力，并且呈持续扩大的趋势。另外可以看出，1962年至1975年中国人均生态足迹既未超出全球标杆，也未超出生态承载力容量，属于可持续发展国家的第一种类型——地方-全球可持续性的国家。自1980年始，中国人均生态足迹虽未超出全球标杆，但已超出生态承载力容量，属于从地方来看是不可持续的，但从全球来看是可持续的国家。目前，中国人均生态足迹与全球标杆之间的差距越来越小，这说明近年来经济活动对生态的影响迅速扩大，超越了整个世界经济活动对全球生态的影响速度。同时，也说明中国生态治理的措施还不到位，尚未从根本上减缓生态恶化的趋势。

五、结论

本文通过对新中国成立后至2008年时间序列生态足迹的测度，分析，发现中国生态容量的演进呈现出以下特征：

（1）人口再生产、经济再生产和生态再生产不协调，中国重蹈发达国家"先污染，后治理"的覆辙，陷入发展的"两难困境"中。即在传统的线性经济发展模式中，当人口增长、就业压力威胁到国家的稳定和繁荣时，经济发展的高速度就成为政府的主体价值取向，其结果必然是加速资源消耗，牺牲生态环境；而当资源短缺、环境污染趋向恶性、威胁到人类的生存和发展时，资源的节约、环境的保护就成为政府的主体价值取向，这又难免牺牲经济的一时发展。

(2) 中国自然资源整体消耗严重，自然资源存量急剧减少。随着城市化、工业化的发展，人为的经济活动对生态系统造成极大破坏，完全超越了生态系统自我的修复和恢复能力，不可再生的自然资源消耗过大。耕地、林地、草地、建设用地、化石能源用地和水域面积逐渐减少，难以承载经济、社会的可持续发展。

(3) 能源需求量直线上升，中国对外能源依存度逐渐提高。能源的需求量和消费量急剧上升，所占用的生物生产性面积超越了耕地面积，成为影响中国生态足迹的首要因素。

1991—2008 年中国贸易生态足迹的动态测度与分析

摘　要：运用生态足迹法对 1991—2008 年中国的贸易生态足迹进行了测度。结果表明：1991—1994 年中国的贸易生态足迹为盈余，出口贸易携带的生态足迹大于进口；1995 年(1998 年除外)之后，中国的贸易生态足迹为赤字，出口贸易携带的生态足迹小于进口；进出口贸易的生态足迹在波动中均有增长，贸易生态足迹弹性系数起伏较大。

关键词：贸易；生态足迹；贸易生态足迹账户；贸易生态足迹弹性系数

随着跨国公司的崛起和全球化进程的加快，贸易活动超越了国界在世界范围内频繁进行。贸易活动的加快不仅改变了世界资源的配置结构和格局，而且由于这种资源的重新配置对各国的可持续发展状况产生了重要影响，“生态包袱”的国家转移和流动成为各国政府和学术界关注的问题。

要了解一国“生态包袱”的国际转移状况，首先必须定量分析该国进出口贸易携带生态影响的量。由加拿大生态经济学家 William 于 1992 年首先提出、后经其学生 Wackernagel 改进和完善的生态足迹法，作为“一种很好的生态影响评价法”①，受到学术界的青睐。该方法用具体明确的数字呈现了人类消费对自然资产的影响，可以说明和测度一国进出口贸易携带生态影响的状况。

生态足迹法于 2000 年②引入中国后，迅速被国内学者应用，并修正、完善和发展。目前，运用生态足迹法分析长时间序列中国生态足迹演进和发展趋势的研究较多，但是很多研究未将进出口贸易的生态足迹完全考虑在内。少数学者对中国进出口贸易生态足迹进行了测度，但是尚存在以下缺陷和不足：徐子伟③、刘建兴等④、陈丽萍和杨忠直对中国长时间序列的贸易生态足迹进行了测算，但是进出口能源账户的计算仅考虑了能源的直接进出口，忽略了生物资源和制成品的嵌入能部分；白钰等⑤用“贸易调整系数”取代均衡因子，对

① 徐中民. 生态足迹方法的理论解析[J]. 中国人口·资源与环境，2006(6).

② 徐中民，张志强. 可持续发展定量研究的几种新方法评介[J]. 中国人口·资源与环境，2000(2).

③ 徐子伟. 中国贸易可持续性的生态足迹研究[D]. 青岛大学硕士学位论文，2006(6).

④ 刘建兴. 中国经济发展与生态足迹的关系研究[J]. 资源科学，2005(5).

⑤ 白钰. 基于宏观贸易调整方法的国家生态足迹模型[J]. 生态学报，2009(9).

中国生态足迹的贸易部分进行调整，但是忽略了生态足迹的全球参照。

本文采用中国统计年鉴、中国海关统计年鉴以及联合国粮农组织数据库中的数据，运用生态足迹法对1991—2008年间中国的贸易生态足迹进行测算。在研究过程中，将贸易嵌入能纳入到生态足迹测算当中，综合考虑初级产品和加工品的贸易足迹，弥补了现有研究的不足。

一、模型简介

生态足迹是指能够持续地向一定人口提供他们消耗的所有资源和消纳他们所产生的所有废弃物的土地和水体的总面积。① 生态足迹法是评估人类消费活动对生态影响程度的方法，它的分析思路是：人类要维持生存必须消费各种产品、资源和服务，人类的每一项最终消费可以转化为提供生产该消费所需的原始物质和能量的生物生产性土地面积，即生态足迹。运用该方法评价一定区域的生态状况基于两个基本事实②：① 人类可以确定自身消费的绝大多数资源及其产生的废弃物数量；② 这些资源和废弃物能够转换成相应的生物生产性面积。

根据生产力大小的差异，地球表面的生物生产性土地可分为两大类、六小类。即可耕地、牧草地、林地、海洋等生物资源消费所需生物生产性土地和化石能源地、建成地等能源消费所需生物生产性土地，两者加总就是一个国家的生物生产性土地面积。由于不同类型的土地单位面积的生物生产能力差异很大，为了使计算结果转化为量纲统一的可比较的生物生产性地域面积，在计算一国总的生态足迹时要在各类生物生产面积前乘上一个均衡因子(Balance Factor)。

通过均衡因子将每种生物生产性实际面积由公顷转化为世界公顷。贸易中进出口商品生态足迹的具体计算公式如下所示：

进口贸易的生态足迹： $$EM = \sum EM_i = \sum (\frac{C_i}{P_i} * E_i) \quad (1)$$

式中，EM 表示一定区域进口贸易的生态足迹；C_i 表示第 i 种消费品的进口量(吨)；P_i 表示第 i 种消费品的世界平均产量(吨／公顷)；E_i 表示第 i 种消费品所占用土地类型的均衡因子(世界公顷/公顷)。

出口贸易的生态足迹： $$EX = \sum EX_j = \sum (\frac{A_j}{P_j} * E_j) \quad (2)$$

---

① Wackernal M, Rees W E. Perceptual and structural barriers to investing in natural capital: Economics from an ecological footprint perspective[J]. Ecological Economics, 1997(20): 3-24.

② Wackernagel M, Onisto L, Bello P, et al. National natural capital accounting with the ecological footprint concept [J]. Ecological Economics, 1999(29): 375-390.

式中，EX 表示一定区域出口贸易的生态足迹；A_j 表示第 i 种消费品的出口量（吨）；P_j 表示第 i 种消费品的世界平均产量（吨 / 公顷）；E_j 表示第 i 种消费品所占用土地类型的均衡因子（世界公顷/公顷）。

贸易生态账户：

$$ED(ER) = EX - EM \tag{3}$$

式中，$ED(ER)$ 表示贸易生态足迹赤字或盈余。若 $EX - EM > 0$，表示贸易生态足迹账户为盈余；若 $EX - EM < 0$，表示贸易生态足迹账户为赤字；若 $EX - EM = 0$，表示贸易生态足迹账户均衡。

二、数据来源和指标选取

1991—2008 年进出口贸易中的生物账户数据和能源账户数据以及制成品进出口贸易的数据主要来自 1992—2009 年的历年《中国统计年鉴》，进出口商品的世界平均产量和林产品的进出口数据主要来自联合国粮农组织统计数据库（http：//apps. fao. org/），部分数据来自《中国海关统计年鉴》。

根据生态足迹法，将消费项目划分为生物资源消费和能源消费两大类。生物资源消费项目主要包括农产品、动物产品、林产品和水产品等；能源消费项目主要包括煤、石油、天然气和电力等。在本研究中，对中国进出口贸易生态足迹的测度主要选择大宗货物作为消费项目。将进出口的生物资源消费分为 29 项，其中农产品 16 项，包括粮食（小麦、稻谷、玉米、豆类）、棉花、油料、麻类（黄麻）、烟叶、蔬菜、茶叶、水果（橘、橙、苹果）、干果（核桃仁、栗子、松子仁），可以转化为相应的耕地足迹；林产品 4 项，包括圆木、锯木、胶合板、造纸木材，可以转化为相应的林地足迹；动物产品 8 项，包括肉类（猪肉、牛肉、羊肉、禽肉）、羊毛、牛奶、蜂蜜、禽蛋，其中猪肉、禽肉和禽蛋转化为相应的耕地足迹，而其余项目转化为相应的草地足迹；水产品的项目转化为相应的水域足迹。能源消费分为 4 项，包括煤、石油、天然气和电力，其中煤、石油、天然气转化为化石能源足迹，而电力资源则转化为建成地足迹。另外，进出口制成品携带能源的测算，共涉及非金属矿物质、化学物质等类别的 57 种商品。

三、测算与分析

根据贸易生态足迹的计算公式，将相关数据代入其中可以测算出 1991—2008 年中国进口贸易的生态足迹和出口贸易的生态足迹，并由此得到贸易生态足迹的盈余或赤字情况。

(一) 生物资源贸易生态足迹测算

生物资源消费项目都是由相应的耕地、林地、草地和水域等生物生产性土地提供的，所以对应的需要转化为耕地、林地、草地和水域。用某一项目的消费量除以世界平均产量，就可以得到该商品对应的生态足迹面积。其中，林产品的世界平均产量以 Wackernagel 等计算的 1993 年的数据 1.99 hm^2 为准；动物产品中的猪肉、禽肉为耕地间接产品，其单位面积全球平均产量利用从粮食而来的转化系数进行调整。①

根据 Wackernagel 的研究结果，自 1961 年至 1999 年全世界的各类生物生产性土地的均衡因子只存在微小的变化。② 为了计算简便，本研究综合《地球生命力报告》(2002)、《地球生命力报告》(2004)、《地球生命力报告》(2006)中所计算的 1999、2001、2003 三年的均衡因子，求平均值得本研究所采用的均衡因子，分别为：耕地：2.17；林地：1.36；草地：0.48；能源用地：1.36；建筑用地：2.17；水域：0.36。生物资源进出口贸易生态足迹的测算结果见表 1。

(二) 能源贸易生态足迹测算

能源贸易生态足迹的测算涉及两部分：一是直接的能源进出口部分；二是进出口初级产品和制成品的嵌入能部分。将农产品、林产品、动物产品、水产品以及制成品的进出口实物量和价值量转化为能源携带量(公式 4)③，再将之和能源直接进出口部分加总，然后根据世界能源平均密度，计算出进出口能源的总足迹。其中，原煤、石油和天然气的生态足迹计入化石能源用地，电能的生态足迹是指建设水坝和高压输电线廊道占用的空间，计入建设用地。

$$N_i = M_i * (\frac{H_i}{G_i}) * W_i \tag{4}$$

式中，N_i 表示第 i 种商品的进口(出口)能源携带量，M_i 为该类商品的能源密度，H_i、G_i 分别为该种商品贸易的实物量和价值量，W_i 为该种商品贸易的净价值量。

综合生物资源进出口贸易生态足迹和能源进出口贸易生态足迹的测算结果，计算出进出口贸易的总生态足迹，如表 1 所示。

---

① Wackernagel M, Onisto L, Linares A C, et al. Ecological footprints of nations. How much nature do they use? —How much nature do they have? [EB/OL]http: //www. ecouncil. ac. cr/rio/focus/report/english/footprint/. 197.

② Mathis Wackernagel, Chad Monfreda, Karl-Heinz Erb, et al. Ecological footprint time series of Austria, the Philippines, and South Korea for 1961 - 1999: Comparing the conventional approach to an 'actual land area' approach[J]. Land Use Policy, 2004(21): 261 - 269.

③ Wackernagel M, Onisto L, Bello P, et al. Ecological Footprints of Nations[A]. Commissioned by the Earth Council for the rio+5 Forum. International Council for Local Environmental initiatives, Toronto. 1997: 4 - 12.

表 1　进出口贸易的生态足迹(单位：10^4 hm^2)

年份	生物资源贸易生态足迹		能源贸易生态足迹		进出口贸易总生态足迹	
	进口	出口	进口	出口	进口	出口
1991	3600.19	4293.93	740.49	3415.06	4340.68	7708.99
1992	3568.93	4044.77	1181.32	2199.01	4750.25	6243.78
1993	3354.59	3367.26	2030.24	2059.03	5384.83	5426.29
1994	3693.95	4091.76	1623.30	2142.02	5317.25	6233.78
1995	4600.48	2975.15	2053.40	2323.39	6653.88	5298.54
1996	3768.33	2756.18	2541.03	2732.45	6309.36	5488.63
1997	3578.37	4451.12	3892.54	2657.42	7470.91	7108.54
1998	3560.01	4835.23	3320.91	2442.64	6880.92	7277.87
1999	3652.91	4759.36	3737.14	2269.01	7390.05	7028.37
2000	6800.10	6867.19	5514.15	3171.99	12 314.25	10 039.18
2001	7910.38	5332.58	5214.53	2608.99	13 124.91	7941.57
2002	7623.62	6951.34	8885.95	4200.07	16 509.57	11 151.41
2003	10 301.71	8125.08	7764.38	4798.66	18 066.09	12 923.74
2004	10 318.28	3976.95	10 237.13	4398.38	20 555.41	8375.33
2005	12 060.56	5367.93	10 464.68	4238.24	22 525.24	9606.17
2006	12 350.71	4473.27	12 111.98	3830.16	24 462.69	8303.43
2007	10 172.10	5102.16	13 488.90	3525.60	23 661.00	8627.76
2008	11 168.88	6646.39	13 496.79	2840.01	24 665.67	9486.40

从表 1 可以看出，自 1991 年至 2008 年中国进出口贸易的生态足迹在波折中呈上升趋势(见图 1、图 2)，其中 2008 年与 1991 年进口贸易生态足迹相比，增加了 3.68 倍，年均增长 21.65%；出口贸易生态足迹增加了 23%，年均增长 1.3%。在进出口贸易的生态足迹中，生物资源和能源的出口贸易生态足迹相对稳定，进口贸易足迹呈增长态势；进口贸易足迹中能源贸易的生态足迹比重不断扩大，由 1991 年的 0.17%猛增到 2008 年的 54.72%，增加了 16.23 倍。另外，由于贸易结构的不断调整，生物资源和能源的贸易足迹年际之间变化较大。

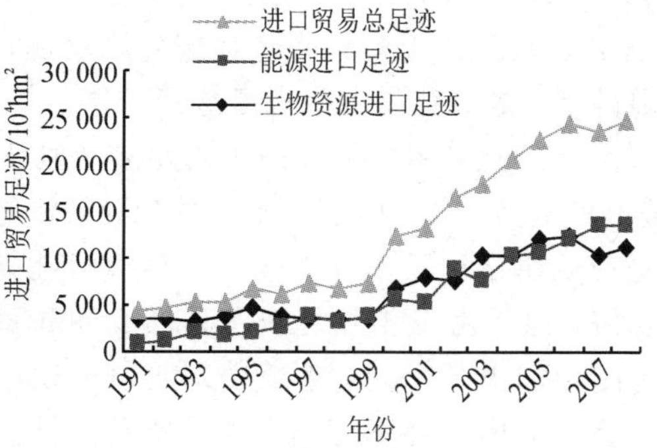

图 1 进口贸易生态足迹变动趋势

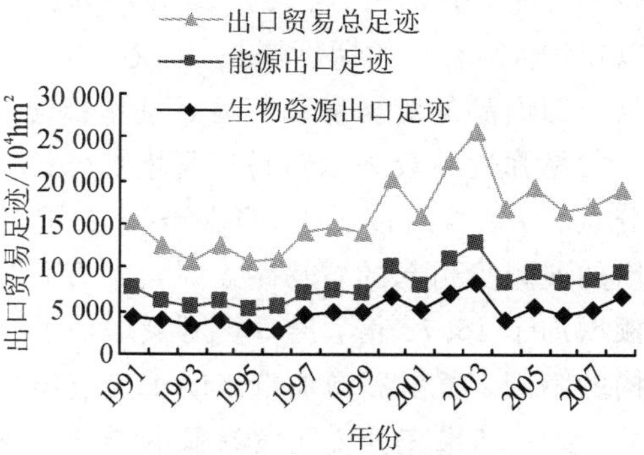

图 2 出口贸易生态足迹变动趋势

(三) 贸易生态足迹账户与贸易生态足迹的弹性系数分析

根据公式 3，用出口贸易的生态足迹减去进口贸易的生态足迹便可知贸易生态足迹账户的盈余或赤字情况。另外，用贸易生态足迹弹性系数表示贸易量增加引起的贸易生态足迹的变化，表示为：进口（出口）贸易生态足迹的年平均增长速度/进口（出口）贸易的年平均增长速度。计算结果如表 2 所示。

表 2 贸易生态足迹账户与贸易生态足迹弹性系数

年份	贸易生态足迹账户(hm^2)	进口贸易生态足迹弹性系数	出口贸易生态足迹弹性系数	年份	贸易生态足迹账户(hm^2)	进口贸易生态足迹弹性系数	出口贸易生态足迹弹性系数
1991	3368.31	—	—	2000	−2275.07	1.86	1.54
1992	1493.53	0.36	−1.04	2001	−5183.34	0.80	−3.08
1993	41.46	0.46	−1.64	2002	−5358.16	1.21	1.81
1994	916.53	−0.11	0.47	2003	−5142.35	0.24	0.46
1995	−1355.34	1.76	−0.65	2004	−12 180.08	0.38	−0.99
1996	−820.73	−1.01	2.34	2005	−12 919.07	0.54	0.52
1997	−362.37	0.58	−5.14	2006	−16 159.26	0.43	−0.49
1998	396.95	−15.69	−1.59	2007	−15 033.24	−0.15	0.15
1999	−361.68	−0.75	−0.08	2008	−15 179.27	0.23	0.57

从表 2 可以看出，1991—1994 年（1998 年除外）中国的贸易生态足迹为盈余，也就是说出口贸易携带的生态足迹大于进口，这主要是因为当时农产品、林产品、动物产品和水产品在中国的出口贸易结构中占主导地位，生物资源的贸易生态足迹在贸易总生态足迹中所

占较大比重，分别为55.70%、64.78%、62.05%、65.64%。1995年之后，进口能源生态足迹以年均42.87%的速度增长，并在1997年超越出口能源的规模和生态足迹急剧增加，而生物资源商品的贸易量和贸易足迹增长速度明显减缓，进口贸易的生态足迹稳定增长。

贸易弹性系数表示贸易量每增加(或减少)一个百分点，相应带来的生态足迹增加多少百分点。从表2可以看出，不同年份之间由于进出口贸易结构的不同、汇率的变化，贸易量的增加或减少引起的贸易生态足迹的变化并不呈现规律化特征。1991—2008年中国进口贸易额增加了15.75倍，出口贸易额增加了17.90倍，但是由于年际之间贸易额变动和贸易结构的不同，贸易额增加带来的贸易进出口足迹的增加也不相同，甚至个别年份出现了负影响。这一结果充分说明贸易额的增加和生态足迹量的增加并不完全一致，贸易的行业结构和产品结构对贸易的生态足迹影响较大。

四、结论

运用生态足迹法测算中国进出口贸易携带的"生态包袱"状况，对于我们了解进出口贸易对一国可持续发展的影响，进而调整进出口产业结构、转变贸易增长方式具有重要意义。本文仅仅选取了大宗商品作为分析对象，尽管影响了进出口贸易生态足迹测算的精确性，但是从对1991—2008年进出口贸易生态足迹的测算结果来看，基本能够反映在汇率、贸易结构变动影响下中国进出口贸易所携带的生态影响状况。

通过本文的研究，我们可以得出以下结论：

(1) 进出口贸易足迹随着贸易额的增长总体呈现增长态势，但是贸易生态足迹结构不均衡。尽管受贸易结构和汇率变动的影响，进出口贸易生态足迹波动较大，但是总体而言，随着全球化进程的加快和中国融入世界经济程度的加深，进出口贸易足迹均有增加。另外，贸易生态足迹结构不均衡，生物资源的生态足迹和能源的生态在贸易总生态足迹中的比重动态变化。

(2) 贸易生态账户的赤字额在变动中增加，扩大了中国的生态足迹。在1994—2008年的绝大多数年份中，进出口贸易生态足迹账户出现赤字，即出口贸易携带的生态足迹小于进口贸易，这在某种程度上减少了中国自然资源的消耗量，有利于可持续发展。但是根据学者Van den Bergh等①的观点，进口贸易的持续扩大最终导致中国资源的消费与废弃物的排放量增加，降低了自身的生态承载力。

(3) 中国对外能源依存度逐渐提高。进口贸易生态足迹的增长主要来自于化石能源用地生态足迹的上升，这说明近年来受现有产业结构和经济发展模式的影响，国内能源的需

① VAN DEN BERGH, JEROEN C. J. M, Verbruggen H. Spatial Sustainability, Trade and Indicators: an Evaluation of the "Ecological Footprint" [J]. Ecological Economics, 1999, 29(1): 61-72.

求量加大，依赖国外进口的能源增加。随着未来中国经济的持续增长，能源的需求量将持续上升，这必将加速不可再生资源的枯竭，如何开发替代能源和可再生能源成为中国急需解决的问题。

（4）要减少进出口贸易的生态影响，中国必须优化贸易结构、转变贸易增长方式，由进出口高耗能、高污染的产业转变为进出口低耗能、低污染、高效率的产业。同时，大力发展循环经济，根据“减量化、再利用、再循环”的原则，提高自然资源的利用效率。

1991—2008年中国能源贸易生态足迹的测度与分析

摘　要：文章运用生态足迹法对1991—2008年中国能源贸易的生态足迹进行了测度。结果表明：1991—1996年中国能源贸易的生态足迹为盈余，出口贸易携带的生态足迹大于进口；1997年之后，中国能源贸易的生态足迹为赤字，出口贸易携带的生态足迹小于进口；进口能源贸易的生态足迹近年来增长较快，出口能源贸易生态足迹处于波动状态，能源进出口贸易生态足迹弹性系数起伏较大。

关键词：能源贸易；生态足迹；能源贸易生态足迹弹性系数

能源进出口对一国生态状况会产生重要影响。能源开采往往会破坏区域内生态系统的服务功能，能源消费释放出来的CO_2、SO_2和NO_X等废气通常会污染自然环境。能源开采和消费过程中所携带的“生态包袱”会随着国际贸易发生转移，导致生态责任再分配。

能源贸易所携带“生态包袱”的转移量，可以运用生态足迹法去定量测度。该方法是由加拿大学者William于1992年首先提出、后经其学生Wackernagel改进和完善的“一种很好的生态影响评价法”①。生态足迹法用具体明确的数字呈现了人类消费对自然资产的影响，可以测度一国进出口能源贸易的生态影响。

本文采用中国统计年鉴、中国海关统计年鉴以及联合国粮农组织数据库中的数据，运用生态足迹法对1991—2008年间中国能源贸易的生态足迹进行测算。在研究过程中，将贸易嵌入能纳入到能源贸易生态足迹的测算当中，综合考虑初级产品和加工品的能源贸易足迹，弥补了现有研究的不足。

一、模型简介

生态足迹是指能够持续地向一定人口提供他们消耗的所有资源和消纳他们所产生的所有废弃物的土地和水体的总面积②。生态足迹法是评估人类消费活动对生态影响程度的方法，它的分析思路是：人类要维持生存必须消费各种产品、资源和服务，而每一项最终消费可以转化

① 徐中民，程国栋，张志强．生态足迹方法的理论解析[J]．中国人口·资源与环境，2006(6).

② WACKERNAGEL M, REES W E. Perceptual and structural barriers to investing in natural capital: economics from an ecological footprint perspective [J]. Ecological Economics, 1997, 20(1): 3-24.

为提供生产该消费所需的原始物质和能量的生物生产性土地面积，即生态足迹。运用该方法评价一定区域的生态状况基于两个基本事实①：一是人类可以确定自身消费的绝大多数资源及其产生的废弃物数量；二是这些资源和废弃物能够转换成相应的生物生产性面积。

根据生产力大小的差异，地球表面的生物生产性土地可分为两大类、六小类，即可耕地、牧草地、林地、海洋等生物资源消费所需生物生产性土地，以及化石能源地、建成地等能源消费所需生物生产性土地，两者加总就是一个国家的生物生产性土地面积。由于不同类型的土地单位面积的生物生产能力差异很大，为了使计算结果转化为量纲统一、可比较的生物生产性地域面积，在计算一国总的生态足迹时要在各类生物生产面积前乘以一个均衡因子。

通过均衡因子将每种生物生产性土地面积由公顷转化为世界公顷。贸易中进出口能源生态足迹的计算公式如下：

进口能源贸易的生态足迹：

$$EM = \sum EM_i = \sum (C_i / P_i * E_i) \quad (1)$$

式中，EM 表示一定区域进口能源贸易的生态足迹；C_i 表示第 i 种能源的进口量；P_i 表示第 i 种能源的全球平均足迹；E_i 表示第 i 种能源所占用土地类型的均衡因子。

出口能源贸易的生态足迹：

$$EX = \sum EX_i = \sum (A_i / P_i * E_i) \quad (2)$$

式中，EX 表示一定区域出口能源贸易的生态足迹；A_i 表示第 i 种能源的出口量；P_i 表示第 i 种能源的全球平均足迹；E_i 表示第 i 种能源所占用土地类型的均衡因子。

能源贸易生态账户：

$$ED(ER) = EX - EM \quad (3)$$

式中，$ED(ER)$ 表示能源贸易生态足迹赤字或盈余。若 $EX - EM > 0$，表示能源贸易生态足迹账户为盈余；若 $EX - EM < 0$，表示能源贸易生态足迹账户为赤字；若 $EX - EM = 0$，表示能源贸易生态足迹账户均衡。

二、数据来源和指标选取

1991—2008 年进出口贸易中的农产品、水产品、动物产品、工业制成品以及能源进出口贸易的数据主要来自 1992—2009 年的《中国统计年鉴》，林产品的进出口数据主要来自联合国粮农组织统计数据库(http：//apps. fao. org/)，部分数据来自《中国海关统计年鉴》。

能源进出口项目主要选择煤炭、焦炭、燃料油、原油、汽油、柴油、液化石油气和电力等，嵌入能计算涉及的进出口商品项目则主要选择大宗货物，分为农产品、动物产品、林产品、水产品和制成品五类，其中前四类共 29 项：农产品 16 项，包括粮食(小麦、稻谷、玉

① WACKERNAGEL M, ONISTO L, BELLO P, et al. National natural capital accounting with the ecological footprint concept [J]. Ecological Economics, 1999, (29): 375 - 390.

米、豆类)、棉花、油料、麻类(黄麻)、烟叶、蔬菜、茶叶、水果(橘、橙、苹果)、干果(核桃仁、栗子、松子仁);林产品 4 项,包括圆木、锯木、胶合板、造纸木材;动物产品 8 项,包括肉类(猪肉、牛肉、羊肉、禽肉)、羊毛、牛奶、蜂蜜、禽蛋;水产品 1 项。另外,进出口制成品项目共涉及非金属矿物质、化学物质等类别的 57 种商品。

三、测算与分析

煤炭、焦炭、原油、汽油、柴油、燃料油、液化石油气等能源进出口贸易的生态足迹用进出口能源消费所转化的化石燃料用地面积表示,电力能源进出口贸易的生态足迹用进出口能源消费所转化的建成地面积表示。根据全球能源的平均足迹,将进出口能源消费所消耗的能源折算成一定的土地面积。在测算过程中,不仅考虑能源本身的进出口量,还要考虑贸易产品的嵌入能携带量。嵌入能是指贸易产品在整个生命周期中所消耗的能源,其也随着进出口贸易活动转移生态影响。

目前,关于能源生态足迹的测算方法有三种:农林产品替代法、CO_2 吸收法、消耗与再生平衡法。这三种方法的计算结果基本相同[①]。CO_2 吸收法主要是用吸收人类消费化石能源释放的 CO_2 所需的森林面积来表示。因为采用替代法和消耗与再生平衡法计算的足迹一般稍大于 CO_2 吸收法计算的足迹,同时考虑到公众的接收性,在生态足迹的计算中大多采用 CO_2 吸收法[②③],即将各类能源消费的实物量转化为标煤量,再将各类能源的标煤量转化为相应的热量,并将之与 CO_2 吸收率(全球平均足迹)比较计算出各类能源消费所占用的足迹。[④]

(一) 直接能源进出口部分生态足迹测算

直接进出口能源生态足迹的计算方法比较简单,将能源进出口量折算后除以能源全球平均足迹可得[⑤]。其中,煤炭、焦炭、原油、汽油、柴油、燃料油、液化石油气的进出口生态足迹转化为化石能源用地,电能的生态足迹转化为建成地面积。

(二) 贸易嵌入能部分生态足迹测算

能源贸易生态足迹的测算不仅涉及直接的能源进出口部分,而且还包括进出口初级产

---

① 章锦河,张捷. 国外生态足迹模型修正与前沿研究进展[J]. 资源科学,2006(6).

② WACKERNAGEL M., MORAN D, WHITE S, et al. Ecological Footprint Accounts for Advancing Sustainability: Measuring Human Demands on Nature. In Lawn P (eds.): Sustainable Development Indicators in Ecological Economics [M]. USA: Edward Elgar Publishing, Inc. 2006, 247 - 267.

③ WACKERNAGEL M, REES W. Our Ecological Footprint: Reducing Human Impact on the Earth [M]. Gabriola Island, B. C. Canada: New Society Publishers, 1996: 61 - 83.

④ 陶在朴. 生态包袱与生态足迹:可持续发展的重量及面积观念[M]. 北京:经济科学出版社,2003:177.

⑤ 邱大雄. 能源规划与系统分析[M]. 北京:清华大学出版社,1995:48.

品和制成品的嵌入能部分。在研究过程中，很多进出口贸易产品只有价值记录，没有实物量记录，因而在能源平衡部分需要先将价值量换算成实物量，再根据能源折算系数换算成能源的数据。将农产品、林产品、动物产品、水产品以及制成品的进出口实物量和价值量转化为能源携带量(式 4)①，然后根据全球平均能源足迹，计算出进出口产品嵌入能的生态足迹。

$$N_i = M_i * (\frac{H_i}{G_i}) * W_i \tag{4}$$

式中，N_i 表示第 i 种商品的进口(出口) 能源携带量，M_i 为该类商品的能源密度(各类产品的全球平均密度可从国际能源研究的统计资料中获得②)，H_i、G_i 分别为该种商品贸易的实物量和价值量，W_i 为该种商品贸易的净价值量。

综合生物资源进出口贸易嵌入能和工业制成品嵌入能，计算出进出口农产品、林产品、水产品和工业制成品的总贸易嵌入能生态足迹，如表 1 所示。

表 1 进出口能源贸易的生态足迹 (单位：10^4 hm^2)

年份	能源进出口生态足迹		嵌入能生态足迹		能源贸易总生态足迹	
	进口	出口	进口	出口	进口	出口
1991	930.23	3347.24	180.50	67.82	1110.73	3415.06
1992	1565.50	3212.74	206.49	85.77	1771.99	3298.51
1993	2783.27	2955.54	262.12	133.02	3045.39	3088.56
1994	2168.96	3090.40	265.99	122.63	2434.95	3213.03
1995	2812.37	3364.45	267.73	120.63	3080.10	3485.08
1996	3538.75	3969.18	272.80	129.50	3811.55	4098.68
1997	5547.14	3853.91	291.66	132.22	5838.80	3986.13
1998	4684.43	3537.92	296.94	126.05	4981.37	3663.97
1999	5291.63	3263.20	314.07	141.79	5605.70	3404.99
2000	7931.93	4600.09	339.30	157.91	8271.23	4758.00
2001	7451.70	2232.13	370.09	181.35	7821.79	2413.48
2002	12 903.00	6065.97	425.94	234.13	13 328.94	6300.10

① WACKERNAGEL M, ONISTO L, BELLO P, et al. Ecological footprints of Nations[A]. Rio de Janeiro. Commissioned by the Earth Council for the Rio+5 Forum [C]. Toronto: International Council for Local Environmental Initiatives, 1997: 4-12.

② MONFREDA C, WACKERNAGEL M, DEUMLING D. Establishing national natural capital accounts based on detailed ecological footprint and biological capacity assessments [J]. Land Use Policy, 2004, 21: 231-246.

续表

年份	能源进出口生态足迹		嵌入能生态足迹		能源贸易总生态足迹	
	进口	出口	进口	出口	进口	出口
2003	11 154.58	6913.07	491.99	284.92	11 646.57	7197.99
2004	14833.45	6290.40	522.25	307.16	15 355.70	6597.56
2005	15 123.15	6014.37	573.87	342.99	15 697.02	6357.36
2006	17 577.57	5391.01	590.41	354.23	18 167.98	5745.24
2007	19 597.46	4901.27	635.88	387.13	20 233.34	5288.40
2008	19 619.24	3861.21	625.94	398.81	20 245.18	4260.02

从表 1 可以看出，1991—2008 年，进口能源足迹总体呈增长趋势，18 年间增加了 16.23倍，出口能源足迹波浪式发展，至 2003 年达到峰值后，呈现下降趋势。另外，进出口贸易商品的嵌入能均有所增加。进出口能源的生态足迹与能源、生物资源产品和制成品的贸易量紧密相关，进出口能源生态足迹的变化，说明近几年能源进口增长迅速，而能源出口量下降。煤炭、石油和电力进出口生态足迹的变化趋势见图 1、图 2。

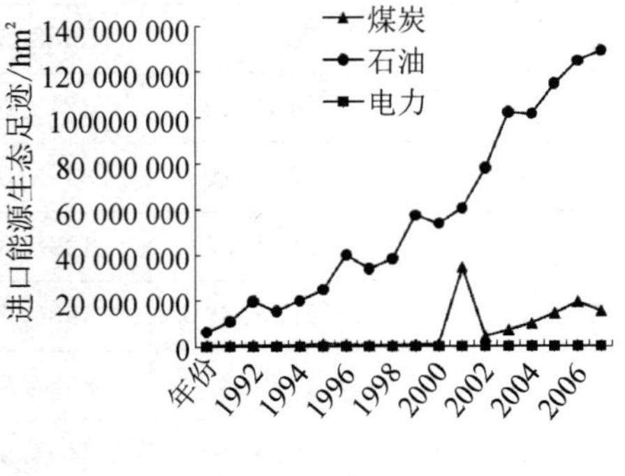

图 1　进口能源的生态足迹变动趋势

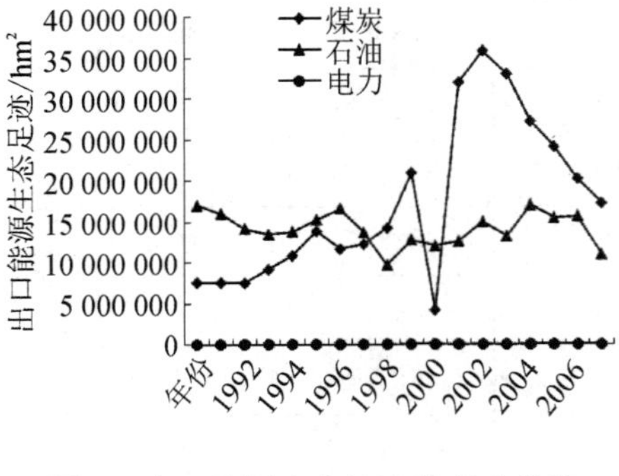

图 2　出口能源生态足迹的变动趋势

从图 1 可以看出，在进口能源的生态足迹结构中，石油的生态足迹占主导地位，且一直呈上升趋势，特别是在 2002 年之后，石油能源的生态足迹急剧增加，比重不断增大，而煤炭和电力能源的生态足迹则相对稳定。由图 2 可知，在出口能源的生态足迹结构中，煤炭能源的生态足迹在波动中增长，最终超越了石油占据主导地位；石油能源的生态足迹则在近几年下滑；电力能源的生态足迹所占比重较小，且变化不明显。

(三) 能源贸易生态足迹账户与能源贸易生态足迹的弹性系数分析

根据公式 3，用出口能源的生态足迹减去进口能源的生态足迹便可知能源生态足迹账户的盈余或赤字情况。另外，用能源贸易生态足迹弹性系数表示贸易量增加引起的能源生态足迹的变化，表示为：进口(出口)能源生态足迹的年平均增长速度/进口(出口)贸易的年平均增长速度。计算结果如表 2 所示。

表 2　贸易生态足迹账户与贸易生态足迹弹性系数

年份	能源贸易生态足迹账户/10^4 hm^2	进口能源贸易生态足迹弹性系数	出口能源贸易生态足迹弹性系数	年份	能源贸易生态足迹账户/10^4 hm^2	进口能源贸易生态足迹弹性系数	出口能源贸易生态足迹弹性系数
1991	2304.33	—	—	2000	−3513.23	1.33	1.44
1992	1526.52	1.94	−0.15	2001	−5408.31	−0.67	−7.31
1993	43.17	2.07	−0.49	2002	−7028.84	3.32	7.20
1994	778.08	−0.30	0.04	2003	−4448.58	−0.32	0.41
1995	404.98	2.43	0.43	2004	−8758.14	0.89	−0.24
1996	287.13	5.15	17.59	2005	−9339.66	0.13	−0.13
1997	−1852.67	24.68	−0.13	2006	−12 422.70	0.94	−0.40
1998	−1317.40	9.61	−19.50	2007	−14 944.90	0.73	−0.39
1999	−2200.71	0.69	−1.15	2008	−15 985.20	0.01	−2.62

从表 2 可以看出，1991—1996 年中国的能源贸易生态足迹为盈余，也就是说能源出口贸易携带的生态足迹大于进口，这主要是因为中国能源产品出口量较大，对外能源依存度尚低。1997 年之后，进口能源生态足迹超越出口能源生态足迹，中国的能源贸易生态足迹为赤字，且赤字额不断扩大，以年均 67.35%的速度增长。

能源贸易弹性系数表示贸易量每增加(或减少)一个百分点，相应带来的能源生态足迹增加多少百分点。从表 2 可知，不同年份之间由于进出口贸易结构的不同、汇率的变化，能源贸易弹性系数并不呈现规律性特征。1991—2008 年中国进口贸易额增加了 15.75 倍，出口贸易额增加了 17.90 倍，但是由于年际之间贸易额变动和贸易结构的不同，贸易额增加带来的能源进出口足迹的增加也不相同，甚至个别年份出现了负影响。这一结果充分说明贸易额的增加和生态足迹量的增加并不完全一致，贸易的行业结构和产品结构对能源贸易的生态足迹影响较大。

四、结论

本文运用生态足迹法描述能源贸易生态影响的携带情况，主要是根据 CO_2 吸收法将

CO_2 的排放量转化成土地面积来测算的。这种方法虽然存在着忽略化石能源释放的 SO_2 和 NO_X 等废气的影响以及环境与技术的可行性等局限性①，但是仍不失为测算能源贸易所产生的“生态包袱”影响的一种好方法。

本文仅选取了大宗商品作为分析对象，这尽管影响了进出口能源贸易生态足迹测算的精确性，但是从对 1991—2008 年进出口能源贸易生态足迹的测算结果来看，基本能够反映在汇率、贸易结构变动下中国能源进出口贸易所携带的生态影响状况。

通过本文的研究，我们可以得出以下结论：

(1) 进出口能源贸易的生态足迹随着能源贸易量的变动而变动，进口能源的生态足迹不断扩大，而出口能源的生态足迹则相对稳定。同时，随着全球化进程的加快和中国融入世界经济程度的加深，进出口商品所携带的嵌入能增加较快。另外，能源贸易生态足迹结构不均衡，进口能源中石油能源的生态足迹所占比重最大。

(2) 能源贸易生态账户的赤字额呈现增大趋势，扩大了中国的生态足迹。在 1997—2008 年进出口能源贸易生态足迹账户出现赤字，即出口能源贸易携带的生态足迹小于进口能源贸易，这在某种程度上减少了中国能源的消耗量，有利于可持续发展。但是根据学者 Van den Bergh 等的观点②，进口贸易的持续扩大最终导致中国废弃物排放量的增加，降低了自身的生态承载力。

(3) 中国能源对外依存度逐渐提高。进口能源贸易生态足迹的增长主要来自直接进口能源部分生态足迹的上升，这说明受现有产业结构和经济发展模式的影响，国内能源的需求量加大，依赖国外进口的能源量增加。

(4) 要减少进出口能源贸易的生态影响，中国必须转变经济发展模式和能源消费方式，优化产业结构和能源结构，大力发展太阳能、地热能、风能、海洋能、生物质能和核聚变能等新能源和可再生能源，支持在保护生态环境的基础上发展清洁、低碳能源，提高能源的利用效率。同时，协调“经济发展指标与节能指标的关系，控制能源需求总量的增长”③，实现全社会的节能减排。

---

① 徐中民，程国栋，张志强．生态足迹方法的理论解析[J]．中国人口·资源与环境，2006：6.

② VAN DEN BERGH，JEROEN C. J. M，VERBRUGGEN H. Spatial Sustainability，Trade and Indicators：an Evaluation of the “Ecological Footprint”[J]. Ecological Economics，1999，29(1)：61 - 72.

③ 徐刚，王维国．基于协整检验的中国能源需求研究[J]．大连理工大学学报(社会科学版)，2010(2).

绿色发展篇

西安市循环经济发展战略及其推进机制研究

摘　要：要解决发展过程中经济增长与资源短缺、环境污染之间的矛盾，西安市必须发展以“资源消费—产品—再生资源”闭环型物质流动为特征的循环经济。以生态企业、生态工业园、生态城市三个载体为依托，西安市逐步实现发展循环经济、建设生态城市的目标。要实现这一目标，西安市必须构建发展循环经济的推进机制，发挥市场、政府、企业、居民四方面作用。

关键词：西安市；循环经济；发展战略；推进机制

循环经济是对应传统的以“资源—产品—废弃物”为特征的线性经济而提出的一种新的经济发展模式。这种以“资源消费—产品—再生资源”闭环型物质流动为特征的经济发展模式，解决了长期以来人类面临的经济增长与资源短缺、环境污染之间的矛盾，受到了我国政府的高度重视，并把它作为实现可持续发展的重要战略加以推广。目前，国内很多地区已经全面展开循环经济实践，并取得了显著成效。

西安市地处中国的“发展中地区”，同样面临如何实现经济、社会和生态协调发展的问题。多年来，西安市政府在加快经济建设的同时，也注意到环境保护问题，不断加大环保投资和污染治理的力度。但是大气污染、水污染及其他人居环境恶化的趋势仍然没有得到有效遏制，西安环境污染问题依然很严重。① 要根本上解决发展过程中经济增长与环境污染、资源短缺之间的矛盾，西安市必须大力发展循环经济。

一、西安市循环经济发展的战略

根据发达国家循环经济发展规律和国家发改委对我国循环经济发展的总体规划及西安实际情况，西安市应在生态企业、生态工业园和生态城市三个层面上开展循环经济，从而最终实现生产领域和生活领域废弃物的零排放，建成基础设施完善，空间布局合理，环境整洁优美，人与自然互惠共生，社会、经济与生态和谐发展的生态型现代化大都市。

① 国家环保总局网站：全国城市环境管理和综合治理2004年度报告[EB/OL]，http：//www.sepa.gov.cn/.

(一) 生态企业的规划建设

西安市现有企业很大一部分是以煤炭、天然气等能源的一次性消耗为主的高能源消耗型企业。众多技术装备与生产工艺落后、单位产品耗能高、资源浪费严重的高能源消耗型企业的存在破坏了生态环境，引起了诸多问题。因此，必须改造升级这些传统企业，并有计划地引进、新建一批生态企业。

(1) 针对那些严重危害居民生活和健康、技术设备与生产工艺落后而没有能力引进新技术和新工艺，或引进新技术和新工艺成本太大难以在经济上可行的企业，视其情况予以停产整顿或关闭，特别是中小型的造纸企业和煤矿企业。

(2) 针对那些虽然技术设备与生产工艺落后，但改进技术和工艺在经济上可行的企业，督促其改进技术设备和生产工艺，采用清洁生产技术，加强源头治理和过程治理。比如一些以煤、电、铝为产业链条的能源型企业。

(3) 针对那些技术和工艺比较符合生态企业建设要求的企业，鼓励其更新管理理念，改进生产工艺和操作流程，按照"减量化、资源化和再利用"原则建设成为生态企业。

(4) 对于那些新建企业，尽快出台促进企业生态化发展的激励政策，鼓励新建企业按照循环经济的发展要求选址、规划和制定发展战略。

(5) 在招商引资中，重点引进低污染、低耗能、环境友好型外资项目，构建有利于循环经济发展的外资产业集群。

(二) 生态工业园的规划建设

根据学者耿勇和武春友研究，我国工业园区经历了三个阶段，即第一代的"经济技术开发区"、第二代的"高新技术开发区"和第三代的"生态工业园区"。[①] 前两代园区的一个共同缺点是园区内企业彼此独立经营，企业之间缺乏资源的有效流动和融合，资源利用效率低且环境污染严重。目前，西安市现有工业园基本上属于前两类工业园。要建设生态化城市，必须改造、升级现有工业园并规划一批新的生态工业园。

首先，按照生态工业园的构建要求改造、升级现有工业园。

西安市现有工业园基本上是在固定区域内的企业聚集，企业间性质相同，基本上没有生产链条上的关联，各自生产，各自处理废弃物，既浪费资源，又污染环境，还增加了企业的生产成本和管理成本。因此，加快这些传统工业园的改造、升级成为生态工业园建设中首要解决的问题。政府应按照工业生态学和循环经济原理，积极推动现有工业园区的改造，改变现有工业园的产业结构和企业布局，形成工业园内外产业共生、物质和能量交互的企业集群。

---

① 耿勇，武春友. 国内外生态工业园发展评述[J]. UNEP产业与环境，2003.

具体而言：

（1）以西安经济技术开发区为依托，把泾渭工业园、草滩生态产业园分别改造、升级和发展为重型汽车制造、零部件加工及专用汽车生产为主的生态工业园和旅游观光生态工业园；

（2）以西安高新技术开发区为依托，把西安软件园改造、升级和发展为以软件开发和生产为特色的生态工业园，把西安医药园改造、升级和发展为以实现新药产业化为特色的生态工业园，把沣京经济工业园改造、升级和发展为以发展民营经济为特色的生态工业园；

（3）发挥高校科技创新优势，把西安交大科技产业园、西工大科技产业园、西安电子科大科技产业园改造成为具有科技创新和科研转化双重优势的生态科技工业园；

（4）以阎良航空产业为依托，改造、升级和构建以新型材料、航空服务、航空教育和先进机械制造为支柱的产业链，形成上下游企业相互依托、相互促进的阎良航空科技生态园；

（5）以现代农业为依托，把郭杜工业园、白鹿塬生态农业观光园等升级、改造和发展为集观光旅游与现代农业发展于一体的生态工业园；

（6）以军工科研院所为依托，把洪庆工业园改造、升级和发展为具有军工特色的生态工业园。通过改造这些典型工业园，积累生态工业园改造、升级的经验，进而为改造和发展其他工业园奠定基础。

其次，有目的地新建一批生态工业园。

在改造传统工业园的基础上，规划和构建一批新的生态工业园。新的生态工业园的构建可以按照两条路径：其一，在已有几个共生企业基础上根据地理位置和发展条件建立工业园区，并有针对性地引进上下游企业；其二，在企业集团基础上设立工业园，以企业集团为中心，实现园区内母公司与子公司、子公司与子公司之间的产业共生，并加强园区内外物质和能量交流。目前，西安市正准备建设以引进台湾劳动密集型高科技工业为主的台商工业园，这就可以按照第一种工业园的构建思路，促成园区内企业基于契约的产业共生，实现园区内企业间物质和能量的互换。

（三）生态城市的规划建设

1. 合理划分城市功能区，确立西安市生态化布局

针对目前城内人口拥挤、功能区划不明显的现状，重新规划城市布局。具体而言，就是从建设“大西安”的目标出发，向西南、东北方向拉大城市骨架，降低中心密度，发展外围新区；优化布局结构，完善城市功能分区；保护古城历史风貌，突出城市个性。未来将形成以西安为中心，以鄠邑、新筑、临潼、阎良、高陵、长安为副中心的一城多心格局。[①] 中心城

---

① 西安城市规划请市民“挑刺”[N]．三秦都市报，2005－4－4．

市与副中心城市之间功能分区生态化，分设生态农业区、生态工业园区、生态旅游区、古文化遗址区等功能区，实现各功能区内部以及功能区之间物质、能量和信息的共生互惠。

生态化布局还包括确立以城市为中心，向外分别为郊区、农村、河流、台塬、丘陵及山区等的生态子系统，规划台塬丘陵生态区、平原生态区等。通过生态区建设，解决西安市外围区域的生态优化问题。同时，综合治理渭、灞、浐河，形成渭、灞、浐河及周边环境的“大水大绿”格局。

2. 加大产业调整，大力发展生态产业

生态产业是循环经济发展的重要载体，其包括生态工业、生态农业和第三产业生态化三部分。

(1) 大力发展生态工业。包括：调整产业结构和工业布局，制定符合循环经济原理的工业发展计划，促进生态企业和生态工业园的建设；制定生态工业化标准，监督企业严格执行ISO14000系列环境标准；完善生态型工业的技术支撑体系，加大清洁生产技术的支持力度；施行土地审批和转让方面的优惠政策，给予新建生态工业园和生态企业以土地审批和转让方面的政策优惠等。

(2) 大力发展生态农业。包括：编制农业循环经济发展规划，确定重点发展领域；深化农村土地产权制度改革，赋予农民永久性的土地承包经营权；制定绿色食品标准政策，包括绿色食品产地环境质量标准、生产技术标准、产品标准、产品包装标准和储藏、运输标准等；引导科技人员开发生态农业的相关技术，并通过“科技下乡”、产学研结合等方式，帮助农民发展生态农业。

(3) 大力发展第三产业。包括：明确第三产业的循环经济领域及第三产业之间的共性与差别，制定适合每个行业的循环经济政策；贯穿循环经济理念于第三产业服务主体、服务途径和服务对象的全过程，实现末端治理、过程治理和源头治理的统一；构建第三产业循环经济的具体发展战略，包括建立多元化投资机制，完善科技支撑体系，健全社会中介组织等。

3. 引导政府和居民绿色消费

消费在经济中占有重要的地位，产品或服务只有在最终消费后才能真正实现其价值。绿色消费是构建循环经济的重要环节，也是人类进入生态需求阶段的必然要求。

(1) 鼓励政府绿色采购。建立政府绿色采购制度，明确规定政府绿色采购的主体、责任、绿色采购标准，倡导政府部门优先采购和使用国家认证的节能产品和资源再生产品。同时，建立有效的监督和激励机制，完善职能部门对政府采购的监督体系，考评政府机关绿色采购绩效，表彰在绿色采购中取得良好效果的部门。

(2) 倡导居民绿色消费。推行居民绿色消费政策，倡导居民树立正确的消费观念，包括：消费未被污染或者有助于公众健康的绿色产品；注重消费过程中垃圾的处置，不造成环境污染；转变消费观念，重视环保，节约资源和能源，改变对环境不宜的消费方式等。①

二、西安市发展循环经济的推进机制

(一) 发挥市场机制对资源配置的基础作用

在循环经济发展过程中，发挥市场机制对资源配置的作用，就是在既定自然资源存量下，通过价格机制调节人类现存自然资源在不同用途之间的配置，从而改变参与者的行为方式，推动经济的发展。目前，西安市资源性产品价格不合理，反映资源稀缺程度的价格机制还未形成，许多资源性产品价格没有体现资源和环境的真实成本和市场供求关系，这在某种程度上造成了资源的巨大浪费。如目前西安市很多区县过低的单一水价，无法制约水资源利用者的行为，造成了水资源的过度消耗和浪费。因此，在发展循环经济的过程中，要进一步建立能够反映资源稀缺程度的价格机制，理顺资源性产品价格。当前，应尽快实行阶梯式水价和超计划、超定额用水加价制度和峰谷分时、丰枯分季电价制度。同时，根据煤炭、天然气等稀缺资源的供求情况，尽快制定出反映能源供给和需求状况的价格政策，发挥价格机制对资源配置的作用。

(二) 制定科学合理的经济政策

(1) 征收生态税(费)，限制厂商和消费者的消极环境行为。环境是公共物品，具有非排他性和非竞争性，这就容易造成私人成本的社会化。很多企业为了谋取私利，采用环境不友好技术和工艺进行生产，造成区域环境污染而不付费；很多居民的非理性行为破坏了公共环境而不承担成本。企业和居民的这些消极环境行为造成了私人成本社会化，损害了整个社会的福利。这就需要政府遵循“污染者付费、利用者补偿、开发者保护、破坏者恢复”的原则，征收生态税(费)，推进自然资源和生态环境的有偿使用制度，实现企业和消费者的外部成本内部化。

(2) 运用财政补贴、优惠贷款等财政和金融政策，引导企业按照循环经济的要求规范生产。对按照“减量化、资源化和再利用”原则发展生产的企业，实施优惠的财政和金融政策，如物价补贴、企业亏损补贴、财政贴息、税前还贷等，鼓励和帮助企业积极应用清洁生产技术和环保工艺。目前，应加快研究制定鼓励开发可再生能源和生产、使用节能产品的财政补贴政策；完善废旧物资回收利用的财政补贴政策；启动循环经济技术研究的财政资助政策；施行生态企业改造、升级、建设的贷款优惠政策；建立和完善资源开发的生态补偿

---

① 张仁俐. 构筑循环经济的政策体系[J]. 科学学与科学技术管理，2001(9).

制度。

（三）构建循环经济技术支持体系

尽快建立“绿色技术支撑体系”，发展清洁生产技术，从生产设计、能源与原材料选用、工艺技术与设备维护管理等各个环节对社会生产和服务实行全过程控制。在现有财政能力下，重点支持发展信息技术、能源综合利用技术、回收和再循环利用技术、资源重复利用和替代技术、环境监测技术以及网络运输技术等。对那些在经济上可行而技术上不可行的循环经济项目，一方面，充分利用西安的科技优势和人才优势，采取重大技术项目招标或产学研联合形式，促进技术的开发；另一方面，也可以从国外和国内其他发达地区引进技术和生产线，以期尽快采用和推广先进实用的生态型新工艺、新技术和新设备。

（四）确立发展循环经济的法律体系

推动循环经济的政策法律化，使循环经济的发展有章可循，有法可依。目前，西安市虽然颁布了《关于加快燃煤锅炉改造的通告》《关于加强机动车排气污染监督管理的通告》《关于治理餐饮洗浴业烟尘、油烟和噪声污染的通告》等地方法规条例，但还处于末端治理阶段，还没有树立源头治理和过程治理的意识。当前，应尽快按照循环经济的要求，制定有利于循环经济发展的法律法规。首先，制定《西安市发展循环经济促进条例》，作为一个纲领性的基本法规，然后相应制定单行法规。单行法规可以采用两种立法路径：其一，根据循环经济推进的一般过程，制定《废弃物处理办法》和《再生资源利用促进办法》等；其二，根据物品的不同特性，制定《容器包装再利用办法》《废旧家电回收再利用办法》《建筑垃圾再利用办法》《食品包装再利用办法》《绿色采购办法》《信息垃圾处理和利用办法》《医疗垃圾处理办法》及《化学品影响处理办法》等。

（五）建立专家顾问制度、专家论证制度和公众参与制度

借鉴深圳、贵阳等地区的经验，成立循环经济发展顾问委员会，聘请国内外专家学者担任顾问，帮助政府制定发展循环经济的战略和政策。同时，对于重大投资项目，特别是关系到群众生存环境和健康安全的生产项目，聘请专家进行可行性分析，并利用网络或座谈会的形式，听取公众意见，优化投资项目。另外，成立宣传循环经济的专门网站，积极推介西安市循环经济发展的战略、政策法规、激励措施，从而让更多的企业和群众多层次、全方位地了解西安市循环经济发展的情况。

（六）造就有利于推进循环经济发展的舆论氛围

循环经济作为经济运行范式的一次革命，其既需要正式制度（硬制度），如法律法规、

政策条例等的支持，也需要非正式制度(软制度)，如行业规范、道德准则、价值观等的支持。[①] 循环经济舆论氛围属于非正式制度，其造就主要在三个层面展开：

政府层面：通过印刷书面资料、新闻媒介宣传等多种形式进行循环经济理念的宣传和教育，并利用信息披露、典型示范等手段，配之以经济激励和市场荣誉奖励等形式推动循环经济的实践。

企业层面：把循环经济理念纳入到企业文化和企业发展战略中，做到“三个结合”：发展循环经济与企业文化建设相结合；发展循环经济阶段目标的实现与企业战略规划相结合；发展循环经济与清洁生产理念相结合。企业通过对管理者和职工进行循环经济理念的宣传，促进企业把发展循环经济与转变经济增长方式、提高经济效益结合起来，推动企业向科技含量高、资源消耗低、环境污染少、经济效益好的生态企业转变。

居民层面：把循环经济理念渗透到居民头脑中，促进居民由生态觉醒到生态自觉的转变，从而最终形成人与自然和谐相处的良好局面。

① (德)柯武刚，史漫飞. 制度经济学[M]. 韩朝华，译. 社会秩序与公共政策. 北京：商务印书馆，2000：127.

西安市生态工业园发展模式及推进机制研究

摘　要：西安市现有工业园基本上属于我国的第一代和第二代工业园，存在着重复性建设、高资源消耗和高污染等弊病，因此需要按照工业生态学和循环经济原理的要求，改造和升级这些传统工业园并建设一批新工业园。根据矫正市场外部性主体的不同，西安市可以根据基于不同企业契约式共生基础上构建的生态工业园和同一企业集团内生式共生基础上构建的生态工业园这两种工业园构建形式，采用不同的推进机制推动生态工业园的发展。

关键词：西安市；循环经济；生态工业园；推进机制

生态工业园是建立在一块固定地域上的由制造企业和服务企业组成的社区。整个企业社区将能获得比单个企业通过个体行为的最优化所能获得的效益之和更大的效益①。它是继经济技术开发区和高新技术开发区后的第三代工业园区②，其本质特征是以工业生态学和循环经济理论为指导，以园区内企业间物质、能量和信息的交换机制为基础，以生产发展、资源利用和环境保护和谐统一为目标的一种新型工业生产系统。生态工业园是循环经济发展的中观层次，是连接生态企业和生态城市(社会)的中间环节，它超越了传统工业园区以“资源消费—产品—废弃物”开环型物质流动为特征的发展模式，实现了区域范围内“资源消费—产品—再生资源”闭环型的物质流动，缓解了环境污染、资源短缺和经济发展之间的矛盾，体现了新型工业化的特征和可持续发展战略的要求。生态化是西安市发展的美好前景，产业生态化是实现生态化的必然要求，要实现产业生态化目标，西安市必须按照生态工业学和循环经济原理规划一批生态工业园。

一、西安市现有工业园发展现状

目前，西安市有各类工业园区几十个，分布在各个区县。根据工业园隶属关系的不同可以分为国家级工业园和省属区县工业园两类。国家级工业园有西安软件园、西安医药园、高新技术产品出口工业园、大学科技产业园等，省属区县工业园有沣京工业园、泾河工业

① LOWE E，GENG Y. Handbook for Eco-industries park，Asian Development Bank，Manila，2001.

② 耿勇，武春友. 国内外生态工业园发展评述[J]. UNEP 产业与环境，2003.

园、草滩生态产业园、航空科技产业园、碑林科技工业园、灞柳生态园等。目前，无论是国家级工业园还是省属区县工业园基本上都属于第一代的“经济技术开发区”和第二代的“高新技术开发区”的发展模式，具有以下特征：

（1）工业园构建以实现地方GDP增长为目标，以招商引资为主要手段，以圈地经营为主要形式。地方政府为了实现地方GDP的增长，规划一定区域做工业园区以招商引资。入驻工业园的企业只是单个企业的简单叠加，他们分属不同产业，为降低生产成本和交易费用，转移投资布局以得到地方政府的优惠政策，包括低息贷款、减税、免征土地税等。分别属于不同产业的这些入园企业科技水平、管理水平、人力资源素质等参差不齐，其追求利润最大化的目标与地方政府统筹社会、经济、环境、生态协调发展的目标具有相异性。

（2）工业园规划和建设趋同化，缺乏特色。许多工业园尽管名称不一样，但是园区布局、招商引资项目、管理政策趋于雷同，没有自己特色。另外，一个地区多个工业园目标定位趋同的情况也存在，比如阎良区的飞豹科技产业园和阎良航空科技工业园都是以阎良航空科技优势为依托，市场定位、发展目标大同小异，这种重复性建设的工业园规划造成了资源的浪费，难以形成规模效应，增加了地方政府执行和监督的成本。

（3）园区内企业没有形成产业共生关系，物质和能源缺乏有效的流动，资源利用率低且浪费严重。造成这种情况的原因主要有两个：第一，地方政府在招商引资时受自身知识和信息所限，没有形成生态工业园的规划思路，导致制度供给不足；第二，入园企业缺乏产业共生的合作意识，产、供、销按企业已形成的操作路径进行，并形成路径依赖，没有把园区内部可能成为原料供给的上游企业或废弃物资源再利用的下游企业纳入生产链条。例如，西安泾河工业园入驻企业30多家，存在产业共生的可能性，陕西新大地食品公司的食品加工生产线与四川通威集团的饲料加工生产线很容易形成上下游企业物质和能量交换的产业共生链条，但是到目前为止，这两家企业的生产线还是独立的。园区内企业这种各自生产、各自处理废弃物的经营模式，造成了资源的高消耗和过度浪费。

（4）园区内大多数企业都是传统线性经济发展模式下的产物，以“资源—产品—废弃物排放”的开环型物质流动为特征，导致资源的高开采、高消耗、低利用和污染的高排放，使西安市陷入了经济增长与资源短缺、环境污染螺旋式上升的两难困境。西安市现有企业很大一部分是以煤炭、天然气能源的一次消耗为主的高能源消耗型企业。大量高能源消耗型企业的存在，一方面由于资源的过度开采和消耗损害了资源利用的连续性，另一方面排放的废气、废水、烟尘污染了环境，给居民生活和健康带来了危害。

由于管理不完善、创新动力不足等原因，2004年西安市有45个工业园区被强制撤销[①]。因此西安要建设生态化现代都市，必须构建合理的生态工业园发展模式和推进机制，

---

① 陕西省人民政府关于撤销西安现代农业综合开发区等61个开发区的通告，陕政发(2004)24号，2004-6-23.

以推动传统工业园区的升级改造和新建工业园区的规划建设。

二、西安市工业园发展模式

根据现有工业园既有条件和循环经济发展的总体要求，西安市可以按照改造、升级传统工业园和建设一批新工业园两种模式发展生态工业园。

（一）改造和升级一批传统工业园

目前，西安市所有工业园基本上都是在固定区域内的企业聚集，企业之间没有生产链条上的关联，各自生产，各自处理废弃物，既浪费资源，又污染环境，还增加了企业的生产成本和管理成本。因此，加快这些传统工业园的改造、升级成为首要解决的问题。政府应按照工业生态学和循环经济原理，积极推动现有工业园区的改造，改变现有工业园内产业结构和企业布局，形成工业园内产业共生、物质和能量交互的企业集群布局，实现经济效益、社会效益和生态效益的有机统一。根据目前工业园现有技术条件，首先应该改造一批典型工业园。具体而言：

（1）以西安经济技术开发区为依托，把泾渭工业园、草滩生态产业园分别改造、升级和发展为重型汽车制造、零部件加工及专用汽车生产为主的生态工业园和旅游观光生态工业园；

（2）以西安高新技术开发区为依托，把西安软件园改造、升级和发展为以软件开发和生产为特色的生态工业园，把西安医药园改造、升级和发展为以实现新药产业化为特色的生态工业园，把沣京经济工业园改造、升级和发展为以发展民营经济为特色的生态工业园；

（3）发挥高校科技创新优势，把西安交大科技产业园、西工大科技产业园、西安电子科大科技产业园改造成为具有科技创新和科研转化双重优势的生态科技工业园；

（4）以阎良航空产业为依托，改造、升级和构建以新型材料、航空服务、航空教育和先进机械制造为支柱的产业链，形成上下游企业相互依托、相互促进的阎良航空科技生态园；

（5）以现代农业为依托，把郭杜工业园、白鹿塬生态农业观光园等升级、改造和发展为集观光旅游与现代农业发展于一体的生态工业园；

（6）以军工科研院所为依托，把洪庆工业园改造、升级和发展为具有军工特色的生态工业园。通过改造这些典型工业园，积累生态工业园改造、升级的经验，进而为改造、升级和发展其他工业园奠定基础。

在改造和升级这些典型工业园基础上总结经验，加大对韦曲科技产业园、长安大学园、郭杜工业园、长安科技产业园、王寺私营经济园、引镇经济产业园、泾河工业园、碑林科技工业园、西安灞柳生态园等工业园的改造力度。但是，对这些工业园的改造并不一定全部建成具有产业共生、园区内企业能够无障碍进行物质和能量交换的标准生态工业园。对于一些改造成本大、在技术上和经济上不可行的工业园，在改造过程中可以首先实现园区内传统企业向生态企业的转化，达到微观主体的生态化，然后再按照现有资源尽量实现向标准生态工业园的转化。

(二) 新建一批生态工业园

生态工业园是工业园建设的目标，也是生态社会的重要标志。生态工业园的构建可以按照两种思路进行：其一，在已有几个共生企业基础上根据地理位置和发展条件设立工业园区，并有针对性地引进上下游企业。这种工业园的典型例子是丹麦的卡隆堡生态工业园。它最初由阿斯内斯火力发电厂和斯塔托伊尔炼油厂等 6 个企业搭建起工业共生关系，而后通过有针对性地引进以"副产品"交换为目标的上下游企业，最终发展到今天的由发电厂、石膏厂、炼油厂、制药厂、养鱼场等 20 多个企业组成的工业园；其二，在企业集团基础上设立工业园，以企业集团为中心，实现园区内母公司和子公司、子公司和子公司之间的产业共生，并加强园区内外物质和能量交流。比如广西贵糖生态工业园，就是以广西贵糖(集团)有限公司为中心，通过组建制糖厂、酿酒厂、造纸厂、发电厂、水泥厂等下属企业之间的产业共生链条，从而实现整个集团公司资源的优化整合。

建设新工业园，首先要对工业园区进行科学规划，即按照工业生态学原理，结合当地的资源优势、产业优势和产品优势，确立园区处于生产环节和消费环节的主导企业，建立起相关工业企业的生态链和生态平衡关系，实现资源利用效率的最大化和污染排放的最小化。目前，西安市正准备建设以引进台湾劳动密集型高科技工业为主的台商工业园，这要求从开端就按照循环经济的发展要求规划园区，进而在一个较高平台上建设台商工业园。

三、西安市生态工业园发展的推进机制

构建政府调控市场、市场导引企业的推进机制是推动生态工业园发展的总体思路。但是，不同类型的生态工业园，其推进机制有所不同。我们根据构建方式的不同把工业园分为两类，并按照矫正市场外部性主体的不同，提出不同的生态工业园推进机制。

(一) 在不同企业契约式共生基础上构建的生态工业园的推进机制

在不同企业契约式共生基础上构建的生态工业园，是指在一定区域内具有独立的法人资格，且双方不具有所有权上隶属关系的独立企业，包括制造业、服务业等，基于企业利润最大化和生态最优化目标，自发地通过缔结契约形式确立企业共生关系，并以此为基础，在政府引导下构建的生态工业园。在生态工业园内，把具有产业关联度的不同企业联结起来，形成共享资源的产业共生组织(横向或纵向工业生态链建立的生态企业群)，使得上游生产环节的废弃物成为下游生产环节的原料和能源，实现废弃物向园区外的零排放。

在不同企业契约式共生基础上构建的生态工业园，更多地依赖政府的宏观调控，原因表现在以下方面。

(1) 由于信息不对称，独立企业寻找上下游合作企业存在不确定性。对于单个企业而言，寻找那些合乎自身产业链发展要求的、为自己提供原材料(上游企业的生产副产品)的上游企业和接受自己废弃物的下游企业，具有很大的不确定性，存在着产业共生的信息障碍。特别是作为其生产原材料的其他企业的副产品属于专用原料，只有在供应的数量、质量、稳定性和连续性方面满足其生产要求时，才能实现生产"副产品"的交换。这样，这些企业在市场上从无数的企业中寻找到完全满足要求的交易伙伴并能够建立产业链接关系具有很大难度。

(2) 企业实现产业共生的成本相对较大。企业一旦寻找到合适的交易对象，就需要建立进行副产品交易的各种设施，一般来说，用来支持副产品交易的固定资产投资属专用实物资产，一经投入即为沉没成本，转移难度较大。

(3) 个体企业间存在着机会主义和投机行为，契约风险大，生态链具有不稳定性，需要政府成立专门的机构进行仲裁、调节，以加强风险管理。

基于以上原因，为弥补市场不足，政府需加大对工业园的宏观调控。按照古典经济学的观点，政府主要发挥三项功能："第一，保护社会，使不受其他社会的侵犯。第二，尽可能保护社会上个人不受社会上任何其他人的侵害和压迫，就是说，要设立严格的司法机关。第三，建设并维护某些公共事业及某些公共设施(其建筑与维持绝对不是为着任何个人或任何少数人的利益)。"①概而言之，就是生产、保护和再分配三种职能。在推进生态工业园建设中，政府职能也是这三种职能的延伸，表现在：

(1) 提供公共设施和管理服务。公共设施包括支持生态工业园内企业发展的信息中心、技术中心、环境中心、能源中心、物流中心、中水回用管网、工业余热余能循环利用管道、垃圾填埋厂、道路交通、公共绿地等，这些都是公共产品，需要政府提供；管理服务是指原来从水资源管理到卫生管理等多个部门的行政审批、环境监测、公共产品的维护等，现在统一由工业园区的综合管理部门管理。工业园区管理部门通过"一厅式"办公，提高工业园区内部事务处理效率，减少行政管理成本，更好地为企业服务。

(2) 构建有效的政策扶持体系。首先，认真落实国家扶持政策。政府有关部门应加大宣传咨询力度，积极帮助和引导生态工业园区管理部门和企业掌握并运用好国家的优惠政策，并将各项政策落到实处。其次，制订配套激励政策措施。积极运用经济手段，通过财政补贴、税收优惠、贷款贴息、返还排污费、优先采购、市场奖励等形式，支持企业入驻工业园，并采用清洁生产技术和工艺，实现物质和能源的多层次梯级利用。再次，创造公平竞争

① (英)亚当·斯密. 国民财富的性质和原因的研究(上卷)[M]. 北京：商务印书馆，1972：252-253.

的市场秩序，建立股票债券融资、招商引资、金融信贷等多元化筹融资体系，为园内企业发展提供良好的投资软环境。最后，制订园区管理办法和企业合作的法律依据，建立园区内企业信用评价和信用信息披露制度，协调企业关系。

(二) 在同一企业集团内生式共生基础上构建的生态工业园的推进机制

在同一企业集团内生式共生基础上构建的生态工业园主要是在企业集团基础上建立起来的。企业集团在利益驱动下构建内部企业能源梯级利用链条和各种物料的循环利用链条，实现物质、能量和信息在内部企业间的互换。这类工业园的特点是以大型国有企业或合资企业为中心组建，主导产业和产品突出，企业集团内上下游生产企业或服务企业存在协同和共生关系，容易形成“中心—外围”的动态互动结构。由于这类生态工业园主要是以企业集团为基础，所以企业集团在推动工业园建设中发挥重要作用。按照制度经济学代表人物科斯的观点，企业是市场的一种替代，在市场不能有效发挥作用的时候，企业能够取而代之[①]。企业集团通过其等级管理制度协调内部关系，使其内部治理成本低于市场组织的治理成本，从而实现范围经济或规模经济。这类工业园主要靠企业集团自身良好的运作推动工业园的发展，而政府主要起宏观指导作用。企业集团的推动作用主要表现在：

(1) 企业集团通过资金支持、设备支持、技术支持等措施鼓励其下属公司加入生态工业链条，按照生态工业学和循环经济原理安排发展规划，实现内部企业间的产业共生、资源共享和互换。

(2) 企业集团通过行政命令或协商的手段，增加企业集团内部的共识和许可，确定上下游企业废料的交换价格及利益分配，保持生态工业链的稳定性。

(3) 企业集团从自身利益出发，通过横向一体化或纵向一体化等手段，把园外企业纳入自己的产业链条，实现园区内外物质和能量的循环利用。

(4) 企业集团通过设立专门的后勤管理部门，为工业园区提供所需要的服务设施和设备，包括自助餐厅、医疗中心、体育锻炼设施等。

---

① 尹伯成. 西方经济学说史：从市场经济视角的考察[M]. 上海：复旦大学出版社，2005：349.

基于河流污染治理的深圳市生态工业园建设

摘　要：分析了深圳市淡水河流域工业园区建设中存在的趋同化建设、产业链断裂、管理不规范等问题，提出了基于淡水河流域污染治理的生态工业园建设路径，包括：根据工业生态学原理和循环经济理念改造和升级传统工业园区；改进和完善规划和建设中的工业园区；建设国家级标准电镀生态工业园区。而要更好地推进生态工业园建设，必须发挥政府在设定入园标准、提供公共设施和服务、构建政策和技术支持体系等方面的作用。

关键词：深圳市；淡水河流域；生态工业园；污染治理

深圳市淡水河全长95公里，发源于深圳梧桐山，流经深圳龙岗区下辖的横岗、龙岗、坪山、坪地、坑梓等城镇，最终经马安镇流入西枝江，成为西枝江的一级支流、东江的二级支流。改革开放后的很长一段时间里，深圳市沿用“土地换投资”“高产出、高消耗、高污染”的粗放型经济发展模式，这在推动地方经济以接近20%的增长速度发展的同时，也带了严重的环境污染。淡水河沿流域多是以“三来一补”为主要形式的电镀、电路板、印染洗水、皮革等高污染企业，它们排放大量工业污水到河流中，而围绕企业居住的民工和居民又将大量生活污水倒入河流中，这导致了水质的持续变坏，长期处于劣Ⅴ类。目前，该河段已经成为广东省水质污染最严重的河段之一。

要治理深圳市淡水河流域污染的问题，必须首先解决高消耗、高污染为特征的电镀、印染、线路板、皮革等产业的污水排放问题，而解决此类问题需要转变观念，改变过去一味关停罚的末端处理方式，采用有利于人口、经济、环境、社会相协调的处理方式。产业共生、资源共享、废弃物集中处理的生态工业园成为实现多赢的理想选择。

一、生态工业园的含义、特征和意义

生态工业园是根据产业生态学和工业生态学的相关原理，在企业清洁生产的基础上，遵循物质流、能量流转化的规律将区域范围内具有互补性、关联性的企业构建成为产业链，实现上下游企业物质闭路循环和能量梯级利用的新型产业园区。它是绿色经济、循环经济和低碳经济发展的重要载体，是生态城市和生态社会建设的基础环节，体现了科学发展观的理念和生态文明建设的要求，符合新型工业化、城市化发展和经济发展模式转型的需要。生态工业园理念提出之后，在我国迅速得到响应和重视，目前国家级示范生态工业园遍布各个地区，地方性示范生态工业园更是层出不穷。

生态工业园具有不同于传统工业园区的内在特征，表现为四个方面。(1) 横向耦合性。园区内不同企业之间通过搭建物质代谢、资源共享的产业链，上游企业生产过程中产生的废弃物可以作为下游企业的资源再利用，实现了物质流、能量流和信息流的循环流动，减少了生产源头资源的投入量、生产过程中和末端废弃物的排放量。

(2) 纵向闭合性。园区内企业之间形成稳定的产业链，按照“资源消费—产品—废弃物—再生资源”闭环型物质流动方式，有效实现了废弃物的再利用和能量的梯级利用，满足了废弃物趋向“零排放”的目标。

(3) 系统稳定性。工业园区产业链条不是固定不变的，而是随着产业升级需要和企业经营状况不断变化的，这就需要不断“延链”“补链”，保持园区内外资源物质代谢的可持续性，不断增强企业抵抗市场风险的能力，提高整个生产系统的稳定性。

(4) 区域整合性。生态工业园区是区域经济发展的一部分，是生态城市建设的中坚力量，园区通过与周边地区人口、经济、资源、环境的协同进化，融合到区域发展网络之中，整合了各种资源。

通过生态工业园区的建设，首先，优化了地区产业结构，提高了资源的利用效率，减少了废弃物的排放量，降低了企业的生产成本和环境成本；其次，节约了工业用地，并依靠集聚效应和辐射效应，催生了周边地区第三产业的发展；最后，提供了更多的就业机会，提高了人们的生活质量，带动了区域科技、教育、文化的发展。总之，通过建设生态工业园区实现了环境效益、经济效益和社会效益的有机统一，有利于区域范围内人口、经济、环境和社会的可持续发展。

二、深圳市淡水河流域生态工业园建设的现状

目前，深圳市沿淡水河流域已经或正在建设部分市、区级工业园，如大鹏龙旗湾工业园、葵涌高新技术走廊、东部海洋生物高科技园等，但是这些工业园基本上都属于第一代的“经济技术开发区”和第二代的“高新技术开发区”的范畴，还不属于生态工业园，具有以下缺陷：

(1) 工业园的设立以招商引资为主要手段，以圈地经营为主要形式，以实现地方 GDP 增长为唯一目标。受固有观念的影响，这些工业园都不是以实现人口、经济、环境和生态的协调发展为目的，而是为了实现 GDP 的增长，地方政府划定一块地皮作为工业园，把一批规模比较小、经营比较分散的企业以招商引资的名义随机组合、统一管理。入住工业园的企业来自不同产业，不同规模，彼此之间缺乏产业相关性，但是为了得到地方政府的优惠政策，包括低息贷款、减税、免征土地税等，降低生产成本和交易费用，愿意转移投资到工业园区。但是，分属于不同产业的诸多入园企业在科技水平、管理水平、发展规模、人力资

源素质、市场前景等方面差别很大，其追求利润最大化的目标驱使他们努力实现环境治理成本外部化，这与地方政府统筹人口、经济、环境、生态、社会协调发展的目标具有相异性。

(2) 工业园规划和建设缺乏自身特色和优势，趋同化现象严重。尽管名称不同、建设目标有异，但是深圳市沿淡水河流域许多工业园区在园区布局、管理办法、政策措施方面缺乏针对性和差异性，雷同现象非常严重，各个工业园区并没有根据资源禀赋和产业布局形成自身的特色和优势。另外，多个工业园目标定位趋同的情况也存在。比如，已经建成的葵涌高新技术走廊、东部海洋生物高科技园、六联长山工业园、扶贫奔康工业园、坂雪岗工业园、宝龙工业园、龙城工业园、大鹏龙旗湾工业园等，发展目标、发展规划和园区功能大同小异。工业园区的重复性规划和建设一方面造成了土地、水等资源的浪费，违背了循环经济的理念和工业园设立的初衷，另一方面也使得区域经济难以形成规模效应和波浪效应，地方政府的行政执行成本和监督成本增加。

(3) 工业园区内企业缺乏资源共享平台，没有形成产业共生链条。造成这种情况的原因主要有三个：其一，受自身知识和信息所限，地方政府在规划工业园区时，没有按照发展循环经济和建设生态工业园的要求和标准进行招商引资，制度供给不足，入园企业仅有地理位置的相关性，没有产业相关性；第二，地方政府管理政策不到位，企业入园门槛太低，导致很多经营水平不高的企业入住园区，然而因为市场竞争激烈或者自身经营水平低下的原因，它们很快破产或者转产，导致已经形成的产业链条断裂；第三，入园企业自己缺乏产业共生的合作意识，没有把园区内部可能成为原料供给的上游企业或废弃物再利用的下游企业纳入自己的合作对象，搭建资源共享、能源综合利用的产业链。例如，目前高桥工业园已经引进高端印制电器板、计算机制版及数码印刷、IT 产品连接线、新型墙材成套技术装备、新型电子元器件等项目，但是各项目之间没有形成很好的产业共生关系。园区内企业这种各自生产、各自处理废弃物的经营模式，既增加了企业的经营成本，又浪费了资源、污染了环境。

(4) 园区管理行政化色彩浓郁，缺乏科学性和规范性。很多园区管理者都是行政官员，不熟悉工业园区的运行机制和规则，依靠惯性用行政命令而不是市场手段解决园区发展中的问题，使得园区内企业面向市场发展的空间萎缩。许多企业入驻园区后不久因为管理问题撤资、转租或者转包，造成了产业共生链条的断裂，影响了园区内产业联结点上其他企业的发展，损害了园区的整体利益和长远利益。

由此可见，淡水河流域工业园区的建设主要是服务于发展经济的目的。线路板、家具制造、电镀等高消耗、高污染行业分散分布于淡水河流域，并没有纳入工业园区规划和建设之中，企业偷排污水的现状并没有得到遏制，淡水河流域的污染治理工作进展缓慢。

三、深圳市淡水河流域生态工业园建设的路径

针对目前淡水河流域工业园建设的现状，根据循环经济的理念和工业生态学的相关原理，提出兼顾经济和环境双重目标的深圳市淡水河流域生态工业园建设路径。

（一）改造和升级一批传统工业园

按照工业生态学和循环经济原理，调整工业园区发展的思路，改变现有工业园区内的产业结构和企业布局，有针对性地引进产业链结点上的企业，积极“补链”“延链”，尽量形成工业园内产业共生、物质和能量交互的企业集群布局。

具体而言，针对已经建成的坂雪岗、宝龙、龙城、大鹏龙旗湾、葵涌高新技术走廊、东部海洋生物高科技园等工业园区，首先按照生态工业园建设的标准，科学评价工业园区的生态化建设水平，分析产业链接的可行性及存在的困难。然后，按照地域相邻、产业相近的原则，明确园区主导产业，通过逐渐淘汰非关联企业、引进关联企业的做法，改进原工业园区的产业配套结构和布局。另外，在引进项目时，尽量避免重复性建设，充分考虑项目对产业链接的现实和潜在价值，提高引进项目的质量。最终，通过“延链”“补链”以及公共设施的建设，增强产业链接的耦合度和稳定性，提高废弃物的再利用率，实现园区内能源、物质和信息的循环流动。

（二）改进和完善规划和建设中的工业园

“新生—高桥”“碧岭—沙卜”和“金沙—沙田”工业园是深圳市在城市规划中提出要建设的三个工业园区，它们在产业布局方面主要以高新技术及配套产业为主，传统产业为辅，旨在实现产业集群的规模效应。但是目前存在的问题是，规划没有考虑上下游产业之间物质流、能量流和信息流的交换和耦合，缺乏对园区内废弃物循环利用的安排。因此，需要按照生态工业园建设的要求改进和完善现有规划，将它们建设成为具有区域性、行业示范性的生态工业园。具体而言，

第一，对园区内各类企业进行行业、产品归类，分析它们的产品优势、资源优势和产业优势。根据生态工业园建设的基本要求，确立产业链条的各个环节和相应的配套措施，保证链条的稳定性和均衡性，并确定在出现不稳定因素时，能够及时“补链”和“延链”，确保各产业之间物质和能量的畅通流动。

第二，明确产业链中的主导产业，并按照循环经济理念制定入园标准引入上下游企业，建立稳固的产业共生链条。同时，对园区内已有的产业结构进行优化组合，使他们更加符合生态工业园建设的标准和要求，提高产业链接的融合性、有效性和稳定性。

第三，积极进行公共设施建设，搭建公共服务平台。通过多种融资渠道引进公共污水

处理设备、废气处理设备以及废弃物再生利用设备，实现园区内废弃物的集中排放和处理，减少企业的环境治理费用。

(三) 新建国家级标准的电镀生态工业园

电镀行业是深圳市支柱产业之一通信设备及电子制造业的重要配套产业，但同时它也是淡水河流域的第一大工业污染源。因此，如何既能发挥电镀行业的作用，又能避免污染环境成为需要解决的问题。通过新建国家级标准的龙岗区电镀生态工业园，引导电镀企业入住生态工业园，一方面实现电镀企业废弃物的统一治理、循环利用，污水趋向“零排放”；另一方面可以满足通信设备及电子制造业发展的需要，推动区域经济发展。

具体规划是，依据国家环保部(2006)颁布的生态工业园行业标准，以完善电镀产业链为目标，集聚10～20个生产工艺流程相似、排放废水成分相近的电镀企业为主导产业，招商引进与电镀行业具有产业耦合作用的相关企业，在淡水河流域的源头龙岗河所在的龙岗区横岗街道建设电镀生态工业园。园区布局分为园区主体和支撑体系两部分。园区主体包括生产和消费两个功能区。生产区又分为核心区、扩展区和辐射区，其中核心区集中布局电镀企业群，扩展区聚集以电镀企业废弃物(污泥)为原料的钢厂、铜厂和皮革厂，而辐射区则分布以扩展区企业的产品为原料的管材、皮革制品等外围企业。消费区主要是环保节能的生态住宅和绿色社区、生活区。支撑体系包括公共服务保障体系和基础设施支撑系统，由生态工业园的管理机构、咨询服务机构以及园区的供水、供电、道路等基础设施和生态景观等组成。

四、推动深圳市淡水河流域生态工业园建设的对策

“构建政府调控市场、市场导引企业的推进机制是推动生态工业园发展的总体思路。”①在推进生态工业园的建设中，政府应该积极开展以下工作：

(一) 设定生态工业园入园标准

无论是对于已经建成、还是即将建设的生态工业园区，政府应该制定企业入园的标准和门槛，使得入园企业能够各取所需、各尽其用、共赢发展。具体而言，对于主导性、辐射性的产业，要大力引进并做好相关配套骨干企业的遴选工作，保证产业链的稳定性和生命力；对于产业关联度大而又资源消耗少、环境污染小的企业，要合理布局、科学规划、积极引进，构建起与主导产业之间的物质代谢机制；对于高耗能、高污染、低利用的企业，如果

---

① 刘建伟. 生态工业园构建模式及其推进机制研究[J]. 现代经济探讨，2007(3).

是国家政策允许发展且要求控制其污染排放的，则在确定其上下游产业链接企业后，根据其废弃物作为再生资源的情况适当引进；对于高耗能、高污染而国家政策明确规定应取缔的产业，则坚决拒之在生态工业园之外。

（二）提供公共设施和管理服务

按照亚当·斯密的观点，政府有“建立和维护个人或小集团所不感兴趣投入的某些公共设施和公共机构”[①]的职能。在生态工业园建设中，企业出于利益最大化的考虑都企图成本外部化，将环境治理成本外移，这就需要政府承担起建设公共设施的职能。作为具有准政府职能的生态工业园区管理者应该提供硬件和软件两类公共服务。前者主要包括支持园区内企业发展的道路交通、能源中心、信息中心、物流中心、垃圾填埋厂、公共绿地等，后者包括行政审批、环境监测、技术咨询、知识宣传等管理服务。工业园区管理部门遵循科学发展观和生态文明建设的要求，根据生态经济学和工业生态学的相关原理，制定高标准、高要求、规范化的工业园区发展规划，出台具有科学性、针对性和可操作性的推进机制，提高园区的管理水平和服务能力，减少行政管理成本和摩擦成本，最大可能地激发园区内企业的创业热情和积极性。

（三）构建有效的政策支撑体系

工业园区的发展需要国家和地方政府政策的扶持。

（1）认真贯彻和落实国家和广东省关于生态工业园区建设的相关规定，积极争取扶持政策，力争建设地方性示范生态工业园。通过政策宣讲、咨询服务等措施，积极帮助和引导企业掌握并运用好国土、财政、税收等政策。

（2）制订系列配套激励政策。地方政府应该根据区域经济发展的要求和产业布局的总体规划，运用经济手段，包括财政补贴、税收优惠、技术补贴、返还排污费等形式，支持园区企业技术改造、污染处理设备更新、污水集中处理等，帮助企业搞好清洁生产。同时，运用行政手段对破坏或者随意终止产业共生链条的企业给以惩处。

（3）建立股票债券融资、招商引资、金融信贷等多元化筹融资体系，成立生态工业园区发展基金，用于基础设施建设和维护、企业技术更新和技术咨询以及日常的监管等。

（4）完善园区管理办法和管理制度，建立企业信用评价体系和信息公开制度，实现园区内管理者、企业、员工之间的信息交流和共享，协调园区各构成要素之间的关系。

（四）建立有力的技术支持体系

鼓励园区内企业采用有利于清洁生产的新技术、新工艺，降低原材料和能源的消耗，

---

① （英）亚当·斯密. 国富论[M]. 北京：华夏出版社，2005：487.

实现少投入、高产出、低污染；开展园区与高校、科研单位的联合科研攻关活动，在园区建立科技创新基地，加强产业共生技术、资源回收利用技术、废弃物集中处理技术的研发；健全科研服务体系，开发技术咨询信息系统，向社会定期公布环境友好型技术的目录和投资指南；加强与国际组织和外国科研机构的合作，积极引进适宜的先进技术和设备。通过建立有力的技术支持体系，推动生态工业园区的改造升级，提高生态工业园区的管理水平、技术水平和发展水平。

污染治理中政府与企业利益博弈及策略选择

——以深圳市“两河”流域为例

摘　要：描述了深圳市“两河”流域污染治理过程中政府和企业的行为取向，分析了市、区政府和企业、街道办事处和企业之间的利益博弈关系，指出了他们的理性选择策略及其对“两河”流域污染治理的影响。

关键词：“两河”流域；污染治理；政府；企业；博弈论

随着深圳市人口数量的剧增和经济的快速发展，大量工业废水和生活污水排入龙岗区所辖的龙岗河、坪山河流域(以下简称“两河”流域)，重金属、COD、BOD等主要污染指数严重超标，“两河”整体水质严重劣于V类。之所以出现这种境况，根本原因是在“两河”流域污染治理过程中，深圳市各级政府、企业等相关主体之间存在利益冲突。因此，理顺“两河”流域污染治理过程中利益主体之间的相互关系，明确各级政府、企业的理性选择策略，成为推进“两河”流域污染治理的关键。本文运用博弈论分析了“两河”流域污染治理过程中各利益主体间的相互关系及行为，指出了他们的理性选择策略及对“两河”流域污染治理的影响。

一、政府、企业的行为选项

深圳市“两河”流域污染治理过程中涉及的利益主体包括政府、企业和居民，本文主要分析前二者之间的利益博弈关系。深圳市政府、龙岗区政府和“两河”流域各街道办事处是“两河”流域污染治理的管理机构：深圳市政府制定“两河”流域污染治理的宏观政策；龙岗区政府负责贯彻、落实市政府政策，推进“两河”流域污染治理的各项工作；街道办事处执行“两河”流域污染治理的政策。企业既是造成“两河”流域水污染的主体，也是推动当地经济发展的主体。本研究假设政府、企业皆为“经济人”，即完全追求自身利益最大化，在此条件下分析他们的利益博弈关系及理性策略选择。

面对“两河”流域的污染，深圳市政府的态度是明确的，就是从根本上治理污染，全面提升城市形象，改善居民生活环境。它的主要职责是制定治理水污染的宏观政策并监督龙岗区政府贯彻实施。作为下一级政府，龙岗区迫于市政府的政治压力，也会关停部分污染企业以牺牲财政收入为代价换取政治资本，选择与市政府一致的态度和目标。街道办事处是“两河”流域污染治理的基层管理者，同时也是污染企业存在的最大经济受益者，因为关停污染企业会给他们的财政收入造成直接影响，因此他们对“两河”流域污染治理的态度存在“积极”和“消极”两种可能。当街道办事处选择“积极”时，付出的成本包括污染源的识别、监督、检查成本，财政收入的减少，以及村集体或企业抵制的风险等；获得的收益包括罚款收入、排污费收入、生态政绩、区域形象的提升等。当街道办事处选择“消极”时，付出的成本包括生态政绩、区域形象等软实力；获得的收益是投资增加、财政收入增加等硬实力。在上级政府的压力下，街道办事处权衡收益和成本最终确定采用“消极”还是“积极”的态度。基于市、区、街道办事处理性选择的差异，本研究将深圳市政府和龙岗区政府视为同一主体，称为“市、区政府”，与街道办事处一起作为政府与企业博弈的主体。

企业是以利润最大化为目标的“经济人”，“两河”流域的企业既是区域经济发展的主体，又是直接造成工业污染和间接造成生活污染的主体。按照隶属关系，“两河”流域的污染企业可以分为市管企业和区管企业。市管企业审批权在深圳市政府，税收主要缴纳给市财政，企业规模一般较大。这些企业在追求自身经济利益的同时，会综合考虑社会声誉、政府压力和自身经济实力等因素，一般会主动配合政府的要求，加大污水处理设施的投入，减少污染物排污量。区管企业审批权在区政府，税收主要缴纳给区财政部门，一般为中小型企业。这些企业因为规模小、资金缺乏，没有能力投资建设污水处理设施，即使建设了也很难承担污水处理设施日常运行的费用，因而在利润最大化的驱使下往往偷排、乱排和超标排放污染物。因此，“两河”流域污染治理过程中与政府形成利益博弈关系的企业主要是区管企业。

二、市、区政府与企业的利益博弈及策略选择

本研究用“检查”的概率表明市、区政府的态度，检查越频繁表示态度越积极；用企业污染治理的概率反映企业的态度，治理越频繁表示对政府政策越拥护。在这里我们假设：只要市、区政府环境监管部门检查就一定能查实问题；企业排污对企业本身来讲不存在成本。

设：u——企业不治理污染时的收益；

c_1——企业治理污染时的成本；

f——市、区政府对污染企业的罚金；

v——市、区政府监管部门的总收益；

c_2——市、区政府监管部门的检查费用；

p——企业治理污染的概率；

q——市、区政府监管部门检查的概率。

那么，企业主动治理的总收益为 $u-c_1$，被查处未进行污染治理企业的总收益为 $u-c_1-f$；当被检查企业治理污染时，政府监管部门的收益为 $v-c_2$，当被检查企业没有治

理污染时，政府监管部门的收益为 $v-c_2+f$。

根据以上假设，市、区政府和企业的收益矩阵可用表 1 所示。

表 1　市、区政府与企业博弈的支付矩阵

企业＼监管部门	检查	不检查
治理	$(u-c_1, v-c_2)$	$(u-c_1, v)$
不治理	$(u-c_1-f, v-c_2+f)$	(u, v)

$(u-c_1, v-c_2)$表示监管部门检查、企业治理污染时，监管部门获得的收益为 $v-c_2$，企业获得的收益为 $u-c_1$；$(u-c_1, v)$表示监管部门不检查、企业治理污染时，监管部门获得的收益为 v，企业获得的收益为 $u-c_1$；$(u-c_1-f, v-c_2+f)$表示监管部门检查、企业不治理污染时，监管部门获得的收益为 $v-c_2+f$，企业获得的收益为 $u-c_1-f$；(u, v)表示监管部门不检查、企业不治理污染时，监管部门获得的收益为 v，企业获得的收益为 u。

根据支付矩阵及对应的收益，如果 $c_1>f>c_2$，则此时存在纯策略纳什均衡，均衡点为(检查，不治理)，这种情况显然不利于污染治理，所以我们讨论 $f>c_1$，c_2 的情况，这时不存在纯策略纳什均衡，模型变为不完全信息博弈。

市、区政府监管部门的策略选择取决于排污企业的行为。根据表 1，企业选择不治理污染时的收益为 $u(1-q)+(u-c_1-f)q$，治理污染时的收益为 $u-c_1$。若治理策略优于不治理策略的话，必有式 1 成立：

$$u-c_1>u(1-q)+(u-c_1-f)q \tag{1}$$

解之得

$$q>\frac{c_1}{c_1+f}=q^*$$

显然，$q^*\in[0,1]$是市、区政府监管部门的检查概率临界值。市、区政府监管部门检查与否，取决于企业的治理成本和市、区政府监管部门对污染企业的罚金。在企业治理成本一定的情况下，市、区政府监管部门的检查概率与罚金负相关，也就是说，市、区政府监管部门的罚金越高，对排污企业的震慑作用越大，需要检查的次数就越少。在罚金一定的情况下，市、区政府监管部门的检查概率与企业的治理成本正相关，治理成本越高，企业越不愿意治理污染，市、区政府监管部门就越需要加大检查力度。

排污企业的策略选择取决于市、区政府监管部门的策略。如表 1 所示，市、区政府监管部门不检查时，其收益为 v；市、区政府监管部门检查时，其收益为

$$(v-c_2+f)(1-p)+(v-c_2)p$$

若检查策略优于不检查策略，则必有式 2 成立：

$$(v-c_2+f)(1-p)+(v-c_2)p>v \tag{2}$$

解之得

$$p<\frac{f-c_2}{f}=p^*$$

显然，$p^*\in[0,1]$是企业治理污染的临界值。企业治理污染的积极性同样取决于治理成本和市、区政府监管部门的罚金。治理成本越高，企业的积极性越低；市、区政府监管部门的罚金越高，企业的治理积极性也就越高。

对于“两河”流域的污染治理而言，最理想的局面是企业主动治理，市、区政府监管部门无需检查，即均衡点为(治理，不检查)。因此，可重构双方的支付函数，如市、区政府向企业发放治污补贴，则企业将从污染治理中受益，从而采取积极的态度。具体而言，重构政府与企业支付函数可从两方面入手。一方面，市、区政府监管部门通过建立有效的激励机制，通过财政转移支付的方式给予那些主动治理污染、成绩卓著的企业一定的财政补贴，假设为 z，这时监管部门的收益为 $v-z$。如果环保补贴费用小于检查成本，即 $z<c_2$，这时有 $v-z>v-c_2$，则检查部门会选择降低检查的概率。另一方面，对于那些偷排、漏排和超标排放的违法企业，则需要加大惩罚的力度。由于 f 与 p^* 正相关，也就是说当 f 足够大时可使 p^* 趋近于 1，即企业选择治理的概率接近于 1，这个时候就接近于均衡点为(治理，不检查)的理想局面，此时企业和政府获得的收益为$(u-c_1, v)$。

三、街道办事处与企业的利益博弈及策略选择

“两河”流域污染治理中街道办事处有“消极”和“积极”两种策略，企业则有“拥护”和“不拥护”两种行为取向。

设：R_2——街道办事处消极治理污染时获得的收益；

R_3——企业不拥护政府政策时获得的收益；

C_3——街道办事处消极治理污染时付出的成本；

R'_2——街道办事处积极治理污染时获得的收益；

R'_3——企业拥护政府政策时获得的收益；

C'_3——街道办事处积极治理污染时付出的成本。

那么，博弈双方的收益矩阵见图 1。

根据图 1，街道办事处消极、企业拥护时，街道办事处获得的收益为 R_2，企业获得的收益为 R_3-C_3；街道办事处消极、企业不拥护时，街道办事处获得的收益为 R_2，企业获得的收益为 R_3；街道办事处积极、企业拥护时，街道办事处获得的收益为 R'_2，企业获得的收益为 $R'_3-C'_3$；街道办事处积极、企业不拥护时，街道办事处获得的收益为 R'_2，企业获得的收益为 R'_3。

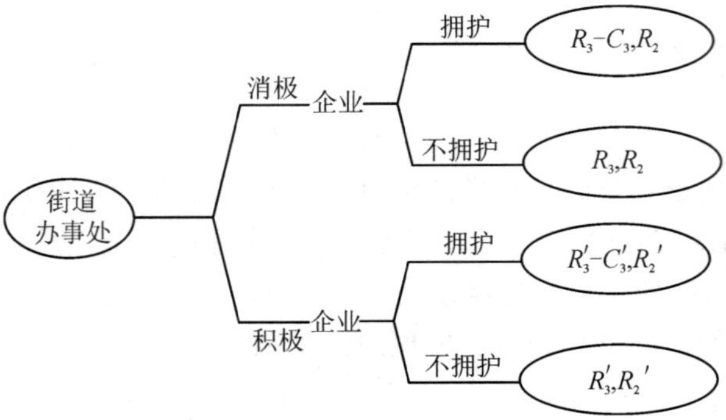

图 1 街道办事处与企业之间的博弈

很明显，$R_2>R'_2$，$R_3>R_3-C_3$，街道办事处在利益的驱使下会采取表面态度积极、实际行动消极的做法。在街道办事处行动消极、企业选择不拥护态度时，此时均衡点为(消极，不拥护)，政府和企业的收益为(R_2，R_3)。

这样，在“两河”污染治理过程中，市、区政府与街道办事处又形成了利益博弈关系。市、区政府的策略是确定的，即“积极”，而街道办事处权衡污染治理的期望收益和期望成本，有“消极”和“积极”两种策略。

设：R_1——市、区政府积极治理污染时获得的收益；

C_1——市、区政府积极治理污染时付出的成本；

R_2——街道办事处消极治理污染是获得的收益；

C_2——街道办事处积极治理污染时付出的成本；

F_1——市、区政府对于街道办事处治污不利的处罚；

E_1——市、区政府对街道办事处治污政绩的奖励；

那么，博弈双方的收益矩阵见图 2。

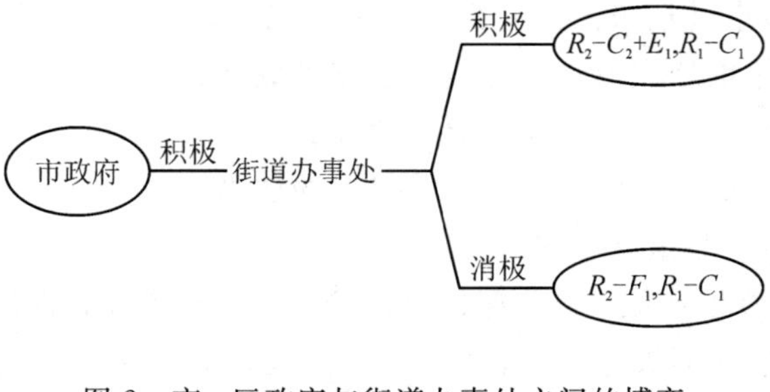

图 2 市、区政府与街道办事处之间的博弈

根据图 2，街道办事处积极时，市、区政府的收益为 R_1-C_1，街道办事处的收益为 $R_2-C_2+E_1$；街道办事处消极时，市、区政府的收益为 R_1-C_1，街道办事处的收益为

R_2-F_1。当 $R_2-C_2+E_1>R_2-F_1$ 时，街道办事处选择积极治污；当 $R_2-C_2+E_1<R_2-F_1$ 时，街道办事处选择消极治污。

为了推进“两河”流域水污染的治理，最理想的局面是深圳市、龙岗区政府和各街道办事处态度都是积极的，即均衡点为(积极，积极)。要实现这一目标，市政府必须构建科学的污染治理体制，明确各部门的责、权、利关系，加大对街道办事处的监督和管理。同时，制定合理的激励和惩罚措施，增加街道办事处的期望收益，减少其查处污染的成本，最终促使街道办事处自觉地选择与市、区政府一致的目标。

陕西省推进生态扶贫的路径选择和制度构建

摘　要：分析了陕西生态扶贫存在的问题，包括：理念方面，没有从人口再生产、物质再生产和生态再生产协调发展的角度看待生态扶贫之于贫困地区社会进步的价值和作用；途径方面，关注最多的是末端治理，缺乏源头上的关注，途径比较单一；制度方面，供给缺乏体系性，没有形成各制度相互配合的体制机制。

要推进陕西生态扶贫的开展，必须把握绿色发展、精准扶贫理念的精神实质，综合生态状况、地理环境、人口性质、产业布局等因素，将陕西生态扶贫的实现路径分为三类：连片特困地区农产品产地生态修复与产业发展，矿区及周边生态环境污染控制与生态补偿扶贫，连片特困地区生态产业发展与旅游经济开发扶贫。然后，针对不同的类型，确定陕西生态扶贫的总体战略和分类型战略，确定每一类生态扶贫方式对应的区域，以及所坚持的基本理念、基本原则和实施办法。

要保证陕西生态扶贫路径的实现并取得效果，必须根据国家和陕西省关于精准扶贫的相关政策，结合不同的生态扶贫形式及要求，构建体现分众化、针对性的生态扶贫制度体系，包括生态补偿政策、生态扶贫资金政策、生态扶贫法律法规、生态扶贫体制机制、生态扶贫的绩效评估制度等。

关键词：生态扶贫；陕西省；路径；制度

一、研究现状

生态扶贫，是指从改变贫困地区的生态环境入手，加强基础设施建设，从而改变贫困地区的生产生活环境，使贫困地区实现可持续发展的一种新的扶贫方式。作为一个名词或者概念，生态扶贫是在中央精准扶贫战略提出之后兴起的，但是作为一种理念或者做法则是在新中国成立后就有了。比如新中国成立初党中央倡导的植树造林活动，在贫困落后地区大种竹子、橡胶等经济林，这种做法本身就是生态扶贫，只不过当时并没有明确的概念和要求罢了。作为一种学术思想，从目前能够搜集的资料来看，它最早出现是在 20 世纪九十年代中期。学者韦作林在 1997 年第 6 期的《广西林业》上发表《构树是石山区生态扶贫的好树种》一文，明确提出了生态扶贫的概念，不过与今天我们所言的生态扶贫的内涵有较大差别，可以算是贫困地区发展生态经济的另外一种表述。

2013年11月，习近平总书记在湖南湘西考察时，首次提出了“精准扶贫”的思想。随之，生态扶贫作为精准扶贫的一种形式被提出。《中共中央关于制定国民经济和社会发展第十三个五年规划的建议》提出：“对生态特别重要和脆弱的实行生态保护扶贫”。“十三五”规划纲要对此做了进一步阐释。自此，新闻界和学术界开始关注生态扶贫问题，相关的新闻报道和学术论文呈现明显的数量递增趋势。

目前，关于生态扶贫的研究还不深入，尚处于宣传普及阶段，媒体的宣传性文章多，学术性文章少。已有的学术性研究可以分为两类：

其一，基础性研究。主要是探讨生态扶贫的内涵、基本结构及政策体系等。如有学者界定了生态扶贫的概念，提出建设中国特色生态扶贫产业体系，并列举了生态扶贫的五大战略任务：编制全国生态扶贫规划与产业区划；连片特困地区农产品产地环境污染防治与生态修复；矿区及周边生态环境污染控制与生态修复技术及示范；喀斯特石漠化地区生态高值农业综合模式及产业化；连片特困地区生态扶贫战略管理对策（赵其国、滕应，2016）。还有学者从研究范式的角度分析指出，已有的关于生态扶贫的研究在研究范式方面存在本体性缺陷，对生态扶贫的内涵、理论基础等论述不够。学者们从公共管理学的角度界定了生态扶贫的概念，并构建了公共管理学视野下的生态扶贫模型（黄金梓、段泽孝，2016）。还有一些学者分析了生态扶贫的制度构建、生态扶贫与互联网的融合等。从已有的文献可知，基础理论性研究论文较少，无论是在广度还是深度方面，都有很大的提升空间。

其二，应用性研究。主要是针对具体地区特别是中西部地区的生态扶贫做法进行梳理、分析，然后提出对策性建议。如有学者对桂西石漠化地区生态扶贫的对策进行了阐释（李广义，2012）；有学者对湖北大别山区生态扶贫的策略进行了研究（田苗等，2012）；有学者对宁夏生态扶贫现状与发展战略进行了分析（查燕等，2012）；有学者对福建扶贫开发重点县生态扶贫存在的问题及对策进行了阐释（唐丹等，2016）；有学者对云南省生态扶贫现状及对策进行了分析（张爱琼，2015）。也有一些学者对西部地区的生态扶贫对策进行了论述（张云燕，2011；刘慧等，2013；黄显明，2016）。这些研究侧重于对已有政策、做法的梳理，具有较强的针对性和应用性，存在的不足是因为缺少理论支撑，导致提出的对策建议欠缺科学性和前瞻性。

总之，学术界对生态扶贫问题的研究具有三大特点：其一，研究的体量较小，尚处于起步阶段；其二，研究主要集中在应用性研究方面，基础性研究较少；其三，应用性研究侧重于具体措施的罗列，缺乏问题的剖析和对策建议针对性的考量。另外，从能够搜集到的文献可知，系统性阐释陕西省深化生态扶贫工作的研究缺乏。

二、理论分析框架构建和陕西生态扶贫现状描述

(一) 理论分析框架构建

生态扶贫是指从改变贫困地区的贫困状况、生态环境入手，通过政府、市场、社会、贫困人口等的多元参与，实现贫困地区在人口、经济、资源和生态协调发展基础上的脱贫。它是中国共产党促发展、保民生、护生态相统一的生态文明建设理念的具体化，是具有中国特色的扶贫理念，是精准扶贫、精准脱贫理念和科学发展、绿色发展理念的实现方式和实施手段。

根据生态扶贫的概念，综合运用生态政治学、公共经济学、社会学、人口学等的相关原理，构建生态扶贫的概念模型，并阐释其运作机理，如图 1 所示。

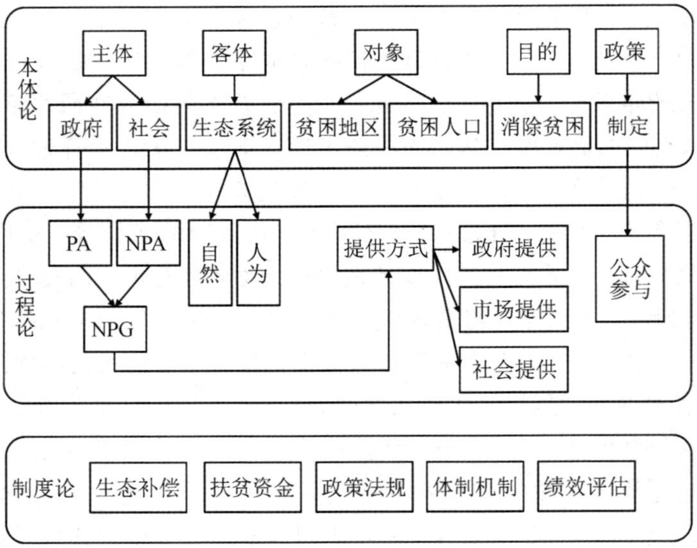

图 1　生态扶贫作用图

(二) 陕西生态扶贫现状描述

陕西是生态资源富集区，也是生态环境脆弱区，更是生态安全战略区。如何实现陕西人口再生产、经济再生产和生态再生产的协调统一，推进生态扶贫工作的顺利进行是十八大以来陕西精准扶贫工作的重要内容。自中央精准扶贫战略提出之后，陕西确立了易地扶贫、产业扶贫、就业扶贫、危房扶贫、健康扶贫、教育扶贫、社保兜底、生态扶贫等八种扶

贫方式，其中生态扶贫是精准扶贫的重要形式，也是重要特色，中央电视台的《新闻联播》节目曾经专题做了报道，指出：陕西依托森林资源，因地制宜发展绿色富民产业，为贫困地区探索出一条以绿色产业促生态建设，以生态建设带动脱贫攻坚的绿色发展之路。

根据陕西省扶贫开发办公室公布的资料，目前陕西在生态扶贫方面取得的成就包括：生态护林员政策落地见效，林业产业助力生态脱贫，实施退耕还林助力生态脱贫，生态效益补偿助力生态脱贫，林业重点工程助力生态脱贫，林业科技助力生态脱贫，实用技术技能培训助力生态脱贫，“五个一百开放”助力生态脱贫，驻村干部助力生态脱贫。① 这既是陕西推进生态扶贫开发的重要举措，也是陕西推进生态扶贫开发取得的实效。对标国家对绿色发展、精准扶贫的要求以及生态扶贫良性循环作用机理，我们发现陕西在生态扶贫方面尚存在以下问题：

(1) 生态扶贫的理念方面。对生态扶贫的认识尚停留在物质层面，没有从人口再生产、物质再生产和生态再生产协调发展的角度看待生态扶贫之于贫困地区生态文明进步的价值和作用。生态扶贫包括两个层面：其一，通过教育、产业、技术等手段转变贫困地区人民群众的理念推进生态和经济协调发展，帮助贫困地区人民群众脱贫致富；其二，通过帮助村民物质上富起来，反过来推进生态文明和人的全面发展。目前，陕西生态扶贫尚停留在一个层面上。

比如，陕西为了帮助林区群众改善民生，在实施天然林保护、退耕还林、三北防护林建设、森林抚育等林业重点生态工程方面，采取了“双倾斜”的措施，即是一方面向贫困地区倾斜，另一方面向贫苦户倾斜。但是这仅仅是一种物质上的暂时性举措，难以从根本上解决贫困地区人民群众脱贫致富的问题。

(2) 生态扶贫的途径方面。陕西生态扶贫取得的最大成就就是生态产业有了一定的发展，但这也带来了一个问题，就是途径比较单一。比如，央视《新闻联播》播出了《陕西：以生态建设带动脱贫》，但是讲的仅仅是林业发展带动生态扶贫的事例。山区、林区群众的脱贫致富，当然主要靠林业，但是即使是如此，陕南、陕北和关中情况也各有不同，生态扶贫的路径自然要不一样。不能以偏概全，更不能顾此失彼。

(3) 生态扶贫的制度方面。生态扶贫制度是指为协调各社会主体行为共同遵守而制定的生态扶贫行为规则，它包括三部分：以法律、规章、合同等为载体的正式规则；以约定俗成、惯例、道德等为载体的非正式规则；保障正式规则和非正式规则运转的体制机制。反映在陕西生态扶贫方面，具体表现为：其一，正式制度供给不足，以国家制度的贯彻落实为主，缺乏针对本地区具体情况的陕西省相关规章制度的出台；其二，非正式制度不完善，关于生态扶贫思想、理念的宣传教育不够，生态扶贫即使在贫困地区也仅仅被看成一种致富

① 以绿色促发展，以生态助脱贫[EB/OL]. 陕西省扶贫开发办公室网站.

方式；其三，体制机制不完善。生态扶贫是个系统工程，涉及理念、教育、技术、产业、政策等各个方面，然而目前各个方面并没有形成协同推进的机制，“九龙治水”的情况依然存在，“1+1>2”的情况并没有形成。比如林业产业的发展，并不仅仅是林业厅的事情，也是国土资源、环境保护等部门的事情，然而目前主要在林业厅方面，协同推进不够。

三、陕西推进生态扶贫的路径选择

把握绿色发展、精准扶贫理念的精神实质，根据生态状况、地理环境、人口性质、产业布局等因素，将陕西生态扶贫的实现路径分为三类：连片特困地区农产品产地生态修复与产业发展；矿区及周边生态环境污染控制与生态补偿扶贫；连片特困地区生态产业发展与旅游经济开发扶贫。针对不同的类型，确定陕西生态扶贫的总体战略和分类型战略，确定每一类生态扶贫方式对应的区域，以及所坚持的基本理念、基本原则和实施办法。

（一）连片特困地区农产品产地生态修复与产业发展

这一类的区域主要涉及陕西、陕北的一些地区，比如陕南的安康、商洛等地，以及陕北的榆林、延安等地。

在这些地区，重要的是把生态状况、地理环境、人口性质、产业布局等因素综合起来考虑，因地制宜、因人制宜，根据党和国家的政策、结合人民群众的意愿实施生态扶贫。具体途径包括：

其一，发展生态农业。生态农业是现代农业发展的趋势要求，也是新农村建设的内在要求，是走具有中国特色的农业现代化道路的希望所在。发展生态农业，就是根据陕西农业发展的基本条件，结合生态文明建设、绿色发展的根本要求，遵循人与自然、经济发展与生态保护协调发展的规律，实现农民致富、生态良好、可持续发展的高效现代农业。它以绿色产品生产和绿色消费需求为导向，以提高市场竞争力和绿色品质为核心，以生态化生产与集约化经营有机耦合为主要特征，以产品安全、资源节约、环境友好、农民致富四者统一为目标。

陕西是农业大省。第三次全国农业普查结果显示，2016 年全省耕地规模化耕种面积占实际耕种面积的比重为 12.4%。其中，规模农业经营户所占比重为 5.6%；农业经营单位所占比重为 6.8%。畜禽规模化养殖较快发展，全省规模化养殖生猪存栏占全省生猪存栏的比重为 60.1%，规模化养殖牛存栏占全省牛存栏的比重为 42.3%，规模化养殖羊存栏占全省羊存栏的比重为 28.8%，规模化养殖家禽存栏占全省家禽存栏的比重达到 73.9%。[①]

---

① 我省现代农业建设成就突出[N]. 陕西日报，2018-5-2.

根据现有农业发展优势和现实情况，发展生态农业要注意：

(1) 注重规划实施。加强生态农业发展规划，强化顶层设计和整体部署，注重拓展农业的多种功能，实现健康养殖、休闲观光和精深加工的有机结合，打造知名品牌，培育市场知名度，扩大市场份额。

(2) 体现陕西特色。围绕大枣、小米、菜籽等发展特色产业，培育若干知名农产品品牌，形成若干个地理标志产品。加强农产品生态安全和标准检测，保证农产品质量。

(3) 创新组织形式。创新生态农业管理方式，打造“中心基地＋核心片区＋专业农户”① 的现代生态农业发展方式，推进乡村振兴、精准扶贫、城镇化发展相结合的方式。

(4) 构建支撑平台。构建以服务和管理为保障的集技术、信息、金融、营销等服务于一体的，体现信息化、多元化、社会化的，具有高效、便捷、集成优势的新型农业服务平台。

其二，发展生态林业。林区既是贫困人口的主要聚集区，也是林业生态保护的主体功能区。走靠山养山、养山兴山、兴山致富的生态建设与脱贫增收的“双赢”之路是必然选择。

目前，陕西贫困地区林业发展取得了重大成就。据报道，2015 年，陕西林业产值达 1041 亿元，占全省农民人均年收入的 38.2%，对贫困户收入的贡献率为 53.1%。截至 2016 年年底，全省木本油料达到 1900 余万亩，花椒产量全国第一，韩城仅此一项，年人均增收 5500 元；核桃、油用牡丹面积全国第二；林麝养殖数量和麝香产量占全国 70%以上；全省培育苗木 45 亿株；发展森林公园 88 处、湿地公园 38 处，年均接待游客 2380 万人次。②

未来需要做的是：

(1) 绿色产业带动。发展名特优经济林和木本油料林、森林旅游、林下经济等特色产业以及优势产业园区。兑现国家补偿政策，鼓励退耕户栽植山地苹果、核桃、花椒、茶叶、板栗、油用牡丹等特色经济林，推进造林绿化、产业培育。

(2) 开拓多样方式。拓展林业重点工程增收脱贫、林业产业增收脱贫、生态护林员就业脱贫、生态效益直补增收脱贫、驻村联户干部包抓脱贫等形式，形成绿色产业引领，技术、政策和教育等多种举措并行，合力推进多赢的生态脱贫模式。

(3) 创新组织形式。以政府为调控主体，以市场为导向，推广“龙头企业＋合作社＋大户＋基地＋农户”等模式，创新林区贫困地区和贫困户脱贫致富新模式、新方法。

(二) 矿区及周边生态环境污染控制与生态补偿扶贫

这一类的区域主要涉及陕北榆林等地的煤炭开采区。这类地区应该保护煤炭开采区的

① 中国现代农业与乡村振兴研究示范基地在洋县成立[N]. 陕西日报，2018-5-21.

② 省林业厅：走绿色发展之路，让生态脱贫双赢[N]. 陕西日报，2017-10-17.

生态环境和维护、改善或恢复煤炭开采区生态系统服务功能，调整与煤炭资源开采相关利益者因保护或破坏生态环境活动产生的环境利益及其经济利益分配关系，由煤炭开采引起的生态补偿行为的相关载体构成的煤炭开采区生态补偿系统，实现煤炭开采区经济发展、生态保护、致富脱贫的统一。具体而言，做好陕北矿区及周边生态环境污染控制与生态补偿扶贫工作，主要体现在以下几个方面：

(1) 资金补偿。资金补偿是最常见的补偿方式，是主要针对经济发展滞后、环境破坏严重的区域，为解决其生存和生活问题经常采用的一种方式。具体的表现形式有补偿金、赠款、减免税收、退税、信用担保的贷款、补贴、财政转移支付、贴息、加速折旧等。政府的资金补偿主要体现在财政政策上，如财政转移支付制度、专项基金、税收政策等；开采企业和受益地区的资金补偿主要是通过补偿金和赠款的形式实现的。加拿大、爱尔兰、瑞士等国家采用资金补偿方式的比较多。对陕西而言，涉及矿产资源开发的生态补偿形式主要有征收矿产资源税、征收生态补偿费、收取矿产资源开发押金制度等；对于因矿产资源开发导致的生态环境破坏地区，通过国际组织的支持、设立生态补偿专项基金、国家财政转移支付、补偿金、赠款、减免税收、信用担保的贷款、补贴等方式实现资金补偿等。

(2) 政策补偿。政策补偿是上级政府对下级政府权力和机会的补偿，受偿者在授权的范围内，制订一系列创新性的政策，促进发展并筹集资金。利用制度资源和政策资源进行生态补偿在我国是一种行之有效的方式。目前，陕西要继续利用国家的相关政策，积极推进煤炭开采区的生态脱贫。

(3) 技术补偿和智力补偿。技术补偿和智力补偿是指通过开展智力服务，提供无偿技术咨询和指导，培养技术人才，改变煤矿开采区贫困群众的生活方式、思维习惯，以更好地认识经济发展与环境保护的关系。这是一种“造血式”补偿。

(4) 实物补偿。不仅为煤炭开采区受补偿者提供生活资料，而且也可以为其补偿生产资料，解决受补偿者部分的生产要素和生活要素，增加改善受补偿者的生活状况，增强生产能力是实物补偿的主要方式。运用物质、劳力和土地等进行补偿，解决煤炭开采区的群众部分生产要素和生活要素问题，改善受补偿者的生活状况，增强进行生态环境保护和建设的能力。

(三) 连片特困地区生态产业发展与旅游经济开发扶贫

这一类区域涉及陕西省所有贫困地区。陕西既有人文旅游的优势，也有自然生态旅游的优势，既有红色历史文化资源，也有绿色文化资源，应该将二者有机集合起来，并创新体验游等方式，促进贫困地区致富脱贫，提升陕西旅游核心竞争力。

目前，陕西已经做了一些探索，比如宁陕县是全省首个生态脱贫示范县，生态旅游发展迅速。陕西银达集团、西部集团等实力雄厚的企业，通过流转农民手中林权，建成了悠然山湿地景区、云溪谷景区、筒车湾景区等，吸引大量游客，当地群众借势发展家庭农庄 56 个、森林农家乐 80 个，带动了一大批贫困人口就业增收，户均增收 3000 多元。① 另外，以林下种植、林下养殖和森林旅游等为主的林下经济，在陕西取得了显著成效，有效带动了脱贫增收。未来需要做的是：

（1）创新“人文＋生态”或“红色文化＋绿色生态”旅游模式。比如在陕南，绿色植被覆盖率高，生态旅游资源丰富，是国家生态主体功能区，发展“人文＋生态”体验游最合适。而陕北，则可以将红色历史文化资源和绿色生态资源结合起来，发展“红色文化＋绿色生态”旅游模式。

（2）创新生态旅游扶贫组织形式。在旅游全景化、全民化、全业化的背景下，如何创新旅游组织形式迎接大众旅游时代成为重大课题。以“旅游＋”为突破口，围绕“人文＋生态”或“红色文化＋绿色生态”积极培育旅游新产品、新业态，聚焦“旅游＋”绿色产业、绿色文化、绿色产品、人文山水等领域持续发力。

四、陕西推进生态扶贫的制度构建

根据国家和陕西省关于精准扶贫的相关政策，结合不同的生态扶贫形式及要求，构建体现分众化、针对性的生态扶贫制度体系，包括生态补偿政策、生态扶贫资金政策、生态扶贫法律法规、生态扶贫体制机制、生态扶贫的绩效评估制度等。

（一）生态补偿政策

其一，积极贯彻国家的生态补偿政策，出台陕西的生态补偿管理办法，“谁开发、谁保护，谁受益、谁补偿，谁污染、谁治理，谁破坏、谁修复”的原则明确生态补偿中企业、居民和政府的责任，构建科学的监管机制。

其二，完善陕西生态补偿的信贷、财政、税收政策，核定生态环境补偿资金筹措标准和生态环境补偿准备金率，负责生态环境补偿准备金的收缴、管理和使用，建立生态环境补偿准备金，拓宽生态环境补偿资金筹措渠道。

其三，完善生态补偿管理机制，成立政府相关部门、企业、群众等各方面代表组成的管理委员会，负责对生态环境补偿相关政策的落实。

① 陕西省林业厅. 走绿色发展之路，让生态脱贫双赢[N]. 陕西日报，2017－10－17.

(二) 构建陕西省生态扶贫法律法规体系

目前，针对精准扶贫工作，国家出台了系列法律法规和通知文件，部分文件如表1。

表1 国家关于精准扶贫的相关文件

文件标题	发文字号	成文日期	文件来源
关于广泛动员和引导社会组织参与脱贫攻坚的通知		2017年11月22日	国务院扶贫开发领导小组
中共中央 国务院关于打赢脱贫攻坚战的决定		2015年11月29日	新华网
国务院关于印发"十三五"脱贫攻坚规划的通知	国发〔2016〕64号	2016年11月23日	国务院
中共中央办公厅、国务院办公厅印发《关于加大脱贫攻坚力度支持革命老区开发建设的指导意见》的通知		2015年12月23日	中共中央办公厅 国务院办公厅
关于开展中央企业定点帮扶贫困革命老区百县万村活动的通知	国资发群工〔2014〕167号	2014年10月24日	社会扶贫司
关于进一步加强东西部扶贫协作工作的指导意见		2016年10月27日	中共中央办公厅 国务院办公厅
省级党委和政府扶贫开发工作成效考核办法		2016年2月9日	中共中央办公厅 国务院办公厅
关于建立贫困退出机制的意见		2016年4月23日	中共中央办公厅 国务院办公厅
脱贫攻坚责任制实施办法		2016年10月11日	中共中央办公厅 国务院办公厅
贫困地区水电矿产资源开发资产收益扶贫改革试点方案	国办发〔2016〕73号	2016年9月30日	国务院办公厅
关于支持贫困县开展统筹整合使用财政涉农资金试点的意见		2016年4月22日	国务院办公厅
关于做好农村最低生活保障制度与扶贫开发政策有效衔接的指导意见	国办发〔2016〕70号	2016年9月17日	国务院办公厅

续表

文件标题	发文字号	成文日期	文件来源
全国“十三五”易地扶贫搬迁计划	发改地区〔2016〕2022号	2016年9月20日	国家发展改革委
国家发展改革委印发关于支持贫困地区农林水利基础设施建设推进脱贫攻坚的指导意见	发改农经〔2016〕537号	2016年3月11日	国家发展改革委
国家发展改革委办公厅 水利部办公厅关于申报 农村小水电扶贫工程试点项目投资计划的通知	发改办农经〔2016〕1250号	2016年5月17日	国家发展改革

来源：国务院扶贫开发领导小组办公室网站

基于此，陕西推进生态扶贫要做的事情是：

(1) 编辑《国家扶贫开发相关法律法规中关于生态扶贫的论述》。也即是首先要明确党和国家关于生态扶贫开发的具体要求、精神实质和准确内涵，并以此为指导开展相关工作。可以说，这是纲，只有把握了纲，才能纲举目张，取得良好效果。

(2) 制定《陕西省关于推进生态扶贫的意见》。生态扶贫是陕西精准扶贫的重要形式，也是最具特色和优势的形式。要根据国家关于生态扶贫的要求，制定《陕西省关于推进生态扶贫的意见》。该意见应该包括以下内容：指导思想、基本原则、主要内容、体制机制等，体系完整，表述到位，既体现党和国家关于生态扶贫的一般性要求，又要体现陕西省生态扶贫的具体性要求，并将二者有机结合起来，构筑生态扶贫的陕西模式。

(3) 根据中央文件和《陕西省关于推进生态扶贫的意见》，制定具体操作层面的规章制度和措施。比如陕西省生态护林员政策、地方公益林生态效益补偿资金制度、生态扶贫奖励制度等。

(三) 完善陕西生态扶贫体制机制

也即是生态扶贫涉及的各要素如何能够有效协作，形成思想合力、行动合力，最终达到预期的目标。生态扶贫涉及政府、居民、社会组织、市场、技术、制度等多个要素，如何能够构建起具有系统性、协同性和高效性的运作机制，使得各要素充分发挥潜能，是陕西提高生态扶贫绩效面临的重要课题。要完善陕西生态扶贫体制机制，包括：

(1) 建立生态扶贫的协同推进机制。包括政府和社会、居民等主体的协同，教育、产业、技术、文化等的协同，道德教化和制度规制的协同，农业、林业、环保、工业、水利等部门的协同。总之，要将生态扶贫看成一个系统工程，通过协调内部各要素之间的关系，推动各要素相互配合、相互协调、协同推进，实现“1＋1＞2”的目标。

(2) 建立生态扶贫的动力激发机制。生态扶贫涉及不同主体和客体，而他们具有各自的意志。要将各种意志统一起来形成一致行动，必须激发内部动力源，通过制定各种激励措施推动各主体自觉地按照生态扶贫的要求做。

(3) 建立生态扶贫的利益耦合机制。也即是也推动生态扶贫各主体形成利益共同体，而不是顾此失彼，导致短板效应。

(四) 构建生态扶贫绩效评价体系

政府作为生态扶贫的主体，不仅要推进生态扶贫工作的开展，还有对生态扶贫的绩效进行评估。这种评估可以委托学术机构或第三方机构进行，以保证评估的有效性和真实性。

生态伦理篇

西方环境伦理思潮的主要流派述评

摘　要：随着工业文明引起的环境危机的出现，西方学者开始反思人类与自然之间的伦理关系，并形成了一股研究环境伦理的思潮。本文梳理了西方环境伦理思潮中主要学术流派的观点，并进行了评述。

关键词：环境伦理；人类中心主义；动物中心论；生物中心论；生态中心论

人类自农耕文明发展到工业文明以来，随着人口数量的几何级数增长和科学技术的迅猛发展，以“资源—产品—废弃物”为特征的线性经济成为经济发展的主导模式。在这种发展模式的影响下，为了解决人口增长带来的贫困、就业、社会福利等问题，人类一味追求物质的增长和积累所表现出的经济的数量型增长，忽略了兼顾生态和环境的经济的质量型增长，造成了酸雨污染、臭氧层破坏、土地沙漠化、森林面积减少、物种灭绝、水资源恶化、城市大气污染等生态破坏和环境污染问题。据有关资料显示，目前整个世界70％的农业用地已经退化，地力枯竭；50％的湿地已在20世纪消失；2/3的渔业濒临或超过持续生产的极限；1/3的人口面临缺水，13亿人没有健康的饮用水；10％～15％的物种将在今后30年内灭绝；80％的森林正遭受砍伐。①

环境危机是工业文明的结构性特征。工业文明的基本结构和运行机制决定了生态危机是工业文明的必然产物。② 自18世纪后期特别是20世纪以来，一些西方学者开始反思工业文明时期经济发展的模式和运行机制，重新审视人类与自然、生物个体与生态系统整体、当代与未来之间的伦理关系，提出了不同的学术主张，形成了风格相异的环境伦理学思潮和流派。这些学术流派尽管有不同的划分③，但是被学界所普遍认可的还是人类中心主义和非人类中心主义的划分，而非人类中心主义又可以划分为动物中心论、生物中心论和生态中心论等。本文试图对这些学术流派做一评述。

---

① 王晋．世界资源报告为地球健康亮出黄牌[N]．经济日报，2000－11－7．

② (美)尤金·哈格洛夫．环境伦理学基础[M]．重庆：重庆出版社，2007．

③ (日)岩佐茂．环境的思想：环境保护与马克思主义的结合处(修订版)[M]．北京：中央编译出版社，2006：77．

一、人类中心主义

目前，学术界对什么是人类中心主义并没有明确而统一的界定。所谓“人类中心”，学者默迪认为就是“人类被人评价得比自然界其他事物有更高的价值”[①]，《韦伯斯特新世界大辞典》将其界定为两层意思[②]：其一，“把人视为宇宙的中心实事或最后目的”；其二，“按照人类的价值观来考虑宇宙间所有事物。”而所谓“人类中心主义”，按照学者杨通进的观点，其在认识论、生物学和价值论三种意义上使用[③]。综合以上观点，人类中心主义可以界定为以实现人类利益为终极价值取向和目的，将人类的价值观作为评判非人类存在物价值和权利的尺度和标准，强调人类本质的社会性、利益的优先性、责任的主导性的系列主张的统称。

在西方，人类中心主义的思想传统源远流长。古希腊哲学家苏格拉底将人类置于自然之上，提出思维着的人是万物的尺度。亚里士多德将抽象世界和经验世界分离，认为在宇宙系统中，低级有机体存在是为高级有机体服务，大自然是为了人的缘故而创造了所有的动物。传统基督教教义指出：唯有人是按照上帝的形象造的，而上帝造人就是要人在地上行使统治万物的权利，以管理海里的鱼、天空的鸟和地上的动物。托马斯·阿奎那将基督教教义与亚里士多德主义结合起来，人化神性以统摄自然，认为“动物天生要被人所用，这是一种自然的过程。相应地，据神的旨意，人类可以随心所欲地驾驭之，可以杀也可以用其他方式役使”[④]。培根主张通过掌握科学知识来探索、控制和利用自然。笛卡尔强调科学的目的在于“多方面去实际利用它们（自然物——作者注），从而使自己成为自然的主人和所有者”[⑤]。康德则认为，权力和道德仅限于具有“主体”身份和“目的”诉求的人类，有自由和理性的生物才具有身份、地位和尊严。传统的人类中心主义强调人类对自然的控制、支配和征服，突出了人类超自然的权威性和强制性。

与传统人类中心主义控制自然的观点相比，环境伦理研究思潮中出现的现代人类中心主义更强调隐藏在人与自然背后的人与人之间的“控制”，强调人类对自然的义务和责任。诺顿区分了强的人类中心主义和弱的人类中心主义，指出如果一切价值仅以人类感性偏好的满足为参照，就是强的人类中心主义；如果一切价值以人类审慎偏好的满足为参照，就

---

① （美）W H 默迪. 一种现代的人类中心主义[J]. 哲学译丛，1999(2).

② NEUFELDT V. Webster's New World Dictionary (Third College Edition)[M]. New Jersey：Prentice Hall，1991.

③ 徐嵩龄. 环境伦理学进展：评论与阐释[M]. 北京：社会科学文献出版社，1999：18.

④ AQUINAS T，Summa contra Gentiles，ed. English Dominion Friars[M]. London：Burns and Oates，1924：3.

⑤ （德）狄特富尔特. 人与自然[M]. 北京：生活·读书·新知三联书店，1993：192.

是弱的人类中心主义。[①] 也就是说，强的人类中心主义更突出人自身存在的价值，认为自然仅仅是具有工具价值的生产资源，而弱的人类中心则强调生态危机的本质是人与人之间的关系问题，是代内、代际之间的环境正义和公平问题，人类通过人与人之间矛盾的解决，进而解决人与自然之间的矛盾。默里·布克钦认为，造成生态破坏的根本原因是人类社会的支配和统治模式——等级制度，而不是价值观和方法论上的原因，要解决生态危机需要构建公平的无政府主义社会，借以消解人与人、人与自然之间的矛盾。帕斯莫尔则强调，人类是自然的主人，也是自然的监护者、管理者和受益者，人类应该关注、怜悯和保护自然，进而实现自然持续地为我所用。皮尔斯指出："人类是自然的管家并仔细照料着各种自然资源，在牟取自身利益动机的驱动下也保护了其他造物的利益。"[②]现代人类中心主义强调人的社会性以及对自然的责任，被英美国家早期的环境保护运动所倡导。

概括而言，人类中心主义将人类与自然二元对立，认为只有人类是认识世界的枢纽和中心，是道德权利主体和价值存在物，人类之外的自然仅具有经济价值和工具价值而无内在价值和整体价值。在哲学基础和方法上，它强调分析、实证和经验的机械唯物主义方法，排斥形而上学的同时也回避了对整体和历史的反思，体现了"人本主义的傲慢"。在价值观念上，它认为人类主体性(人的需要、利益、潜能等)是环境伦理的价值尺度和目标，道德只是调节人类利益关系的规范，而自然只是满足人类无限需要的工具，人类对之只负有间接的道德义务。诚如学者默迪所说："按照自然物有益于人的特性赋予它们以价值，这就是在考虑它们对于人种延续和良好存在的工具属性。这是人类中心主义的观点。"[③]在实践中，人类中心主义容易导致在生产活动中夸大人类的主观能动性和创造性，忽视自然的不可逆性和有机性，既将自然视为资源库、水龙头，也将自然斥为垃圾箱和污水池，引起了资源的高消耗、低利用和环境的高污染。

二、动物中心论

动物中心论是主张把价值主体的界限从人类扩展到动物的一种环境伦理学观点。20 世纪 60 年代以来，随着世界各地动物保护组织的成立和保护运动的发展，"动物解放""动物权利"的伦理学观点开始被重视。该学说认为，动物应具有独立的生存价值和道德权利，应该受到道德关怀和权利保护，反对商业性的饲养、虐待和捕杀动物。动物中心论又可以分为动物解放论和动物权利论两支，主要代表人物分别是彼得·辛格和汤姆·雷根。

---

① NORTON B G. Anthropocentrism and Non-anthropocentrism[J]. Environmental Ethics, 1984 (6): 131 - 148.

② D Pearce, R K Turner. The Economics of Natural Resource and the Environmental[M]. London: Earthscan Publications Ltd, 1990: 232.

③ (美)W H 默迪. 一种现代的人类中心主义[J]. 哲学译丛, 1999(2).

(一)动物解放论

动物解放论主要回答了动物是否具有价值主体地位和道德属性的问题。辛格对此进行了论述,代表作为《动物的解放》和《实践伦理学》。辛格的思想主要来源于边沁、密尔的功利主义,强调行为和实践的正确与错误只取决于这些行为和实践对受其影响的当事人的普遍福利所产生的结果,而普遍的福利是以苦和乐为评判标准的,乐就是幸福(功利),在道德上就是善。辛格指出,尽管物种之间感受苦乐、体验愉悦的方式和程度不同,但是人类和动物都是平等的价值主体,都有趋乐避苦的目的性和功利性,人类应该改变物种歧视主义的做法,将道德关怀从人类延伸到动物,以增加动物的快乐,减少其痛苦。辛格强调"动物不是为我们而存在的,它们拥有属于它们自己的生命和价值"①,因此给动物施加不必要的痛苦在道德上是错误的。他提出"我们应该把大多数人都承认的那种适用于我们这个物种所有成员的平等原则扩展到其他物种身上去"②,而这个基本准则就是"对利益平等关心的准则"③,就是"在目前所能进行的对比的情况下同等地对待它(动物——作者注)和其他存在物所遭受的苦乐"④。如果排除对动物的这种道德关怀,就像早年排斥黑人和妇女一样,是没有道理的"种族歧视主义"和"性别歧视主义"。辛格要求人类限制为了自身利益和需要而损害动物的行为,主张维护动物的权利、福利和利益,认为这样动物"大量的痛苦本来是可以避免的"。

(二)动物权利论

动物权利论由雷根提出,代表作是《为动物权利辩护》。他认为,无论是道德代理人(心智健全的人类)还是道德顾客(一切人类以及"一岁或更大的精神正常"的动物)都是"生命的体验主体",都具有自身固有的价值,是类中平等的成员。动物和人一样,是拥有天赋价值的生命主体,有一种"对于生命的天赋权利",应当被当做目的本身而非人类的资源来对待,并受到尊敬。雷根指出,"称为某种生命的主体……不仅仅意味着是有生命和有意识的。……它还意味着拥有期望和愿望,拥有感觉、记忆和未来(包括自己的未来)意识;拥有一种伴随着愉快和痛苦感觉的情感生活;……拥有一种独立于他人的功用性的个体幸福状

① Peter Singer. All Animals are Equal[J]. Environmental Ethics: Reading in Theory and Application, edited by Louis P. Pojman, Johnes and Bartlett Publisher, Inc., 1994: 35.

② Peter Singer. All Animals are Equal[J]. Environmental Ethics: Reading in Theory and Application, edited by Louis P. Pojman, Johnes and Bartlett Publisher, Inc., 1994: 34.

③ Peter Singer. Practical Ethics[M]. London: Cambridge University Press, 1979: 19.

④ Peter Singer. All Animals are Equal[J]. Environmental Ethics: Reading in Theory and Application, edited by Louis P. Pojman, Johnes and Bartlett Publisher, Inc., 1994: 38.

态”[①]，人类除了要尊重动物的天赋价值之外，还要赋予它们应享有的道德权利，即不遭受痛苦虐待和被随意宰杀的权利。另外，雷根指出了解决动物个体之间权利冲突的三个主要原则和两个补充原则。三个主要原则是：伤害大小比较原则；个体伤害与整体伤害比较原则；个体伤害和保全他者比较原则。两个补充原则是：伤害少数原则和弱者优先原则。

动物解放论和动物权利论都承认动物存在固有的价值和权利，都主张取消商业性的动物饲养业；反对商业性和娱乐性的打猎和捕兽行为；反对残忍地将动物用于科学试验的行为；反对只承认人类的道德主体地位而剥夺动物道德主体地位的观点。这些主张对于唤醒人类对自然的尊敬、关爱进而保护生态环境，具有重要意义。但是存在的问题是：难以准确界定人类利益和动物利益的界限和内容；难以准确把握动物物种之间利益冲突的尺度和准则；难以体现个体物种价值和整个生态系统价值的统一性和有机性。另外，它们“解放”被现代工业文明拘禁于“动物工厂”中的家畜以及实验室和动物园中动物的思想，与人类的社会生活实践相距甚远。所以有学者批判性地指出：“环境主义者不可能是动物解放论者，动物解放论者不可能是环境主义者。”[②]

三、生物中心论

生物中心论最早由阿尔贝特·施韦泽提出，后经保罗·泰勒进一步论证并完善成一套理论体系。他们突破了动物权利论者将人类的道德关怀局限于动物的界线，将之延伸到所有具有生命的主体，认为任何生命体都具有不依赖于人的意志存在的内在价值，都值得我们敬畏和尊重。

施韦泽是当代环境伦理学的代表人物，其主要思想体现在《文明的哲学：文明与伦理》和《敬畏生命》两部著作中。他以“生命平等”为基点展开生命中心论的论述，提出地球上一切生命个体(包括植物)都是神圣的、平等的，它们没有人类主观赋予的高低贵贱之分，没有“高级的和低级的、富有价值的和缺少价值的生命之间的区分”[③]。他认为“动物和我们一样渴求幸福，承受痛苦和畏惧死亡”[④]，人类作为“思考型”动物，应该“如体验自己的生命体验其他生命”，因为只有人具有爱、奉献、同情、共同追求这些能想象的德行，“能够认识到敬畏生命，能够认识到休戚与共，能够摆脱其余生物苦陷其中的无知。”[⑤]施韦泽指出：“我

① T. Regan. The Case for Animal Rights[M]. Berkeley: University of California Press, 1983: 43.

② 徐嵩龄. 环境伦理学进展：评论与阐释[M]. 北京：社会科学文献出版社，1999：32.

③ (法)阿尔贝特·施韦泽. 敬畏生命：五十年来的基本论述[M]. 2版. 上海：上海社会科学院出版社，2003：132-133.

④ (法)阿尔贝特·施韦泽. 敬畏生命：五十年来的基本论述[M]. 2版. 上海：上海社会科学院出版社，2003：89.

⑤ (法)阿尔贝特·施韦泽. 敬畏生命：五十年来的基本论述[M]. 2版. 上海：上海社会科学院出版社，2003：20.

们不仅与人，而且与一切存在于我们范围之内的生物发生了联系。关心他们的命运，在力所能及的范围内，避免伤害他们，在危难中救助他们”①，即使人类与生物发生利益冲突，人类也应本着对生物负有的责任感和道德感而控制自己的行为，并改变肆意戕害生命的非人道的斗牛、围猎等习俗。对生物已经造成的损伤，人类应该尽力给以修复、补偿。

在施韦泽之后，泰勒在《尊重自然》一书中对生物中心论做了较为全面的论证，构建了逻辑严密、论证严谨的理论体系。他指出，人类是地球生命共同体中的普通一员，和所有物种构成有机联系、功能镶嵌的平等依存关系，包括人类在内的所有生命形式都自成目的，都渴望生长、发展和繁衍生命，都有自身的善和固有的价值，都应该受到尊重，这是“最根本的道德态度”。泰勒针对人类的行为提出了四个约束性原则，作为环境伦理学的道德规范和品格标准：① 不损害原则，即不毁灭其他生命个体和种群；② 不干涉原则，即人类不要试图操纵、控制、改变或“管理”生物，或介入其正常的生活；③ 忠诚原则，即人类不能企图欺骗和背叛动物，诱捕野生动物；④ 公平重置原则，即对被伤害的生物种群予以补偿，保持生态系统和生物群落的完整性和整体性。另外，泰勒还区分了物种的“基本利益”和“非基本利益”，提出了解决人类与生物之间利益冲突和矛盾的原则和方法，包括自卫、均衡、最小失误、分配正义、公平重置等。泰勒试图用这些原则来化解人类与其他物种间的伦理冲突，指出人类只有在生命和健康受到威胁时才可以对其他生物进行反击。

生物中心论者(特别是泰勒)提出了敬畏生命、尊重自然的主张，确立了比较详细的处理人与自然伦理关系的规则、标准和方法，使环境伦理学更具有可操作性、规范性和科学性。但是，过于细化的规则也带来了一些缺陷。如施怀泽提出的主张：有道德的人“不打碎阳光下的冰晶，不摘树上的绿叶、不折断花枝，走路时小心谨慎以免踩死昆虫”②，难免有乌托邦之嫌。在泰勒的理论体系中，杀死一个人并不是一个比碾碎一只昆虫或拔掉一棵植物更大的道德错误；砍死一株野花的错误绝不亚于杀死一个人的错误③，他甚至提出“从生命共同体及其现实利益的角度看，人在地球上的消失无疑是值得庆幸的‘大好事’”④，这就完全泯灭了人的社会性，难以在理论和实践中站住脚。

四、生态中心论

生态中心论者的代表人物有奥尔多·利奥波德、蕾切尔·卡逊、霍尔姆斯·罗尔斯顿、

---

① (法)阿尔贝特·施韦泽．敬畏生命：五十年来的基本论述[M]．2版．上海：上海社会科学院出版社，2003：7-8.

② (美)罗德里克·弗雷泽·纳什．大自然的权利：环境伦理史[M]．2版．青岛：青岛出版社，2005：61.

③ (美)罗德里克·弗雷泽·纳什．大自然的权利：环境伦理史[M]．2版．青岛：青岛出版社，2005：156.

④ TAYLOR P. Respect for Nature：A Theory of Environmental Ethics[M]. Princeton：Princeton University Press，1986：115.

阿伦·奈斯等，大体可分为三个流派：大地伦理学、生态整体主义和深层次生态学。概括而言，生态中心论主要是以生态学为理论支撑，强调完整的伦理学必须给予整个生态系统以道德关注，而不仅仅是对动物或者生物，还应该包括山川、河流等非生命的自然客体，借以体现生态系统的整体性、依赖性和联系性。他们认为生态整体即是一种由它与它自己的部分相互作用、并与它所隶属的更大的整体相互作用而规定的结构，生物共同体的完整、稳定和美丽是最高的善，生态系统的价值是最高的价值。

(一) 大地伦理学

生态中心论者认为，人类应当把道德关怀的重点和价值主体的范畴从生命个体扩展到自然界的整个生态系统。这种观点最早来自于利奥波德的“大地伦理”思想。他认为，整个生态系统就是一个“生物金字塔”或“土地金字塔”，是一个不同部分之间协作和竞争的“共同体”，组成部分包括“土壤、水、植物和动物，或者把它们概括起来：土地”①。他强调，自然物在生态体系中具有固有的内在价值，具有平等的道德身份，人类只是生物群落中的一个成员，是“生物公民”而不是自然的“统治者”，应该体现“对每个成员的尊敬，也包括对这个共同体本身的尊敬”②。利奥波德还指出，我们关注生命共同体的价值，不仅仅是经济价值，更重要的是“哲学意义上的价值”，不仅仅是生物个体的价值，更重要的是生态系统整体的价值。他认为“当一个事物有助于保护生物共同体的和谐、稳定和美丽的时候，它就是正确的；当它走向反面时，就是错误的”③。

大地伦理学强调生态系统的整体性、和谐性，认为生态共同体的价值要高于物种个体的价值，整体价值优先于个体价值，这超越了强调人类个体尊严、权利、自由和发展的人本主义思想，革除了动物权利论和生物中心论过分强调单个生命体利益的弊病，具有重要理论意义。但是它以保持生态群落的整体性为由牺牲某些生物个体的观点，实质上是以整体的利益和价值抹杀了个体的利益和价值，因而有学者批评其为“环境法西斯主义”④。

(二) 生态整体主义

生态整体主义的主张由罗尔斯顿提出，主要思想体现在其著作《哲学走向荒野》和《环境伦理学》中。

罗尔斯顿认为，环境伦理学的中心问题是关于自然价值的评价问题。他提出，自然物的价值可以具体表现为自然物的生命支撑价值、经济价值、消遣价值、科学价值、审美价值

---

① (美)奥尔多·利奥波德. 沙乡年鉴[M]. 长春：吉林人民出版社，1997：93.

② 同上书，第 194 页。

③ 同上书，第 213 页。

④ REGAN T. The Case for Animal Rights[M]. Berkeley：University of California Press，1983：361－362.

和历史文化价值等多重价值，这些价值总体上又可以分为对人类的非工具性价值和工具性价值两类。非工具性价值即自然价值，是指不需要人的参与和评价而生成的自在和自为的价值，主要表现为自然物对整个生态系统的支撑和承载价值。他指出："在生态系统层面，我们面对的不再是工具价值，尽管作为生命之源，生态系统具有工具价值的属性；我们面对的也不是内在价值，尽管生态系统为了它自身的缘故而护卫某些完整的生命形式。我们已经接触到了某种需要用第三个术语——系统价值来描述事物。"[①]工具性价值又分为三种形式：以人化自然的方式产生的自然的工具价值；以自然化人的方式产生的自然价值；以体验和感受自然的方式产生的自然的工具价值。罗尔斯顿着重强调自然价值的原生性特征，认为"自然系统的创造性是价值之母，大自然的所有创造物，只有在他们是自然创造性的实现的意义上，才是有价值的"[②]，从而剔除了在自然价值评价上的人本主义因素。在实践中，罗尔斯顿要求人类遵循自然法则，体验自然、领悟自然，进而恪守对自然的道德义务，实现对自然的"全球性的观照"。具体而言，他认为人类作为处于进化顶级的存在物和生活在自然世界和文化世界中的"两栖"动物，不应该提出"孤傲的人类中心论的价值观"，而是看到他之外和之下的其他存在物的价值，进而"产生一种对自然界具有贵族气派的责任感"[③]，尊重生态系统的整体价值和"共同体中的善"，减少对自然造成的伤害。

生态整体主义强调把人类对自然的改造和扰乱限制在生态系统所能承受、吸收、降解和恢复的范围内，主张尊重生态系统的整体利益和长远利益，这符合生态学原理和系统论观点。但是，生态中心论笼统地强调生态的整体利益，忽视了人类在自然面前权益的不均衡性和义务的不公平性，漠视了发展中国家和落后地区在生存和发展优先与生态维护优先选择上的艰难性，掩盖了发达国家资本扩张的全球化是当今环境危机产生的主要根源这一事实，因而遭到发展中国家学者的谴责和质疑。

（三）深层次生态学

深层次生态学的思想最早体现在蕾切尔·卡逊的著作中，后经挪威哲学家阿伦·奈斯提出，并被比尔·德维尔、乔治·塞申斯、W. 福克斯等学者发展、深化。该学说认为，生态问题并不仅仅表现为浅层次的环境污染和资源消耗的现象表征以及技术层面的解释，它具有深层次的社会发展范式、生活方式和价值观方面的原因。我们应该追问和反思环境危机发生的根源，从哲学、宗教等方面寻找深层次的依据。在哲学上，该学说坚持整体主义和

---

① H Rolston, Environmental Ethics: Duties to and Values in Natural World[M]. Philadelphia: Temple University, 1988: 188.

② H Rolston, Environmental Ethics: Duties to and Values in Natural World[M]. Philadelphia: Temple University, 1988: 199.

③ (美)霍尔姆斯·罗尔斯顿. 环境伦理学[M]. 北京：中国社会科学出版社，2000：459.

系统论观点，认为生态系统中的所有事物是互相联系的，体现组成的整体性；生态系统层次结构具有等级性、组织性和有序性，体现结构和功能的整体性；生态系统发展具有动态性，体现时空结构的整体性①。该学说的完整思想可从奈斯和塞申斯提出的八大原则②中窥出，即：非人类与人类一样具有独立的、平等的内在价值；保持生命形式的多样性有助于内在价值的实现；人类无权破坏生物多样性和丰富性；人类应该对环境恶化状况负责；适当控制人口增长；政府政策要与环境变化相匹配；构建保护生命内在价值的意识形态；赞成上述观点的人应该首先付诸实践。而最高原则是"自我实现"和"生物中心的平等"。"自我实现"是指人类要认识到"除人类之外还有非人类的世界"，自己只是自然的一部分，要在整体中实现与自然的共生、共长，最终经历从个体自我到社会自我再到生态自我的转变。奈斯指出："谁也不会获救，除非我们大家都获救。这里的'谁'不仅包括我自己，单个的人，还包括所有的人、鲸鱼、灰熊、完整的热带雨林、生态系统、高山河流、土壤中的微生物等。"③"生物中心的平等"是指任何生物都具有内在价值，都有"生存和繁荣的平等权利"，即使在人类和非人类利益发生冲突时，也不能倾向于人类。深层次生态学主张用新的宇宙论的世界观替代旧的机械唯物主义的世界观，维护不同生物的多样性、整体性和关联性，达到"所有存在者的自我实现"。

深层次生态学洞悉生态危机的社会根源和本质，要求从制度变革、文明秩序重构的角度彻底解决环境问题，具有积极意义。但是他们很多激进的主张没有考虑发展中国家的生存要求和发展利益，带有"西方帝国主义色彩"④。另外，其观点过于概括和一般化，缺乏特殊性和区域性的考察，削弱了其操作性和科学性。有的学者甚至认为"人类和非人王国并无本质区别"⑤，进而要求人们过一种简单的自给自足的小国寡民生活，这无疑脱离了社会现实。

五、结论

综合人类中心主义和非人类中心主义环境伦理思潮的相关观点，我们发现其主要呈现出以下特点：

其一，各种思潮在学术主张上有继承性和互补性。环境伦理主要是围绕不同主体的价值和权利展开的。从人类中心主义到非人类中心主义各流派，其思想主要是以享有内在价

---

① 余谋昌. 生态学哲学[M]. 昆明：云南人民出版社，1991：35-36.

② Bill Devall，George Sessions. Deep Ecology：Living as if Nature Mattered[M]. Salt Lake City：Peregrine Smith Books，1985：56.

③ Bill Devall，George Sessions. Deep Ecology：Living as if Nature Mattered[M]. Salt Lake City：Peregrine Smith Books，1985：66.

④ (美)戴斯·贾丁斯. 环境伦理学[M]. 北京：北京大学出版社，2002：257.

⑤ Warwick Fox. Deep Ecology：A New Philosophy for Our Time? [J]. The Ecologist，1984(14)：194-200.

值和权利的主体的不同分界的，即以人类为价值和权利主体(按照学者纳什[①]的观点，英美两国人类权利主体经过了英国贵族—美国殖民主义者—奴隶—女人—印第安人—劳动者—黑人的演变)到承认动物具有“固有价值”和“权利”、生命体具有“固有价值”和“权利”及至承认包括无生命的自然在内的整个自然界都有“固有价值”和“权利”。每一个流派基本上都是对前面流派价值和道德权利主体边界的补充、修正，并最终形成了完整的环境伦理学演化轨迹。

其二，非人类中心主义的环境伦理思潮中含有人类中心主义的元素。人类作为自然界的一部分具有特殊性，完全将人类自然化是不可能的。作为具有高度智慧的类存在，人类具有其他生物所难以企及的主观能动性、目的性和选择性，对捍卫地球上其他栖息者的权利有着不可推卸的责任和义务。人类既是大自然权利的主要侵犯者，也是大自然权利的捍卫者、守护者、监督者和道德代理人。因此，即使是主张非人类中心主义的学者，也认同人类在自然界中的特殊地位和作用。罗尔斯顿就指出：“从这个意义上(人类作为地球的监护者——作者注)，人类是、或者能够是优越的、高贵的、不同寻常的，甚至(在一种较易引起争论的意义上)是超自然的，在自然之上的。”[②]

其三，非人类中心主义的各种思潮缺乏对人与人之间环境公平与正义的关照。非人类中心主义环境伦理思潮更多地关注人与自然、种际之间的环境公平与正义，“忽视了人与自然间的对话同人与人之间对话的共振现象”[③]。在非人类中心主义学者的论述中，经常出现“人类”“我们”“共同体”这样的全称名词。这些整体性、统一性的抽象“人类”和“自然”概念，掩盖了不同国籍、民族、性别、区域和阶层生活主体基于环境权利和义务的差异性、不均衡性和不平等性，忽视了利益主体之间的相互对抗性和排他性，难以体现人类代内和代际之间的环境公平与正义。

其四，各种思潮在生态文明社会构建中体现不同的价值和作用。尽管环境伦理思潮的各种流派在哲学和逻辑上都能自圆其说，但在现实中面对经济增长与资源节约、环境保护之间的矛盾时，非人类中心主义的各种思潮由于“缺乏对现实生活的细致关注”[④]，很难占据国家意识形态的主导。概括而言，非人类中心主义的很多主张更多地适合作为环境运动的理论依据和旗帜，帮助人类反思自身与自然的关系，重新树立正确的自然观和生态观，而人类中心主义特别是弱的人类中心主义的主张则更多地适合作为国家环保政策制定和贯彻实施的依据，督促人类认识到过去的教训、自身的责任以及维持代内、代际公平的重要性，进而制定国家环境战略以实现人类自身向更高的社会形态和文明形态迈进。

---

① 李培超. 自然的伦理尊严[M]. 南昌：江西人民出版社，2001：122.

② 杨通进. 现代文明的生态转向[M]. 重庆：重庆出版社，2007：194.

③ 李培超. 自然的伦理尊严[M]. 南昌：江西人民出版社，2001：200.

④ 李培超. 自然的伦理尊严[M]. 南昌：江西人民出版社，2001：122.

马克思的环境伦理思想的内在逻辑

摘　要： 尽管在马克思生活的时代，环境问题并不像今天这样突出，但是马克思还是见微知著、富有前瞻性地论述了人与自然的关系问题，形成了人的自然属性和社会属性相协调、内在尺度和外在尺度相统一的环境伦理思想。马克思的环境伦理思想将人与自然之间的伦理放到社会历史和生产关系中考察，超越了纯粹的人类中心主义和生态中心主义的藩篱，对于我们今天构建和完善马克思主义环境伦理学具有重要意义。

关键词： 马克思；环境伦理；自然属性；社会属性

人类历史自农耕文明发展到工业文明以来，以高消耗、高污染、低利用为特征的线性经济成为经济发展的主导模式。在这种发展模式的影响下，人类以科技为动力，将自然既作为原料库和水龙头，又当作垃圾场和污水池，加大了自然资源的开采和污染物的排放，导致了自然资源的急剧减少和环境的积累性恶化，酸雨污染、温室效应、臭氧层破坏、土地沙漠化、森林面积减少、物种灭绝、水资源危机等环境问题随之出现。

反思工业文明以来人类与自然尖锐对立的发展模式，实现文明范式由工业文明向生态文明的转变，我们必须重新审视人类与自然之间的关系，重构引导人与自然和谐相处的环境伦理。马克思在其著作中富有前瞻性地论述了社会发展中人类与自然、经济与环境的协调问题，蕴含着丰富的环境伦理思想。这些思想对于我们科学认识西方各类环境伦理思潮、建构马克思主义环境伦理学具有重要意义。

一、马克思环境伦理思想的逻辑前提

尽管在马克思的著作中，很少看到有专门针对环境问题的论述，但这不表明马克思对人与自然、经济与环境的关系问题缺乏关注。实际上，马克思在考察社会和经济现象时，很多时候是辩证地将自然、人和社会“三位一体”地纳入思考范畴的。如在分析商品价值、劳动两重性和剩余价值生产过程时，马克思指出，使用价值、具体劳动和生产过程包含人与自然的关系，而价值、抽象劳动和价值增值过程则隐含着人与人以及人与社会之间的关系。[①]在有关环境伦理问题的论述中，马克思也是沿着这一思路进行的，即将“自然—人—社会”三者统一起来，从人的自然属性和社会属性的角度出发，既强调人类作为自然界“公民”的物种特征，也指出作为有知觉、有意识的哺乳类动物的超自然的社会特征，并将二者统一起来。

第一，人类是生态系统中的一种类存在物，是哺乳动物中的一种，同其他鸟类、两栖动物、爬行动物一样，来自于自然界并依赖自然界。作为具有自然属性的人类，马克思从三个方面进行了论述。首先，强调“人是自然界的一部分”[②]，来自于自然界，是自然界中的普通一员；其次，指出人类作为生物链中的一个环节，依赖以动物、植物和微生物等组成的自然界而生活、生产，自然界是“人为了不致死亡而必须与之不断交往的、人的身体。”[③]最后，认为人类历史第一个需要确定的具体事实就是“这些个人的肉体组织以及受肉体组织制约的他们与自然界的关系”[④]，强调任何历史记载都以自然以及它们在历史进程中由于人们的活动而发生的变更为前提。

第二，人类是有意识、有感觉的类存在物，具有主观能动性和创造性。摩擦生火使人类第一次支配一种自然力，并最终从动物界中分离出来。“人猿相揖别”后，以人与自然为主导的自然性关系逐渐扩展为以人与人、人与社会为主导的社会性关系，现实的人作为“一切社会关系的总和”[⑤]而存在。这时，人类与一般动物产生了本质性区别——社会性存在并与自然形成对象性关系，原因在于：其一，人类有高度智慧和较强的自我意识，行为具有计划性和目的性，而动物只有本能的意识和行为，这样“有意识的生命活动把人同动物的生命活动直接区别开来。”[⑥]其二，人类以劳动为媒介，能够通过高级生产活动获得生活资料，创造出更加丰富和多样化的物质财富。能够生产自己的生活资料是将人与动物区别开来的“第一个历史行动”，是人与一般动物的最大区别。其三，即使一般动物也具有一定的生产能力，但它们的生产只是本能的简单生产，不如人类广泛而又有针对性。由于人类需要的多层次性和多方面性，生产活动也呈现出多样性。一般动物只是按照它所属的那个种的尺度和需要来创造，具有本能性和无计划性，而人类却能随心所欲，“按照任何一个种的尺度来进行生产，并且懂得处处都把内在的尺度运用于对象。”[⑦]人与动物相比较，生产活动脱离

① 李成勋. 可持续发展理论的先声：马克思论人与自然之间的物质变换[J]. 当代经济研究，2000(11).
② 马克思恩格斯全集(第 42 卷)[M]. 北京：人民出版社，1979：95.
③ 马克思恩格斯全集(第 42 卷)[M]. 北京：人民出版社，1979：95.
④ 马克思恩格斯全集(第 3 卷)[M]. 北京：人民出版社，1960：23.
⑤ 马克思恩格斯全集(第 3 卷)[M]. 北京：人民出版社，1960：5.
⑥ 马克思恩格斯全集(第 42 卷)[M]. 北京：人民出版社，1979：96.
⑦ 马克思恩格斯全集(第 42 卷)[M]. 北京：人民出版社，1979：97.

了像动物一样依赖于肉体需要而只生产它自己或它的幼仔所直接需要的东西的局限性，不仅为自己生产，也通过交换活动为他人生产，不仅生产物质产品，也生产精神产品，不仅再生产自身，也再生产整个自然界，而且还在改造自然中实现了自身的价值。

第三，人类作为类存在物和社会实践主体，既是自然存在物，也是社会存在物，两种属性既有统一性又有冲突。马克思指出："历史可以从两方面来考察，可以把它划分为自然史和人类史。但这两方面是不可分割的；只要有人存在，自然史和人类史就彼此相互制约。"① 他强调只有通过人类实践活动调控的自然，其存在才更有意义。马克思在批评包括费尔巴哈在内的旧唯物主义时，指出："从前的一切唯物主义(包括费尔巴哈的唯物主义)的主要缺点是：对对象、现实、感性，只是从客体的或直观的形式去理解，而不是把它们当作感性的人的活动，当作实践去理解，不是从主观方面去理解。"②由于人类作为有生命的自然存在物，既有自然性又有社会性，既有作为生态系统中普通物种的权利和责任，又有作为具有意识和能动性的特殊物种的需求和愿望，这样，具有双重属性的人类就陷入了矛盾当中：一方面，作为一般物种和生物链的一部分，人类要维持自身的生存和发展，要从自然界中获取生活资料和生产资料，这与老虎以狼为食、以岩洞为窝、以泉水为饮一样，都是基本需要，具有合理性；另一方面，人类作为特殊物种，具有高智商、自我意识和目的性，能够产生不同于一般动物的情感、意志，能够支配和控制其他物种为我所用，这又在某种程度上具有利益优先性和主导性，打破了自然界的稳定性和平衡性，引起了环境危机，具有不合理性。比如人类和动物一样，从自然界中获取食物维持自己的生存和发展，但是人类与动物不同的是，一般动物在优胜劣汰、弱肉强食的自然法则下，仅仅获得借以果腹的食物、解渴的水源，而历史发展到近代以来，人类捕猎动物的行为已经脱离了原始的需求，赋予了更多的内容。如古代穿兽皮是为了御寒，今天则成为人的一种地位炫耀、财力展示或审美需求，但人类这种扩大化了的需求又是以牺牲生态系统的稳定性为代价的。因此，如何坚持内在尺度和外在尺度的统一、实现人与自然的和谐相处成为人类面对自然应该解决的问题。

马克思以人的双重属性及其冲突为逻辑起点，论述了人的自然属性和社会属性及其需求，并阐明了处理二者关系的相关观点，蕴含着丰富的环境伦理思想。

二、人类的自然属性及其需求

在自然界中，任何物种都有自己在生物链中的位置，都以下游生物为食，并依赖周围

① 马克思恩格斯全集(第3卷)[M]. 北京：人民出版社，1960：20.

② 马克思恩格斯全集(第3卷)[M]. 北京：人民出版社，1960：6.

自然环境生存。物种的繁衍生息、优胜劣汰等都是物种生存的常态，也是自然界自身的运行法则，不以个别物种的改变而改变。如科学家发现，“在过去5亿年里，共有5次生物灭绝事件，根据留有的化石记录看，6成半以上的物种已灭绝”①，这都是自然界优胜劣汰、演化变迁的结果，不以人类或其他物种的影响而改变。

尽管人类凭借自己的智慧创造了社会生活环境，但是并没有与自然、与自身的动物性完全割裂，人的很多特征和需求还留有动物的痕迹，具有自然属性。恩格斯曾经指出，“人来源于动物界这一事实已经决定了人永远不能摆脱兽性，所以问题永远只能在于摆脱的多些或者少些，在兽性或人性的程度上的差异”②，可谓一针见血。人的自然属性是人与其他动物的相似或相通之处，是人类得以生存和延续的前提条件。作为食物链中的一个环节，人类和其他哺乳类生物一样以植物和动物为食，遵循自然法则和宇宙运行规律，维持自身生存和发展。

马克思认为，自然既是人类生活资料的富源，例如土壤的肥力，渔产丰富的水等，也是劳动资料的富源，如奔腾的瀑布、可以航行的河流、森林、金属、煤炭等。人类要像其他生命体一样，维持自身的生存、发展和繁衍，满足自身衣食住行的需求和愿望，需要为他提供生活资料富源和劳动资料富源的自然界。在《德意志意识形态》一书中，马克思指出“历史的第一个前提”，也即是“一切人类生存的第一个前提”是人类的生存需要：“人们为了能够‘创造历史’，必须能够生活。但是为了能够生活，首先就需要衣、食、住以及其他东西。”③直到今天，世界上一些落后的地区依然需要通过采摘果实、狩猎直接从自然界中获得生活资料。当然，人类与其他物种从自然界中获取基本生存条件的方式不同，因为人类不是简单地接受自然的直接馈赠，而是通过自己主动的生产活动来维持生存和发展。

具有自然属性的人类获取生产和生活资料维持自身生存并不是肆无忌惮的，没有制约和限制的。作为自然存在物，而且作为有生命的自然存在物，马克思指出：人类一方面“具有自然力、生命力，是能动的自然存在物”，能够按照自己的意识运用各种手段为目的服务，另一方面“作为自然的、肉体的、感性的、对象性的存在物，和动植物一样，是受动的、受制约的和受限制的存在物”④。也就是说人在自然界中存在，从自然界中获取基本的生活需求时，主观能动性的发挥必须遵循自然界的演变规律和生存法则，如果违背自然界运行的法则，处于生态系统中的人类，必然会遭到自然界的报复。

---

① (加)大卫·铃木，阿曼达·麦康纳. 神圣的平衡：重寻人类的自然定位[M]. 汕头：汕头大学出版社，2003：196.

② 马克思恩格斯全集(第12卷)[M]. 北京：人民出版社，1962：110.

③ 马克思恩格斯全集(第3卷)[M]. 北京：人民出版社，1960：31.

④ 马克思恩格斯全集(第42卷)[M]. 北京：人民出版社，1979：167.

三、人类的社会属性及其需求

马克思重点考察了人自身作为类存在物的社会属性及其需求，强调吃、穿、住、行等行为固然是人的本能，但是并不是人类存在的终极目的。人类从自然界中脱离出来之后，便有了作为类存在物的特殊特征，其本质在现实性上“是一切社会关系的总和”。也就是说，人的本质并不是自然属性，而是社会属性，是作为现实的人在生产实践中必然结成的一定生产关系的总和。

具有社会性的人有三种需要：其一，获取生存资料的需要，包括劳动者为了生存和延续后代而需要满足吃、穿、住、用、行的物质生活资料需求。生存需要是人类最低层次的需要，也是人类具有自然属性的需要。其二，获取享受资料的需要，包括劳动者为保持身心健康所需要的医疗、卫生、体育、文化艺术、休假、旅游等物质资料与服务。其三，获取发展资料的需要，包括劳动者为了摆脱旧式分工的束缚与影响，使自己的体力和智力获得充分、自由地发展所需要的物质资料。动物的需要是一种本能需要，主要表现为生存需要，而人类的需要则有一个由低到高、由单一到复杂的变迁过程，随生产方式的改变和生产力的发展而变化，不断丰富和发展。

人类脱离了动物群体那种基本上是在自然条件制约下的本能行为后，凭借文字的发明、生存经验的积累以及学习能力的提高，构建社会秩序和社会关系，无止境地追求越来越丰裕的生存资料、享受资料和发展资料。这时，人类不再仅仅是自然生命的一般性存在，而是社会性的、超越自然的、能够进行能动性创造的生命存在，而自然界成了人类实践的前提、对象和结果，并在人类实践的影响下发生物理形态的变化。人类依靠复杂的人脑及生成的逻辑记忆和推算能力，利用、改造甚至破坏自然界以攫取所需物品，进而影响了自然界的演化进程。

人类社会性存在并对自然界发生影响经历了一个动态过程。在采集与狩猎文明时期，人类刚从自然界中脱离出来，对自然充满了畏惧、崇拜。此时，自然界作为一种完全异己的、有无限威力和不可制服的力量与人类对立，“人们同它的关系完全像动物同它的关系一样，人们就像牲畜一样服从它的权力”[①]，主要依靠四肢等人自身的自然力以及石器、棍棒等自然力直接从外在自然中获得生活资料，维持自身的生存、发展和繁衍。进入农耕文明社会之后，随着认知能力的提高，人类开始习惯牛耕地、水利灌溉、圈养牲畜等生产方式，逐渐从自然界中获取原材料并进行简易加工，以满足人类的多样化需求。受人口规模、技

---

① 马克思恩格斯全集(第3卷)[M]. 北京：人民出版社，1960：35.

术发展水平的局限，“人的生产能力只是在狭窄的范围内和孤立的地点上发展着”[①]，人类对自然的影响有限。到了工业文明社会之后，人类通过现代科技和现代工业“一起变革了整个自然界，结束了人们对于自然界的幼稚态度和其他幼稚行为”[②]，加大了对自然的控制、改造和征服力度，对生态系统的破坏超越了生态系统的自我修复和恢复能力，地球整体的自然环境恶化。

在资本主义社会，资本主义的生产关系决定了资本家否认大自然的内在价值，仅把其当作工具盲目地使用，最大限度地谋取和占有眼前的物质利益，贪婪、自私地对大自然进行征服和掠夺。人与人之间关系的异化导致了人与自然关系的异化，引起环境状况的恶化。马克思认为，在以利己主义为原则的近代资本主义社会里，“钱是一切事物的普遍价值，是一种独立的东西。因此它剥夺了整个世界——人类世界和自然界——本身的价值”[③]，而自然界“变成奴隶般地屈从于利己主义的需要、屈从于生意的买卖对象”[④]。因此，在资本主义社会，在私有制和金钱统治下形成的自然观，虽然依靠资本的无限增值和扩张提高了人类征服、掠夺自然的能力，推动了社会生产力的一时发展，但是它将自然界作为私有物，完全将自然的价值货币化，无视自然内在的价值和存在意义，“是对自然界的真正蔑视和实际贬低”[⑤]，破坏了人与土地之间的物质变换关系。马克思分别以农业和工业为例，分析了资本主义社会人与自然异化的特征。他在论述资本主义地租时指出：“资本主义农业的任何进步，都不仅是掠夺劳动者的技巧的进步，而且是掠夺土地的技巧的进步，在一定时期内提高土地肥力的任何进步，同时也是破坏土地肥力持久源泉的进步。”[⑥]马克思也看到了资本主义工业对环境的破坏，强调“例如北美合众国，越是以大工业作为自己发展的起点，这个破坏过程就越迅速”[⑦]。

四、双重属性下的环境伦理要求

自然属性与社会属性二者统一于个体的人，且客观存在。人的自然属性是社会属性赖以存在的基础，人的社会属性是人的本质，制约着人的自然属性。另外，双重属性之间又是矛盾的，二者之间的协调缺乏尺度，人类很容易沦为科技的奴仆，强调自身利益的优先性

---

① 马克思恩格斯全集(第46卷)[M]. 北京：人民出版社，1979：104.
② 马克思恩格斯全集(第7卷)[M]. 北京：人民出版社，1961：241.
③ 马克思恩格斯全集(第1卷)[M]. 北京：人民出版社，1956：448.
④ 马克思恩格斯全集(第1卷)[M]. 北京：人民出版社，1956：450－451.
⑤ 马克思恩格斯全集(第46卷上)[M]. 北京：人民出版社，1979：448－449.
⑥ 马克思恩格斯全集(第23卷)[M]. 北京：人民出版社，1972：552－553.
⑦ 马克思恩格斯全集(第23卷)[M]. 北京：人民出版社，1972：553.

和主导性，忽略自身作为生态系统中一员的功能平等性、利益相关性，强调自然的工具和经济价值，忽略自然的自身价值和生态价值，导致环境问题的产生和加剧。

马克思在论述了人的自然属性和社会属性及其需求之后，将“物种的尺度”和“内在的尺度”(人的主体的尺度)结合起来，对如何实现二者的统一性和处理二者之间的矛盾做了一些思考。概括起来有以下几点：

其一，自然界本身有其自身固有的内在价值。主张生态中心主义的学者认为，马克思强调“‘价值’这个普遍的概念是从人们对待满足他们需要的外界物的关系中产生的”①，这表明马克思是人类中心主义者，因为他以人类的标准作为价值评判的标杆和尺度，仅仅看到自然的工具价值和使用价值，否认自然自身固有的内在价值。这种说法是有失偏颇的。诚然，在马克思的著作特别是经济学著作中，他更多地将自然与原材料、使用价值等概念联系在一起，但是这并不表明他没有认识到自然的内在价值。马克思曾经指出，“像月亮和彗星这样的物体”就是“以自身为根据的肯定的东西”②，就表明他承认自然界具有不以人的意志为转移的客观价值，并以自身为根据和目的存在。同时，马克思反对私有制下自然被作为“纯粹有用性”对象的做法，指出自然界具有科学研究价值和艺术价值，强调“从理论领域来说，植物、动物、石头、空气、光等等，一方面作为自然科学的对象，一方面作为艺术的对象，都是人的意识的一部分，是人的精神的无机界”③，这更像非人类中心主义的观点。另外，马克思看到了资本对自然生命物生存和发展权利的剥夺，批判资本家“剥削土地，剥削地下资源，剥削空气，从而剥削生命的维持和发展的权利”④的做法，提出了自然界万物不分高低互相利用的观点，强调：“人体解剖对于猴体解剖是一把钥匙。反过来说，低等动物身上表露的高等动物的征兆，只有在高等动物本身已被认识之后才能理解”⑤，这明显是非人类中心主义的观点。

其二，人类以劳动为媒介与自然发生物质变换关系，实现人类与自然之间物质、能量和信息的循环流动。马克思指出，劳动“首先是人和自然之间的过程，是人以自身的活动来引起、调整和控制人和自然之间的物质变换的过程”⑥，而劳动过程是“制造使用价值的有目的的活动，是为了人类的需要而占有自然物，是人和自然之间的物质变换的一般条件，是人类生活的永恒的自然条件”⑦。也就是说，劳动作为创造使用价值的媒介，是不以社会

---

① 马克思恩格斯全集(第19卷)[M]. 北京：人民出版社，1963：406.

② 马克思恩格斯全集(第42卷)[M]. 北京：人民出版社，1979：179.

③ 马克思恩格斯全集(第42卷)[M]. 北京：人民出版社，1979：95.

④ 马克思恩格斯全集(第25卷下)[M]. 北京：人民出版社，1974：872.

⑤ 马克思恩格斯全集(第46卷上)[M]. 北京：人民出版社，1979：43.

⑥ 马克思恩格斯全集(第23卷)[M]. 北京：人民出版社，1972：201-202.

⑦ 马克思恩格斯全集(第23卷)[M]. 北京：人民出版社，1972：208.

形态为转移的人类生存条件，是人与自然之间的物质变换即人类价值得以实现的永恒自然条件。在这里，由于马克思创造性地使用了“物质变换”概念，他所理解的自然已经不仅仅是一个单纯的“社会历史概念”，而且还是一个独立于人的不被人所支配的本体论概念。①他强调人与自然是双向建构的平等主体和对象关系，是独立的价值主体和权利主体，两者通过物质变换维持能量流、信息流和物质流的循环，进而实现各自的存在和发展。在人与自然通过实践活动发生物质变换的过程中，人类通过自身四肢的活动产生的自然力“作用于他身体外的自然并改变自然时，也就同时改变他自身的自然”②。也即是，人类通过劳动不断地改造和支配自然界，从而创造了一个“人化的自然界”，与此同时，人类得到了改造并实现了自身价值。

其三，消灭资本主义私有制以实现代内公平，消解人与自然关系的异化。要调节人与自然的关系并实现和谐发展，必须变革生产方式和社会制度，消解人与人之间的异化关系，进而消解人与自然之间的异化关系。在资本主义大工业生产基础上形成的技术理性主义和工具主义，在资本无限增值、扩张和渗透本性的推动下，“创造出一个普遍利用自然属性和人的属性的体系，创造出一个普遍有用性的体系。”③因此，要消除人对自然资源的无节制的耗损，必须铲除将工人和自然作为工具的私有制。马克思批判了私有制下只注重自然的工具价值、将自然作为掠夺和占有对象的做法，指出：“私有制使我们变得如此愚蠢而片面，以致一个对象，只有当它为我们拥有的时候，也就是说，当它对我们说来作为资本而存在，或者它被我们直接占有，被我们吃、喝、穿、住等等的时候，总之，在它被我们使用的时候，才是我们的。”④他以林业为例指出，资本主义生产的全部精神就是为了直接获得眼前的经济利益，这样不利于林业的可持续发展，只有消除私有制，森林不归私人所有，而归国家管理的情况下，“森林才会在某种程度上按照符合全体利益的形式得到管理”⑤。因此，马克思主张废除资本主义的生产资料私人占有制，实现社会联合控制，强调只有“社会化的人，联合起来的生产者，将合理地调节他们和自然之间的物质交换，把它置于他们的共同控制之下，而不让它作为盲目的力量来统治自己；靠消耗最小的力量，在最无愧于和最适合于他们的人类的本性条件下来进行物质交换”⑥最终，通过消灭整个私有制，“恢复人与土地的温情脉脉的关系。”⑦

---

① 韩立新. 马克思的物质代谢概念与环境保护思想[J]. 哲学研究，2002(2).

② 马克思恩格斯全集(第 23 卷)[M]. 北京：人民出版社，1972：202.

③ 马克思恩格斯全集(第 46 卷上)[M]. 北京：人民出版社，1979：392 - 393.

④ 马克思恩格斯全集(第 42 卷)[M]. 北京：人民出版社，1979：124.

⑤ 资本论(第 1 卷)[M]. 北京：人民出版社，1975：697.

⑥ 马克思恩格斯全集(第 25 卷下)[M]. 北京：人民出版社，1974：926 - 927.

⑦ 马克思恩格斯全集(第 42 卷)[M]. 北京：人民出版社，1979：86.

其四，维持代际公平以实现社会的可持续发展。资源和环境具有继承性和永续性，当代人从前代人那里继承既有的资源储量和环境状况，然后经过本代人的创造、转换、补偿和完善，传递给后代人，这就有个基于环境权利和义务的代际公平问题。马克思深刻地认识到了这一点，指出历史的每一阶段"都遇到由前一代传给后一代的大量生产力、资金和环境"。[①] 因此，为了实现自然资源开发和利用的永续性和环境的持续共享性，马克思认为当代人应该承担起历史责任，关爱自然、保护自然，实现自然再生产、物质资料再生产与人口再生产的统一。马克思指出："经济的再生产过程，不管它的特殊的社会性质如何，在这个部门(农业)内，总是同一个自然的再生产过程交织在一起。后者的显而易见的条件，会阐明前者的条件，并且会排除只是由流通幻影引起的思想混乱。"[②]在这里，尽管当时马克思是针对农业部门再生产做出的科学论断，但是体现了他对自然再生产和经济再生产协调发展问题的重视。马克思批判了资本主义社会只注重对森林的砍伐、掠夺，忽略森林资源的维护和补偿的竭泽而渔的行为，认为"文明和整个产业的发展，对森林的破坏从来就起很大的作用，对比之下，对森林的养护和生产，简直不起作用。"[③]他在《资本论》中阐述"地租"理论时提出，我们只是土地的占有者和利用者，应该像好家长那样，把土地改良后传给后代。他认为人类社会生产力的发展是以牺牲自然资源为代价的，会发生"社会生产力的增长仅仅补偿或甚至还补偿不了自然力的减少"[④]的现象。这就是说，马克思看到了人类作为自然的监护者、保护者和道德代理人的责任和义务，强调人类要可持续地使用自然资源以维持自然的永续利用，并及时对破坏的生态进行修复和补偿，以实现代际之间基于资源占有、使用权利的公平。

其五，构建"人—社会—自然"三位一体、协同进化的生态文明社会是环境伦理所追求的目标。社会文明及其演进植根于人类协调、控制与自然的关系之中。要从根本上避免环境危机的发生，就必须变革社会制度，用社会化程度更高的共产主义社会来代替资本主义社会，从而在公有制基础上实现"生活资料"和"就业手段"的统一，实现"人类同自然的和解"以及"人类本身的和解"，"这是环境伦理学所追求的最高道德境界。"[⑤]马克思指出："社会是人同自然界的完成了的本质的统一，是自然界的真正复活，是人的实现了的自然主义和自然界的实现了的人道主义。"[⑥]而实现人的自然界的本质与自然界的人的本质相统一、"人—社会—自然"三位一体的生态文明社会只能是未来的共产主义社会，因为"这种共产

---

① 马克思恩格斯全集(第3卷)[M]. 北京：人民出版社，1960：43.

② 马克思恩格斯全集(第24卷)[M]. 北京：人民出版社，1972：398-399.

③ 马克思恩格斯全集(第24卷)[M]. 北京：人民出版社，1972：272.

④ 马克思恩格斯全集(第25卷下)[M]. 北京：人民出版社，1974：864.

⑤ 曾建平. 中国环境伦理学研究20年[J]. 中南林业科技大学学报(社会科学版)，2007(1).

⑥ 马克思恩格斯全集(第42卷)[M]. 北京：人民出版社，1979：122.

主义，作为完成了的自然主义，等于人道主义，而作为完成了的人道主义，等于自然主义，它是人和自然界之间、人和人之间的矛盾的真正解决，是存在和本质、对象化和自我确证、自由和必然、个体和类之间的斗争的真正解决。”①即在共产主义社会，共产主义、自然主义和人道主义实现了真正的统一，人与人、人与自然之间的异化真正消解，生态文明社会真正来临，环境伦理真正得以贯彻。

五、评价

环境伦理主要研究的是人类个体与自然界之间、人类社会与自然界之间以及社会环境系统与自然环境系统之间的伦理关系。目前，在环境伦理的研究潮流中，主张人类中心主义和主张生态中心主义的学者以如何协调人与自然的关系为主题，对人类在自然界中的地位和作用、自然物是否具有内在价值和权利以及自然物是否是道德主体等问题进行了分析。这些分析深化了对环境伦理学的研究，具有重要的理论价值。但是，就生态中心主义而言，尚存在以下缺陷：偏重于人与自然之间关系的分析，缺乏对隐藏在背后的人与人、社会系统和生态系统之间关系的挖掘；侧重于对人类、动物、植物等主体的内在价值、道德权利的微观考量，缺乏对不同阶层、不同区域、不同人群的不同生态权利的宏观考量。同样，人类中心主义将人与自然二元对立，片面强调人类自身的优先权利和利益，缺乏对生态系统整体价值的关注和人类自身责任的反思。因此，正如学者杨通进指出的，“从理论上看，人类中心主义和非人类中心主义都有自己的独特价值和理论盲点。……建立一种能够整合和超越人类中心主义与非人类中心主义的、具有合理多元主义特征的开放的环境伦理学，应当成为中国环境伦理学发展的必由之路。”②

马克思认为，人既有自然属性，又有社会属性，因此在处理人与自然之间的关系时，应该坚持内在尺度和外在尺度的统一，既强调人类作为高度智慧的生命体与其他物种内在价值和属性的一致性，也重视人类作为文化存在物区别于其它物种的社会性和能动性，并将二者协调起来。这种伦理观具有规范性和实践性，体现了自然的人本主义和人的自然主义的统一。同时，马克思将环境问题与社会制度的选择结合起来，从深层次思考人与自然的伦理问题，区别于“当代环境伦理用抽象的人类代替现实中具体的、不同区域、不同种族、不同国家或地区的人群，用抽象的自然概念代替现实中人们对于环境的不同理解和诉求的倾向”③，体现了环境公平和正义的思想。

---

① 马克思恩格斯全集(第42卷)[M]．北京：人民出版社，1979：120.

② 杨通进．争论中的环境伦理学：问题与焦点[J]．哲学动态，2005(1).

③ 王韬洋．“环境正义”：当代环境伦理发展的现实趋势[J]．浙江学刊，2002(5).

马克思并没有对如何处理人与自然之间的关系提出细致的伦理规范，但是他将人类价值的实现与对自然的关怀统一起来，将“人与自然关系的和解”与“人与人之间关系的和解”统一起来，确立了协调人与自然关系的尺度、原则，具有很强的实践性。这些伦理思想既涉及“人对自然的伦理关系”，也包括“受人与自然关系影响的人与人之间的伦理关系”，既关注道德哲学的环境伦理，也体现应用层面的环境伦理，既承认自然内在价值的客观性，也强调自然价值的历史规定性，进而超越了人类中心主义和生态中心主义的藩篱，对于我们今天构建和完善马克思主义环境伦理学具有重要指导意义。

生态历史篇

人类经济发展模式的演进与生态环境的历史变迁

摘　要：从宏观的视角分析了不同文明形态下经济发展模式对生态环境的影响，指出在采集与渔猎文明时期、农耕与游牧文明时期、工业文明和生态文明时期，人类分别采用了完全可持续的线性经济发展模式、局部不可持续而整体可持续的线性经济发展模式、完全不可持续的线性经济发展模式和可持续的循环经济发展模式，不同的经济发展模式影响了生态环境的历史变迁。

关键词：经济发展模式；环境史；文明形态

在人类发展过程中，为了满足日益增长的人口的物质需求，人类凭借科技的进步和生产工具的改进，从自然界中获取资源以推动经济的增长，而人类经济的快速增长以及带来的医疗、卫生条件的改善使得人口的出生率提高、死亡率下降，人口规模进一步扩大①。要养活更多的人口，人类必须加速度开采、掠夺自然资源以维持经济的持续增长，结果使自然资源积累性消耗，废弃物排放量急剧增加。很长时间以来，人类陷入了人口增长、经济发展与环境破坏的恶性循环中，人类历史的变迁过程也就是人口、经济与环境协同进化的过程。

人口、经济和环境的协调问题实质上也是环境史所关注的对象，即人类与自然之间的对象性互动关系问题。环境史的研究随着西方环境主义的崛起于 20 世纪 70 年代开启，后作为史学的新分支引起学术界的重视。20 世纪 90 年代，受西方环境史学研究思潮的影响，国内学者开始展开环境史学的研究，并在以下方面进行了积极探索：环境史的含义、研究方法及其与历史地理学、人类生态学等学科的关系；某一区域、某一时期环境史的考察与分析；森林、草地、大象、鲸鱼等具体自然资源变迁史的研究。这些研究对于厘清环境史研究的对象、方法，拓展环境史研究的领域具有重要意义。但是综合来看，这些研究主要从微观的角度探讨

① 美国学者斯塔夫里阿诺斯认为，历史上每一次人口的剧增都是在生产技术获得重大突破时发生的，因为技术的进步带来劳动生产率的提高，可以养活更多的人口。((美)斯塔夫里阿诺斯. 全球通史(第七版)[M]. 北京：北京大学出版社，2005：17.)

环境史，从生产方式、经济发展模式等宏观视角对环境史进行梳理的研究较少。①

本文从经济发展模式演替的角度探索不同文明形态下生态环境的历史变迁过程，以期用一种新的更加宏观的视角解读环境史。

作为具有自然属性和社会属性的类存在物，人类的生存和发展有三类依次递进的需要。其一，生存需要，即人类为了生存和延续后代而满足吃、穿、住、用、行的物质生活资料需要。生存需要是人类最低层次的需要，也是人类具有自然属性的需要。其二，享受需要，即人类为保持身心健康而要求满足的医疗、卫生、体育、文化艺术、休假、旅游等的需要。其三，发展需要，即人类为了摆脱旧式分工的束缚与影响，使自己的体力和智力获得充分、自由发展的需要。自然界中其他生物的需要更多的是一种本能需要，主要表现为生存需要，而人类的需要则有一个由低到高、由简单到复杂的变迁过程，随生产力的发展而变化，不断丰富和发展。

要满足自身的各类需要，人类必须以劳动为媒介与自然发生关系，构建起人类经济系统与生态系统之间的物质代谢机制，从自然界中获取原料进行生产和消费，并将生产和消费过程中产生的废弃物排放到自然界中。这样，人类的活动就对地球的原生态存在产生了影响，影响的范围和程度取决于进入经济系统的自然资源的数量与质量，以及从经济系统排入自然界中的废弃物质的数量与质量。而经济发展过程中在源头投入自然资源的多寡，以及在经济发展的过程中或末端产生出废弃物的多寡，则很大程度上取决于人类采用了什么样的经济发展模式。

模式是指某种事物的标准形式或使人可以照着做的标准样式。② 经济发展模式就是指在一定时期、一定区域所呈现出来的经济发展的规律性、主体性、概括性特征。根据物质流动方式的不同，我们可以将迄今为止人类的经济发展模式分为两种：线性经济发展模式和循环经济发展模式。

所谓线性经济是指人类凭借智力的提升和科技的进步，从自然界中获取资源，直接消费或者投入到生产过程中制造出产品后消费，并将生产和消费过程中或者末端产生的废弃物抛入自然界中的物质单向流动的经济发展模式。其物质流动图式可以表示为：“自然资源—废弃物”或“自然资源—产品—废弃物”。线性经济呈现出在既定产出目标下自然资源高投入、低利用和废弃物高排放的特征，是一种物质开环式流动的经济发展模式，它一方面将自然界当作“水龙头”，从中获取借以满足人类自身生产和消费需要的资源，同时又将

---

① 学者刘翠溶曾经提到环境史尚待深入研究的十大课题，包括人口与环境，土地利用与环境变迁，水环境的变化，气候变化及其影响，工业发展与环境变迁，疾病与环境，性别、族群与环境，利用资源的态度与决策，人类聚落与建筑环境，地理信息系统之应用等，都是从较为微观的视角考察环境史。（刘翠溶．中国环境史研究刍议[J]．南开学报(哲学社会科学版)，2006(2)：18－19.）

② 中国社会科学院语言研究所词典编辑室．现代汉语词典(修订本)．北京：商务印书馆，1998：894.

自然界作为“污水池”，将废弃物排入空气、土壤、水系、植被当中。

循环经济是与线性经济相对应的一种经济发展模式，它以物理学、生态学、经济学和系统学的相关原理为基础，将人类经济活动纳入生态系统中，整体性、系统性地看待人类与自然之间的互为主体、双向建构关系，遵从“自然资源—产品—废弃物—再生资源—产品……”的闭环式物质流动模式。这种发展模式要求在生产的源头投入资源，在生产的末端产出产品，把生产过程产生的废弃物作为资源再投入生产源头，直到实现生产末端的废弃物趋向零排放；在消费的源头投入产品，把消费过程产生的废弃物作为资源再投入生产源头，直到实现消费过程的废弃物趋向全利用。① 循环经济的特征是在既定产出目标下实现自然资源的低投入、高利用和环境的低污染，是一种亲近自然、关爱自然和保护自然的经济发展模式。

地球是一个封闭系统，人类生产和消费过程中消耗的各种资源都来自于自然界，排放的废弃物无论是吸纳、转化还是遗弃都留存于自然界。循环经济的发展模式就是要求尽量减少从生态系统进入经济系统中的资源，并减少经济系统排入生态系统中的废弃物。它遵从源头的减量化原则，用较少的原料和能源投入来达到既定的生产或消费目的；过程中的再利用原则，坚持产品和包装容器能够以初始的形式被多次使用；末端的资源化原则，要求生产出来的物品在完成其使用功能后能重新变为可以利用的资源而不是垃圾。通过物质的减量化、再利用和资源化，在源头减少自然资源的投入量，在末端减少废弃物的排放量，进而实现经济系统和生态系统、人类与自然的自我调控和反馈，达到物质流的有序循环和能量的梯级利用，将人类经济活动对自然的影响降低到最小。

经济发展模式将生态系统和经济系统联系起来，以劳动为媒介，实现物质流、能量流在人类与自然之间的循环流动，进而对生态环境的变迁产生重要影响。具体作用机制见图1。

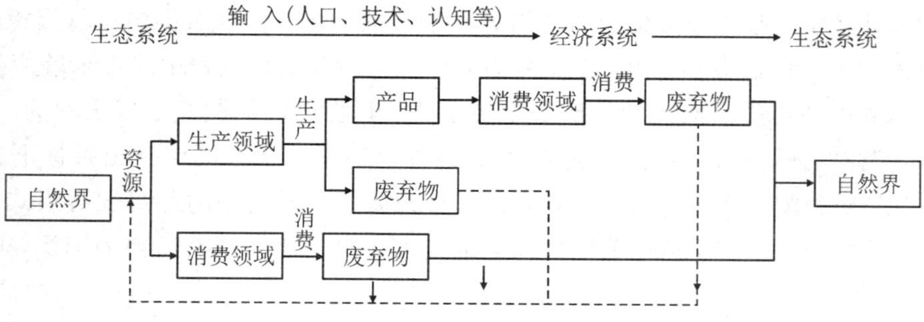

图1 人类与自然相互作用机制

① 张思锋. 循环经济：建设模式与推进机制[M]. 北京：人民出版社，2007.

从图1可以看出，人类与自然相互作用进而影响生态环境的过程本质上是物质、能量在生态系统和人类经济系统之间转换的过程。人类从自然界中获得物质、能量，然后吸收为经济发展的基本要素并最终将转化过的物质、能量输出到自然之中，进而对生态环境产生影响。而对生态环境的影响程度，又因为经济发展模式的不同而不同：其一是物质开环式流动的线性经济模式，如图实线部分所示，人类在生产源头掠夺自然，然后在生产过程中或产品消费后污染自然，物质单向流动；其二是物质闭环式流动的循环经济，尽量将生产和消费过程中的废弃物循环利用，实现资源利用的最少化和废弃物趋向零排放。图1的虚线部分说明了物质的循环流动过程。另外，一定的时期的经济发展模式对生态环境的影响程度还与人口规模、技术水平、生活方式和人类对自然的认知水平相关，这些因素影响物质、能量输入(消耗)和输出(排放)的速度、数量和规模，即生产源头资源的使用量、生产和消费过程中或末端废弃物的排放量。各种因素交织在一起，互相影响、互相制约形成综合性的驱动力，影响经济发展模式作用的速度、范围，进而影响生态环境的历史变迁。

在采集与渔猎文明时期，人类从灵长类动物进化成为具有较强思维能力的人。当时整个世界的人口密度仅为每平方公里0.02～0.03人，面对复杂的生态系统，人类作为自然界中的普通群体在变幻无穷的自然界面前显得异常渺小。人类过着居无定所的迁徙生活，游走于自然界中，通过不断地试错本能地规避自然的侵袭，尽量找到稳定的食物和水源供给渠道，自然资源分布和气候变化的状况决定了人类的分布区域和生活方式的选择。由于大河流域具备水源供给稳定、植物生长繁茂和动物种类繁多等适合人类生存的条件，很多人类文明在大河流域孕育产生。

在这个时期，人类从运用手、脚等身体器官直接获取水、果实、树叶、草木等简单生活资料，到逐渐学会运用打制石器、木棒等简单工具获得扩大化的生活资料，维持自身的生存和发展。当时人类的劳动资料、劳动对象都直接来自于自然界，如作为渔猎工具的骨镞、骨哨、骨鱼镖、木桨以及捕猎所用的石器、木棒等。人类的生活资料也主要是不需要加工的生物资源性产品，如植物的果实、根茎、种子以及野兽、鱼类、鸟类等，这也都直接产生于自然界。

受自然条件的影响和自身能力的局限，生活在采集与渔猎文明时期的人类以狩猎、捕捞水生动物以及采集果实为生，发展渔猎经济和采集经济，采用的是线性的经济发展模式，将自然资源直接作为生活资料和消费资料，运用人类自身自然力和石器、木棍等延伸自然力实现对外在自然的开发、利用，并将消费后产生的废弃物无意识地弃置到自然界中。

尽管在采集与渔猎文明时期，人类直接从自然界中获取生产资料和生活资料，并将废弃物直接投入到自然界中，采用的是一种与环境可持续完全相悖的线性经济发展模式，但是由于当时整个地球人口密度低、活动区域小，人类对生态环境影响的范围和程度有限，仅局限于一些植被丰茂、水源充足的区域。另外，当时人类采用的是迁徙的生活方式，主要消费的是植物、动物等可再生资源，即使在区域范围内破坏了植物的正常生长周期和动物的栖息地，等到人口迁移到其他地区之后，被破坏的生态能够自然地恢复并实现再生产。

所以在这个时期，人类对自然的开发、利用、改造受自然界自身演化规律的制约，完全在自然的自我净化和恢复范围内，对生态系统自身稳定性和平衡性的影响微乎其微。比如当时在北美平原上，人类一次可以捕杀几百头野牛，但是相对于5000万到6000万头的野牛数量而言，如此规模的捕杀不会实质性地影响到野牛的生存状况，因为野牛自身繁殖的数量完全可以弥补被捕杀的数量。①

因山川地貌、植被、温度、降雨量等条件的不同，人类在不同区域的生活受自然界的影响差别较大，食物选择的范围很小。加上智力尚不发达、人口居住分散且规模小等原因，处于蒙昧时代的人类对自然产生了无限的敬畏、恐惧，企图利用它却发现它难以驾驭，最后将之推到超人类、超自然的神的地位，对之顶礼膜拜。最终，这种自然力被人格化，最初的神以及各种神话和传说就产生了。很多部落将与本氏族有关的某种动物、植物或非生物定为图腾加以供奉，祈求各种动物大量繁衍、植物供给充裕，以保证自己有稳定的食物来源，这客观上有效避免了人们竞相猎杀或采集一种物种的行为，从源头上减少了物种灭绝的可能性。另外，出现了宗教以解释各种超人类的自然现象，并企图用神化力量和道德劝说的方式协调人与人、人与自然之间的矛盾，这种天人合一的价值观客观上也减少了线性经济模式作用的程度和范围。

在历史的长河中，人类9/10的时间都处于采集与渔猎文明时期，直到近万年前才从对动物的渔猎和对植物的采集状态过渡到农耕和游牧的生存形态。在漫长的采集与渔猎文明时期，生态环境的变化主要受自然界自身演化活动的影响，如地壳运动引起的火山喷发造成的大气污染，地震造成的地质破坏和水体污染等，庞贝古城就毁于火山爆发。不定期的疾病、瘟疫以及气候的骤然变化对生态环境也产生重要影响。相对于自然界自身的演化活动和意外因素对生态环境的影响，人类过着一种适应性的朴素生活，简单的生产活动对自然的影响微不足道。理论上讲，线性经济发展模式是不可持续的，但是对于当时的生态环境而言，却是可持续的。废弃物被自然界中的动物或微生物消化、吸收，并经一次或多次转化成为优质肥料，滋养了土壤以及依附于上面的森林、草地等自然资源，有助于自然界的再生和进化。所以，采集与渔猎文明时期人类的生存方式被认为是“对自然生态系统损害最小的”②。

随着长期的生产和生活实践以及改造、利用自然经验的积累，人类逐渐掌握了某些经常食用的植物的种植方法，获得了较为有效、稳定的食物来源，真正意义上的农业产生，并引起链条式的反应，带动了整个社会阶级结构的变动以及人类生活方式的改变。生活在尼罗河流域、底格里斯河和幼发拉底河流域、地中海沿岸以及中国北部的人类率先进入了农耕与游牧文明社会。

---

① (英)克莱夫·庞廷．绿色环境史：环境与伟大文明的衰落[M]．上海：上海人民出版社，2002：38.

② 同上书，第21页。

最初的农业生产是分散和不稳定的，它是在强度采集的基础上，采取点穴种籽、广撒薄收的方式进行的。农业主要依赖土地这种基本的自然资源而存在，土地是农业之母，是第一个被资源化了的自然形态。因为土地这种自然资源过于重要，以致土地作为一种符号与阶级、官僚体制紧密联系起来，和皇权、王权产生了相关关系。“普天之下，莫非王土，率土之滨，莫非王臣。”古代君主将土地作为安身立命的根本，并牢牢掌握土地的所有权、收益权和分配权，以分封这些土地以及依附于这些土地上的自然资源作为奖惩管理的手段。可以说，在以农业为主的社会，自然资源的地位被推到了极致，权力的斗争终极地表现为对自然资源的占有、分配和消费，人与自然的冲突和人与人、人与社会的冲突紧密地联系在一起，甚至在特定环境中“人们对特定资源的占有、开发和利用决定了社会生活其他方面的特征”①。

在这个时期，人类生活出现了一些新的变化。

首先，冶炼、铸造技术提高，青铜器、铁器的制造工艺不断完善，灌溉技术和耕种技术逐渐普及，新的生产工具投入到生产中，人类利用、支配、控制和征服自然的能力空前加强。通过“刀耕火种”技术清理树丛和灌木丛、筑造篱笆以阻止野兽侵入农田，推广耕作新技术，扩大了种植业的面积，提高了粮食的产量。同时，自给性农业转变为专门性农业，与种植业相关联的桑蚕业、纺织业和畜牧业也取得了快速发展。

其次，人类认知自然和把握自然规律的能力提高。人类通过观察、认知动植物习性、掌握节气变化，栽培、种植稻、黍、稷、麦、菽等作物，并不断改良品种，由大自然恩赐的食物采集者变为掌握自己命运的食物生产者，提高了生存能力。同时，人类通过驯养、圈养狗、猪、羊、牛、马等动物，将野性的动物变为提供生产、运输条件的牲畜，解放了人类自身的生产力。游牧民族通过驯养马匹、饲养牲畜，依靠依附于土地的草地、森林和河流等自然资源而生活。

最后，由于生产方式的改变和生产工具的改进，人类开始习惯定居生活，聚族而居，安土重迁，由原来迁徙的流动生活状态逐渐转变为规模化的定居状态，人口密度达到了每平方公里 2～40 人。随着经济发展水平和建筑技术水平的不断提高，临时营地变成了永久性部落，原来的部落变成了城镇、城市和国家。世界各地出现了越来越多的雄伟城市，罗马帝国时期的君士坦丁堡高峰时人口有 40 多万，1650 年伦敦城的人口接近 40 万，中唐至唐末大乱以前长安城人口达到了百万。

在这个阶段，人类已把农作物和牲畜的生长置于自己的活动范围之内，日益摆脱自然束缚，成为食物生产者。不过当时农业和畜牧业的生产还主要是“生物型”生产，即生物胚种按照生物学规律生长，人工干预较少，人类只是按照自己的需要为这种生长提供条件，

① 陈志强．开展生态环境史研究，拓宽解读人类历史的视角[J]．历史研究，2008(2)．

并没有对生物胚种进行改良。农业的“生物型”生长主要受地质地貌、气候、水文、土壤及自然灾害等资源性和非资源性因素的影响，对生态环境的影响不大，即使是以种植业为主的农业发展侵占了植被、森林的生存空间，对生物的多样性构成了威胁，然而农业自身的生物性特征同时也削弱了这种影响。

在农耕与游牧文明时期，人类的经济发展模式可以概括为局部不可持续的线性经济发展模式，其基本公式是：自然资源—初级产品—废弃物。这种经济发展模式尽管还是线性经济的发展模式，但是同采集与渔猎文明时期相比，人类已经抛弃了直接运用自身自然力从自然界中获取物质生活资料的方式，运用加工过的工具作用于自然界，获取初级的生物资源性产品和简单加工的动植物产品，维持日益增长的人口的温饱需求。同时，人类将生产和消费过程中产生的废弃物以及圈养的动物所产生的废弃物直接排放到自然界中。

人口的急剧增长、生产工具的改进、耕作方式的革新以及定居生活方式的确立，使得在线性经济的源头方面，由于人类从自然界中获取自然资源的能力加强，在区域范围内扩大了自然资源掠夺和开采的规模和速度，局部范围内的生态环境遭到严重破坏和侵蚀，超越了自然的自我净化和恢复能力。比如古代很多大都市的建立，挤占了其他物种生存的空间，影响了区域范围内的生态稳定性和物种多样性，同时城市人口的膨胀、经济的发展端赖周边地区自然资源的供给，进而减少了城市郊区自然资源的储量。另外，为了发展农业，很多地方毁林种田、填海造田也在一定程度上影响了当地的生态环境。加上频繁的战争、肆意的垦荒、大规模的人口迁徙等活动，都对生态环境产生了影响，甚至个别区域出现了因为资源的过分开采危及到人类生存的状况。在中国的元代，过分的放牧、狩猎危及到了牧民的生存，使得政府不得不出台一些成文法以禁止草原荒火、过渡狩猎以及破坏森林和草地资源的行为。

概括来说，在农耕与游牧文明时期，科技的进步、生产工具的改进以及生活方式的转变，使得线性经济两端物质和能量的流动速度加快，打破了局部地区自然的平衡和生态系统内在的稳定性，引起了局部地区的环境灾难。如在中国，因为森林被砍伐引起水土流失，黄河泛滥，使黄河下游豫、皖、苏、鲁成了黄泛区。宋代的汴梁城、巨鹿城均被泥沙埋在地下深处。① 在美索不达米亚、印度河流域、地中海、美洲等地区，环境退化现象普遍存在，玛雅文明因为环境的极端恶化而消失。日本学者石弘之甚至认为，古代文明的破灭多数是因为环境的破坏。②

但是在世界范围内，受人口规模、区域交往的封闭性以及自然资源非完全货币化等因素的限制，人类的足迹尚未踏遍地球的每个角落，对生态环境的损害和影响具有不均衡性和区域性，并未全球化。人类对自然的影响尚未超越地球自身的承载力，生态系统的自我

① 王育民. 中国历史地理概论(上册)[M]. 北京：人民教育出版社，1985：65.

② (日)佐佐木毅，(韩)金泰昌. 地球环境与公共性[M]. 北京：人民出版社，2009：38.

恢复、净化和发展能力没有超越阈值，生态服务功能健全。

工业革命是人类历史发展的转折点，也是人与自然关系的转折点。在工业文明时期，人类的社会生活发生了重大变化：

其一，科学技术迅猛发展。迄今为止，人类一共经历了以蒸汽动力应用为标志的第一次科技革命，以电力技术应用为标志的第二次科技革命，以原子能、电子计算机与航天技术为标志的第三次科技革命和以信息技术为标志的第四次科技革命。随着科技革命浪潮的多次涌动，机器大生产代替了手工生产，规模经济代替了工场经济，精确的社会分工代替了模糊的社会分工，人类大量生产和消费，打破了农耕与游牧文明时期人类田园牧歌式的宁静生活。

其二，人口规模急剧扩大。科学技术进步所带来的最直接后果就是人类物质生活不断丰富，医疗卫生条件不断改善，人口增长的速度和规模扩大。据统计，世界人口的数量在1825年前后首次达到了10亿人，大约用了200万年的时间；增加到下一个10亿人只用了100年的时间；又一个10亿(总人口达到30亿)只用了大约35年(从1925年到1960年)的时间；接着增加的10亿只用了15年(到1975年)的时间；从40亿到50亿只用了12年的时间，于1980年代后期达到。[①] 人口规模的急剧扩大带来的直接后果是人类的需求持续增加，生产规模无限扩大。

其三，工业化和城市化迅猛发展。在科技的推动下，为了解决日益增长的人口的温饱和就业问题，世界各国建立了以石油、煤炭、天然气等自然资源为原料的现代工业体系，工业化浪潮掀起，并带动了城市化的迅猛发展。工业化和城市化互相促进，使得人口集聚、人类的生产和消费活动更加频繁。

其四，市场经济迅速发展。机器生产扩大了生产的规模，推动了商品交换的发展，市场经济取代自然经济和商品经济成为普遍的经济形式。随着市场交易的普遍化，土地、森林、野生动物、水资源等自然资源也被货币化，成为商品。在利益最大化动机的驱使下，自然资源特别是不可再生资源变得越来越稀缺，价格急剧上升，反过来进一步刺激了对之的掠夺和开采。

其五，经济全球化趋势出现。与工业革命相伴随的是，以资本的增殖、扩张为特征的生产方式确立，生产和消费的逻辑从属于资本的逻辑。资本具有增殖性、流动性、竞争性和扩张性，它一方面“要力求摧毁交往即交换的一切地方限制，夺得整个地球作为它的市场”[②]，另一方面“又力求……把商品从一个地方转移到另一个地方的时间缩减为最低限度。资本越发展……也就越是力求在空间上更加扩大市场，力求用时间去消灭更多的空间”[③]，推动

---

① (英)克莱夫·庞廷. 绿色环境史：环境与伟大文明的衰落[M]. 上海：上海人民出版社，2002：369.

② 马克思恩格斯全集(第25卷)[M]. 北京：人民出版社，1972：33.

③ 马克思恩格斯全集(第25卷)[M]. 北京：人民出版社，1972：33.

了世界经济的全球化。经济全球化使得简单的小生产扩大为复杂的大生产，“创造出社会成员对自然界和社会联系本身的普遍占有”①，使得生产和消费活动世界化了。

在各种因素的综合作用下，工业文明时期采用的是一种完全不可持续的线性经济发展模式。这种发展模式的基本公式是：自然资源—加工产品—废弃物，特征是：自然资源高投入、高浪费、低利用和环境的高污染。与采集与渔猎文明、农耕与游牧文明时期不同，这一时期线性经济的发展模式呈现出以下特征：

首先，自然资源的投入量和消耗量急剧增加。人口规模的增加要求生产规模的扩大，生产规模的扩大推动了工业化、城市化和全球化的发展，这就需要源源不断地从自然界中开采资源，然后再源源不断地将废弃物排放到自然界之中，而科技在其中扮演了不自觉的助推器作用。科技进步所带来的丰裕的物质生活能够在短期被人类所看到，而潜在的、带有滞后性的环境恶果却很久才被意识到。进入 20 世纪后半叶，科技进步带来的好处已经被人口暴增带来的压力完全抵消，人类陷入“杰文斯悖论”当中，即科技进步带来生产效率的提高，生产效率的提高引起了生产规模的扩大，生产规模的扩大必然加快自然资源的消耗、枯竭和废弃物排放的速度。最终，人类或许对“每一个技术的成就，不管它最终是否有意义，都被视为是技术征服自然的一系列无限的未来胜利中又一胜利而加以庆贺”②，但是随之而来的结果是，地球上可再生资源的消耗速度超越了其再生的能力，不可再生资源的消耗速度超越了其替代产品的研发和使用速度，引起了严重的资源危机。

世界自然基金会发布的《地球生命报告》指出：“全球金融危机是无法与即将崩溃的生态危机相比的，人类每年消耗掉的自然资源要多于地球本身再生资源的 30%，其结果是每年的生态债务高达 4 万亿至 4.5 万亿美元。”③人类活动对生态系统的影响已经超越了生态系统自身的恢复能力和抗裂变能力，生态足迹超越了生态承载力表现为生态赤字，环境质量整体下降，环境系统结构性损毁。

其次，废弃物的排放量迅速增加。随着人口的增加和生产规模的扩大，工业生产和生活消费过程中及末端产生的噪声、废气、废水和固体垃圾量骤然增加，环境污染的速度远远超越了环境治理的速度。据有关学者的统计，20 世纪末全球燃烧矿物燃料排入大气的二氧化碳达 55 亿吨；年均排放破坏臭氧层的氯氟烃 100 万吨；年均排放垃圾 100 亿吨以上，人均约 20 吨。

在工业文明时期，人类已经取代自然界自身演化进程对生态系统的影响，成为环境恶化的根源。人类企图在一个有限的世界里创造无限的经济增长，片面追求物质的增长和积累所表现的经济的数量型增长，大量生产、大量消费、大量排放废弃物，成为生态系统中具

① 马克思. 1844 年经济学哲学手稿[M]. 北京：人民出版社，1985：393.

② (美)赫尔曼·E·戴利. 超越增长：可持续发展的经济学[M]. 上海：上海译文出版社，2001：49.

③ 钟兴. 世界环境十大问题[J]. 统计与信息，1998(4).

有主导作用且影响生态系统稳定性、平衡性的决定性因素。无论在广度、深度还是速度方面，工业文明时期线性经济的发展模式对人与自然之间的关系影响最大，是完全不可持续的，它引起了世界性的环境危机。① 在这个时期，人类通过生产和消费活动干预了生物地球化学过程，逐渐改变了空气、江河、耕地、森林、草原等的生态服务功能。最终的结果是，在征服自然和改造自然为主导的支配性价值观的影响下，自然界的自身特质和内在性被人类的文治武功逐渐剥离，自然的神秘性、神圣性被消解，工业文明时期的去魅世界替代农耕与游牧文明时期的巫魅世界，环境危机作为工业文明的陪伴品显现。

根据记载，在19世纪的时候，北美大约有旅鸽50亿只，是今天美国发现的鸟类数目的总和，繁盛区域一棵树上甚至有12到90多个鸟巢。但是到19世纪中期以后，受大规模商业性捕猎活动的冲击，旅鸽的数量急剧下降，及至1900年野生旅鸽在北美绝迹。② 这仅仅是诸多生物灭绝案例中的一个。有学者指出："全球现有物种约500万～5000万种，目前灭绝速度为自然条件下的1000倍，是地球上最快的灭绝时期之一。有关资料表明，今后二三十年内，有1/4的物种濒临灭绝，地球上30%～70%的植物在今后100年内将不复存在。"③另外，根据联合国开发署、环境署、世界银行和世界资源研究所的研究报告，目前整个世界70%的农业用地已经退化、地力枯竭；50%的湿地已在20世纪丧失；2/3的渔业已濒临或超过持续生产的极限；地球上1/3的人们面临缺水，其中有13亿人没有健康的饮用水；世界上10%～15%的物种将在今后30年灭绝；80%的森林正遭受砍伐。④

全球性环境恶化的结果是，经济发展所带来的物质财富的增长日益被环境恶化所产生的副作用消解，并且生态环境的不可逆性使得经济价值越来越难以弥补生态价值的损失，人类陷入了"生态陷阱"之中。这正如恩格斯在100多年前警告人类的，"我们不要过分陶醉于我们对自然界的胜利。对于每一次这样的胜利，自然界都报复了我们。每一次胜利，在第一步都确实取得了我们预期的结果，但是在第二步和第三步却有了完全不同的、出乎预料的影响，常常把第一个结果又取消了。"⑤20世纪中叶，震惊全球的比利时马斯河谷烟雾事件、英国伦敦烟雾事件、日本水俣汞中毒事件等"八大公害"事件发生，自然界以其独特的方式对人类进行了报复。

环境史学家沃斯特指出："对于下个世纪(21世纪—引注)的世界来说，没有比人类同自然界的剩余部分的关系更为重要的了。没有什么事比改善这种关系更能影响人类幸福的

① 日本学者岩佐茂认为，到19世纪为止，环境破坏还限于局部范围，到20世纪全球性的环境破坏开始。((日)岩佐茂．环境的思想：环境保护与马克思主义的结合处[M]．北京：中央编译出版社，2006：3.)

② (英)克莱夫·庞廷．绿色环境史：环境与伟大文明的衰落[M]．上海：上海人民出版社，2002：189-191.

③ 殷鸿福．从生物演化看可持续发展．世纪寄语：百位专家学者谈资源与环境[M]．北京：人民出版社，2002：110.

④ 王晋．世界资源报告为地球健康亮出黄牌[N]．经济日报，2000-11-7.

⑤ 马克思恩格斯全集(第20卷)[M]．北京：人民出版社，1971：519.

了。”[①]反思工业文明以来与自然之间的对抗性矛盾，人类必须在人口规模持续扩大的情况下，实现经济增长、资源节约和环境保护的和谐统一，这就需要实现人类文明由工业文明向生态文明的转变。

目前学术界对生态文明定义各异。一般认为，生态文明是指人类在物质生产和精神生产中充分发挥人的主观能动性，按照人—自然—社会这个复合体运转和发展的客观规律建立起来的人与自然、人与人、人与社会良性运行机制以及和谐协调、持续发展、全面繁荣的社会文明形态，它是人类物质、精神和制度成果的总和，是一种新的文明形态。[②] 生态文明是迄今为止人类发展的最高文明形态，也是正确对待和处理人与自然关系的一种文明形态。

《世纪议程》指出：“全球环境不断恶化的主要原因是不可持续发展的消费和生产模式，尤其是工业化国家的这类模式。”[③]实现文明范式由工业文明向生态文明的转变，首先要实现经济发展模式由完全不可持续的线性经济向可持续的循环经济转变，改革传统线性经济的弊端，实现物质流、能量流在生态系统、经济系统之间的良性循环。

循环经济的发展模式要求将人类与自然看作命运共同体，在人类经济活动中把自然资源作为经济发展的稀缺要素反映到生产成本中，运用环保型生产工艺和技术，以生态企业、生态园区和生态城市为载体，以实现农村和城市之间、三大产业之间的物质流、能量流和信息流的封闭式循环为目标，在生产、消费活动的源头、过程和末端实现物质的减量化、再利用和资源化，以减少经济发展过程中的自然资源投入量，提高自然资源的利用效率，实现污染物的少排放及至零排放。最终，通过发展循环经济，将人类对自然的改造和扰乱限制在生态系统所能承受、吸收、降解和恢复的范围内。

经济发展模式的转变本质上是技术范式的转变。循环经济的发展要求如下：根据产品生命周期理论，从原材料开采、原料加工、产品制造、产品包装、运输和销售，然后到消费者使用、回用和维修，及至废弃物的处置，在整个产业链中推广有利于物质减量化的工艺和技术，减少自然资源的投入量和使用量，尽量使用可再生资源；积极推广预防污染的少废或无废工艺技术、治理污染的末端治理技术和资源综合利用技术，最大限度地减少废弃物排放量。最终，将工业文明时期人类运用技术单向度地开发、掠夺自然的技术范式转变为调控人与自然关系、实现人与自然反馈式物质流动的技术范式，将由提高生产效率和利润率为目标的生产方式转变为兼顾资源利用效率、污染处理效率和社会公共环境福利的生产方式。

与循环经济的发展相适应的是，人类要转变观念，遵循自然界自身演化的规律，尊重

---

① (美)唐纳德·沃斯特. 自然的经济体系：生态思想史[M]. 北京：商务印书馆，1999.

② 廖福霖. 生态文明建设与构建和谐社会[J]. 福建师范大学学报(哲学社会科学版)，2006(2).

③ 张坤民. 可持续发展论[M]. 北京：中国环境科学出版社，1997：485.

具有创造功能的生态系统的整体利益和长远利益，同时兼顾动物和植物的个体利益。在处理人与自然的关系时，将征服、控制和改造自然的自然观转变为控制、协调人与自然和谐关系的自然观，发挥人类在协调生态系统稳定性和平衡性中的主导地位，担负起在生态系统中的主体责任。最终，人类实现由“经济人”向“生态人”的转变，关爱自然、保护自然，在整个社会实现自然再生产、物质生产资料再生产与人口再生产的统一。

发挥人类在生态系统中的主导责任，还需要各国管理者将循环经济纳入到国家的核心战略中，从体制、机制、制度和价值观层面入手，转变社会的运作方式和运行体制，构建包括政策、法制、技术、教育等在内的循环经济支撑系统，并按照政府引导、市场驱动、社会参与的原则将之作用于政府、企业、居民三个主体，调整、激励、规范和约束各主体遵循“减量化、再利用和资源化”的原则，积极参与到生态企业、生态园区、生态社会的建设中去，实现循环经济发展与政府、企业和公众利益的统一，经济增长与环境保护的统一。

循环经济的发展模式用生态理性代替经济理性，将人口增长、经济发展与生态保护作为一个整体来看待，既保证经济的增长以满足日益增长的人口的温饱和就业问题，又能保持生态系统自身的平衡和稳定，进而兼顾人类的物质生存和生态生存，帮助人类走出经济发展与环境保护的两难困境。目前，美国、日本、德国等国家已经出台了建设循环型社会的若干方略，正在建设生态文明社会的过程中，而中国、印度等发展中国家尽管经济发展阶段还处于工业化的中期，但是面对本国日益严重的环境问题，也将统筹人与自然之间的关系，实现将经济和生态的和谐发展纳入到国家的核心战略中。随着人类人口规模趋向稳定、绿色技术的研发和推广以及政府宏观调控制度的不断规范和完善，循环经济将在世界范围内广泛确立，人与自然的物质代谢关系将稳定建立并实现物质流、能量流和信息流的畅通循环，最终在整个世界消解人与自然、人与人之间的异化状态，实现“自然界的人的本质”与“人的自然的本质”“自然的人本主义”与“人的自然主义”的统一。

环境史要研究人与环境关系变化的因果律和历史动力机制。[①] 抛却自然界自身的变化和演替对环境的影响，人与自然关系的变迁受人口、技术、认知程度等各种因素的影响。其中，人口增长是环境恶化的首先因素和驱动力[②]，人口规模与资源消耗量、废弃物排放量成正比，是影响环境问题的首要因素；科学技术的发展对生态环境的影响比较复杂，一方面可以改善生产工具和管理方式，加快资源的开采、消耗和增加废弃物的排放量，另一方面环境友好型的技术也会节约资源、降低消耗和污染；生活方式以及人类对自然的认知水平

---

① 包茂宏. 环境史：历史、理论和方法[J]. 史学理论研究，2000(4).

② 美国学者巴里·康芒纳曾经给出了一个计算总污染量的公式，即总污染量＝每单位商品的污染×人均商品×人口总数，可见人口因素对环境的影响。((美)巴里·康芒纳. 与地球和平相处[M]. 上海：上海译文出版社，2002：137.)美国学者加勒特·哈丁认为，任何国家或者群体对环境的影响可以表示为：I(任何国家或者群体对环境的影响)＝P(人口规模)×A(人均富裕程度)×T(每单位消费品中所使用的技术)，这个公式也说明了人口规模对环境的影响。((美)加勒特·哈丁. 生活在极限之内：生态学、经济学和人口禁忌[M]. 上海：上海译文出版社，2007：271.)

也对生态环境产生重要影响。而这些因素作用下的经济发展模式则是影响生态环境变迁的根本原因。不同的文明形态呈现出来的经济发展模式不同，而不同的经济发展模式影响了人类与自然之间互为因果、协同进化的关系，使环境问题在不同区域、不同时期呈现出不同特征。

纵观环境变迁史，总结“人类活动相对于自然变迁的不同特性”①，我们可以概括出在不同文明时期的不同经济发展模式。概括而言，在不同经济发展模式下，人与自然的关系经历了三个阶段：第一个阶段，人类尚未形成主体和中心意识，恐惧自然、敬畏自然，谨慎地开发、利用自然；第二个阶段，人类形成和发展了主体意识和中心意识，逐渐掌握了利用自然的规律和人类社会发展规律，有计划、加速度地开发和掠夺自然②；第三个阶段，人类回归荒野，重新审视人类和自然双向建构的关系，关爱自然、保护自然。在这三个阶段中，环境问题也经历了自然的自我演化为主导因素引起环境问题、自然演化和人工开发共同引起环境问题、人类为主导因素引起环境问题的演变过程。

历史的演进是非线性和错综复杂的，而生态环境的良好或退化亦受诸多因素的影响。文明形态的演替是一个长期的过程，不同文明形态下经济发展模式对生态环境的影响并不是截然更替的，它需要一个很长的过渡期。世界经济的发展和环境的演变也具有多样性、不均衡性和差异性，不同区域在不同文明形态下呈现出来的经济发展模式并不完全相同。本文主要讨论的是一定文明形态下经济发展的主体模式对生态环境的影响，对于不同区域的微观差异并没有给予审视。

① 梅雪芹. 从环境的历史到环境史：关于环境史研究的一种认识[J]. 学术研究，2006(9).

② 英国学者基思·托马斯甚至认为：“人类文明实际上的确是征服自然的同义词。”((英)基思·托马斯. 人类与自然世界：1500—1800 年间英国观念的变化[M]. 南京：译林出版社，2009：15.)

新中国成立后中国共产党生态保护思想研究述评

摘　要： 梳理、分析、归纳了学术界在新中国成立后中国共产党生态环境保护思想的形成渊源、时期划分和基本特征等方面研究的主要观点和存在不足，在此基础上提出了未来深化研究的诸多方面，包括中国共产党的生态环境保护思想与马克思恩格斯的生态观、中国传统文化中的生态智慧和世界其他国家生态环境治理理论的内在一致性和超越性，新中国成立后中国共产党生态环境保护思想演进的影响条件和动力因素，以及适应生态环境保护要求中国共产党自身建设的历程和经验等。

关键词： 中国共产党；生态环境；新中国成立后；述评

随着生态文明理念的提出，中国共产党的生态环境保护思想成为学术界研究的热点，很多学者围绕新中国成立后中国共产党生态环境保护思想[①]形成的渊源、历程及特征等进行了理论探讨，并取得了系列研究成果。本文试图对学者的相关研究进行梳理、分析和归纳，描述既有研究涉及的主要领域和观点，指出现有研究存在的不足及未来需要深化研究的方面。

一、新中国成立后中国共产党生态环境保护思想形成的渊源

马克思主义是开放的理论体系，作为马克思主义中国化理论成果的生态环境保护思想也是如此。它既体现国际视野，又体现中国思维，既有对西方生态环境治理理论的借鉴，也是对中国传统生态保护智慧的继承。概括而言，学者的观点可分为“二源说”和“三源说”。

“二源说”的观点比较简单，认为中国共产党生态环境保护思想的主要来源是马克思主义生态观和中国古代的生态环境保护思想，但是强调并非二者的简单相加，而是有继承也有发展，有汲取也有扬弃。目前，持“二源说”的学者较少。“三源说”在“二源说”的基础上增加了西方生态环境治理的相关理论，但是不同的学者论述有所不同。有学者认为，中国共产党的生态环境保护思想主要吸收了二十世纪七十年代产生并于九十年代传入中国的生态

① 亦有部分学者将新中国成立后中国共产党生态环境保护的历程等同于生态文明建设的历程。

社会主义和生态现代化思想。[①] 前者以德烈·高兹、本·阿格尔、约翰·贝拉米·福斯特等为代表，将马克思主义、社会主义与西方生态思想、绿色思潮结合在一起对资本主义人与自然的异化现象进行了批判，并对科学社会主义的内涵进行了生态维度的考察；后者以约瑟夫·胡伯、阿尔伯特·威尔、马腾·哈杰尔、莫里斯·科亨和阿瑟·摩尔等为代表，强调生态环境治理的政府责任、市场功能和技术作用，要求运用社会工程和系统论的思维解决生态环境问题。也有学者认为，马尔库塞的自然革命理论、梅多斯的增长的极限理论、后现代主义的生态学世界观等西方代表性理论，是中国共产党生态环境保护思想形成的重要源泉。[②] 还有学者认为，中国共产党的生态环境保护思想主要借鉴了法兰克福学派的生态思想和西方学者的生态伦理思想。[③]

“三源说”的概括是比较全面的。中国共产党的生态环境保护思想是随着中国生态环境问题的不断演进和中国共产党对生态环境问题认识的不断深化及生态环境治理实践的不断探索，在继承马克思主义生态观、吸收中国传统文化中的生态智慧，并镜鉴其他国家生态环境治理理论和实践的基础上提出的，是继承与发展、借鉴与创新、丰富与拓展的过程。其中，马克思恩格斯的生态观是基础和根本，它为中国共产党生态环境保护思想的形成提供了方法论基础和原理性思考，是“源”和“流”的关系；中国传统文化中的生态智慧是重要组成部分，它为中国共产党生态环境保护思想的形成提供了历史依据和传统遵循，是“继承”和“超越”的关系；西方生态环境治理理论和实践是来源之一，它为中国共产党生态环境保护思想的形成提供了理论镜鉴和实践参考，是“借鉴”和“创新”的关系。另外，关于中国共产党生态环境保护思想来源的研究，尚有两个问题值得注意。

其一，关于相关说法的表述问题。“观点”“论断”“思想”“理论”等术语的内涵和应用范围有明确区分，但是目前在论述中国共产党生态环境保护思想的来源时，一些学者将这些概念、范畴混用、乱用，很不严谨。比如有学者使用了马克思恩格斯的“生态文明理论”[④]一词就很不准确，因为尽管马克思和恩格斯在《共产党宣言》《资本论》《1844 年经济学哲学手稿》《德意志意识形态》《自然辩证法》等诸多著作中阐述了人与自然之间互相依存的物质代谢关系，揭示了自然对人的先在性、人对自然的依赖性及人在协调人与自然关系中的主体性，提出了社会的解放、人的解放是自然解放的先决条件，未来是共产主义、人道主义和自然主义相统一的观点，为中国共产党生态环境保护思想的形成提供了“唯物论基础 、辩证

① 姜惠允. 改革开放以来中国共产党生态文明建设思想研究[D]. 安徽大学硕士论文，2012(5).

② 周晶. 建国以来中国共产党生态文明思想探析[D]. 辽宁师范大学硕士学位论文，2010(4).

③ 张荣桓. 中国共产党生态文明思想研究[D]. 四川师范大学硕士学位论文，2011(3).

④ 刘振清. 新中国成立以来中国共产党生态文明建设思想及其演进概观[J]. 理论导刊，2014(12).

法基础、实践观基础和唯物史观基础”[1]，但是相关论述都是碎片化、零散地存在的，无法体现逻辑性、系统性、完整性的理论品质。另外，中国传统文化中的生态智慧很多时候仅仅是一种理念或者认识，也难以称之为生态保护的理论，即使道家、佛家等对生态伦理有较多关注，也难以说它们对生态环境问题进行了自觉而系统地思考。

其二，关于国外生态环境治理理论的借鉴问题。20世纪六七十年代，随着世界“八大公害”事件的出现和《寂静的春天》等著作的发表，西方发达国家开始认识到“先污染，后治理”的线性经济发展模式的弊病，掀起了轰轰烈烈的生态环境保护运动。经过几十年的实践，发达国家在生态环境治理理论研究方面积累了丰富成果，为我国建设中国特色社会主义生态文明提供了有益参考。不过，需要注意的是，对于西方生态环境治理理论，我们是博采众长、兼收并蓄的，很难说一定从哪一流派吸收了哪些观点。另外，目前存在的一个不太好的倾向是，学术界在讨论西方生态环境治理理论时，很多时候是“拿来主义”，并且认为西方的相关概念、范畴、理论具有想当然的超前性和科学性，都应该是中国共产党生态环境保护思想的滋养。这表面上看是一个技术操作性问题，表现为对国外理论一味复制、搬用，忽略了与中国制度、中国国情、中国文化的对接和融合，而本质上却体现出学术研究中对国外理论盲目信奉，缺乏应有的理论自信和中国话语构建的自觉意识。实际上，尽管“生态”“文明”“生态文明”等词都是舶来品，但是并不表明中国在生态环境保护方面没有自己的思想创建。二十世纪五六十年代党提出的“增产节约”“综合利用”理念，就是根据经济社会发展的现实矛盾而探索出的具有中国特色的环境保护理念，也被西方学者所认可，后来发达国家提出的循环经济、循环型社会等与之内涵相同、内容相似，但从时间上来说，首倡在中国。

二、以党的领导人或者领导集体的思想为依据描述演进历程

新中国成立后，中国长期陷入协调经济发展和环境保护关系的两难困境之中。为了解决日益增长的人口的温饱、就业和社会福利等问题，必须提高经济增长的速度、扩大经济规模，这势必要在生产环节投入更多的自然资源，在生产过程和消费末端排放更多的废弃物，进而引起生态环境的恶化。相反，若保护生态环境，则需要减少资源的投入量和污染的排放量，这势必会影响经济的增长速度和人口的物质需求。新中国成立后，中国共产党治国理政的历史也即是协调人口、经济、资源、环境之间的关系，不断探索走出两难困境的历史。

---

① 孙金华．论中国共产党生态文明理论的思想基础[J]．社会主义研究，2008(2)．

一些学者在论述中国共产党生态环境保护思想的发展历程时，侧重于对党的主要领导人或领导集体思想的梳理和挖掘，依此来反映中国共产党生态环境保护思想史。有学者论述了毛泽东、邓小平、江泽民、胡锦涛的生态环境保护思想，并以此归纳出中国共产党生态环境保护思想演进的四个时期，即萌芽期、形成期、发展期和完善期。① 亦有学者梳理了毛泽东、邓小平、江泽民、胡锦涛、习近平等的生态保护、生态环境治理和生态文明建设思想，并以此为依据将中国共产党生态观的演进分为萌芽、发展、丰富、成熟、提升五个阶段。② 还有学者另辟蹊径，探讨了党的领导集体在建设美丽中国方面做得整体性贡献，以区别于其他学者就生态环境保护谈生态环境保护的做法，指出：新中国成立后党的三代领导集体和以胡锦涛为总书记的党中央为美丽中国的全面建设事业"奠定了物质文明和精神文明的基础"，"呈现出十分美好的前景"；新时期习近平为总书记的党中央所提出的系列新思想新论断则为美丽中国的建设事业提供了"重要的理论武器和强大精神动力"，"前所未有的光明前景"。③

还有学者从生态价值、生态伦理、生态政治的角度对党的主要领导人或领导集体的思想进行了梳理。如，从生态价值的角度概括党的主要领导人的思想：毛泽东战天斗地的生态价值观；邓小平尊重自然、可持续发展的生态价值观；江泽民协调的、可持续发展的生态价值观；胡锦涛和谐的、可持续发展的生态价值观。④ 又如，从生态伦理角度概括党的领导人的思想演进：多元化的人与自然和谐共处的毛泽东的生态伦理思想；以科学技术和法制建设为支撑的邓小平的生态伦理思想；以促进人与自然协调与和谐、实现科学发展为目标的跨世纪党的领导人的生态伦理思想。⑤ 再如，从生态政治的角度概括党的领导集体的思想演进：以毛泽东为代表的党的第一代领导集体"人定胜天"的生态政治观；以邓小平为代表的党的第二代领导集体在经济发展中保护生态环境的生态政治观；以江泽民为代表的党的第三代领导集体"可持续发展"的生态政治观；以胡锦涛为总书记的党中央"建设生态文明"的生态政治观。⑥

党的主要领导人，特别是最高领导人或党的领导集体的核心人物的思想也是党的集体智慧的体现，他们的认识水平某种程度上代表了党的认识水平。所以，以党的最高领导人、党的领导集体的核心人物或领导集体的思想变迁为依据分析中国共产党的生态环境保护思想演进历程的优点是比较简单、直观，通过文献的梳理、归纳能够总结出基本的发展脉络、

① 胡洪彬. 从毛泽东到胡锦涛：生态环境建设思想 60 年[J]. 江西师范大学学报(哲学社会科学版)，2009(6).
② 陈俊. 中国共产党生态观的演进历程及对生态文明建设的启示[J]. 甘肃理论学刊，2016(2).
③ 孙剑坪. 简析中国共产党探索建设社会主义美丽国家的历程[J]. 学校党建与思想教育，2015(8).
④ 史艺军，周晶. 论中国共产党几代领导人的生态价值观[J]. 辽宁师范大学学报(社会科学版)，2009(2).
⑤ 朱建堂. 中国共产党领导人生态伦理思想论析[J]. 湖北大学学报(哲学社会科学版)，2010(6).
⑥ 杨日鹏. 党的历代领导人生态政治观的演变与启示[J]. 理论界，2012(2).

演化理路。存在的不足是：首先，尽管党的最高领导人或党的领导集体的核心人物的思想是党的集体智慧的结晶，但是不能代替党的领导集体的全部认识。比如党的第一代领导集体中，毛泽东对生态环境问题思考不多，而周恩来却对之有过系统论述，被学者尊为“新中国环境保护工作的开创者和奠基者”①，而当时主抓经济工作的陈云也是“我国环境保护工作的重要开拓者和推动者之一”②，对生态环境保护问题多有论述。如果仅仅把毛泽东的相关论述等同于新中国成立后至改革开放前党的生态环境保护思想全貌，则无疑是不科学的。

另外，也有部分学者对毛泽东在生态环境保护方面的贡献存在不同认识。如有学者提出，作为一名马克思主义者，毛泽东只是很好地理解和运用了马克思主义的阶级斗争理论，而忽略了马克思主义关于生态价值观的理论。③ 还有学者指出，马克思主义奉行生产主义，在自然资源有限性问题上存在“盲点”，而毛泽东基本上停留在马克思主义的框架内，他的“观点和政策中有一些与生态马克思主义者、生态社会主义者和生态女性主义者继续奋斗的目标相矛盾的地方”④。可以说，他们在对毛泽东是否存在生态环境保护思想的问题上基本持否定态度。

习近平在纪念毛泽东同志诞辰120周年座谈会上的讲话中指出：“对历史人物的评价，应该放在其所处时代和社会的历史条件下去分析”，“革命领袖是人不是神。尽管他们拥有很高的理论水平、丰富的斗争经验、卓越的领导才能，但这并不意味着他们的认识和行动可以不受时代条件限制。”⑤新中国成立后党的第一代领导集体面临的是旧中国留下的一穷二白的烂摊子，正如毛泽东所说的：“我们的人口很多，每天要吃，要穿，上一辈遗留下来的东西这么少。”⑥在这种情况下，党和人民面临的主要任务是加快经济发展速度，发展物质生产力，以解决日益增长的人口的温饱、就业问题，而非保护生态环境或者是实现人口、经济、社会、资源和环境的协调发展，但这不等于毛泽东等领导人对生态环境的价值没有认识，更不能说党的第一代领导集体在生态环境保护方面无所作为。毛泽东指出“人类同时是自然界和社会的奴隶，又是它们的主人”⑦，这与马克思所讲的“人是自然界的一部分”⑧，人类通过现代科技和现代工业“一起变革了整个自然界，结束了人们对于自然界的幼稚态

---

① 曲格平．新中国环境保护工作的开创者和奠基者：周恩来[J]．党的文献，2000(2)．

② 刘建伟，梁珍妮．新中国成立后陈云对环境问题的思考[J]．唐都学刊，2014(2)．

③ 周晶．新中国成立以来中国共产党生态文明思想探析[D]．辽宁师范大学硕士学位论文，2010(4)．

④ (美)阿里夫·德里克．毛泽东思想的批判性透视[M]．北京：中国人民出版社，2015：47－48．

⑤ 习近平．在纪念毛泽东同志诞辰120周年座谈会上的讲话[N]．人民日报，2013－12－27．

⑥ 毛泽东年谱(第四卷)[M]．北京：中央编译出版社，2013：23．

⑦ 毛泽东年谱(第五卷)[M]．北京：中央编译出版社，2013：550．

⑧ 马克思恩格斯选集(第1卷)[M]．北京：人民出版社，1995：45．

度和其他幼稚行为”[①]具有异曲同工的意思，而毛泽东所强调的，“如果对自然界没有认识，或者认识不清楚，就会碰钉子，自然界就会处罚我们，会抵抗”[②]，这一论断和恩格斯所说的，“我们不要过分陶醉于我们人类对自然界的胜利。对于每一次这样的胜利，自然界都对我们进行报复”[③]，如出一辙。同时，毛泽东提出，“各部门都要搞多种经营、综合利用。要充分利用各种废物，如废水、废液、废气。实际都不废，好像打麻将，上家不要，下家就要”[④]，这与二十世纪五六十年代西方发达国家在生态环境治理方面提出的“资源化”、“生态产业链”的理念是高度一致的。另外，尽管新中国成立初优先发展重工业、农业学大寨、除“四害”、“以粮为纲”等决策对生态环境造成了较大破坏，但是所倡导的爱国卫生运动、增产节约运动等客观上也有利于生态环境的保护和可持续发展。当时相继出台的部分有关环境保护的文件，如 1957 年颁布的《中华人民共和国水土保持暂行纲要》、1963 年颁布的《森林保护条例》等，在防治水土流失、保护森林资源等方面起了积极作用，也开启了生态环境制度建设的先河。

三、以生态环境保护战略的重大转变为依据描述演进历程

中国共产党环境治理思想的演进与中国生态环境的恶化是动态博弈的关系。生态环境的不断恶化要求调整生态环境治理策略，而生态环境治理策略又随着生态环境新的恶化而不断修正、完善。大多数学者根据中国共产党生态环境保护策略的转变将建国后至今的探索历程分为不同时期，阐释每个时期的标志性事件及基本特征，但是在时间节点划分方面有所区别。大致分为三类。其一，根据环境恶化程度和环境治理战略的转变，以不同时期党对人口、经济、资源和环境四者辩证关系的认识为核心，将新中国成立以来中国共产党对生态环境问题的认识分为四个时期：朦胧期(1949—1977 年)、探索期(1978—1991 年)、转折期(1992—2001 年)、成熟期(2002 年至今)。[⑤] 其二，根据生态文明理念的形成和实践，分为四个时期：对生态环境问题的初步探索时期(1949—1978 年)；从生态环境保护到生态环境保护理念的形成时期(1979—2002 年)；生态文明理念到生态文明社会建设蓝图的整体勾画时期(2002—2012 年)；生态文明社会建设保障体系的完善时期(十八大至今)。[⑥] 其三，根据生态环境保护的重大事件，分为四个时期：孕育萌芽期(1949—1973 年)；基本形成期

---

① 高哲. 马克思恩格斯要论精选[M]. 北京：中央编译出版社，2000：95.

② 毛泽东文集(第八卷)[M]. 北京：人民出版社，1999：72.

③ 马克思恩格斯选集(第 4 卷)[M]. 北京：人民出版社，1995：383.

④ 毛泽东年谱(第四卷)[M]. 北京：中央编译出版社，2013：373.

⑤ 刘建伟. 新中国成立后中国共产党对环境问题认识的演进[J]. 理论导刊，2011(10).

⑥ 陈延斌，周斌. 新中国成立以来中国共产党对生态文明建设的探索[J]. 中州学刊，2015(3).

(1973—1989 年)；成熟完善期(1989—2002 年)；深入发展期(2002 至今)。①

还有部分学者对改革开放至今中国共产党生态环境保护思想的演变进行了分析。如根据党的十二大至十七大历次党代会报告中的相关论述，以党的路线、方针、政策的转变为依据，将中国共产党对生态环境问题的认识过程分为三个阶段：重经济效益、提倡节约资源、降低物质消耗的阶段(1982—1991 年)；注重经济增长方式的转变、倡导可持续发展的阶段(1992—2001 年)；注重人与自然关系的协调、建设生态文明的阶段(2002 年至今)。②也有学者根据生态环境保护理念的转变，将改革开放至今中国共产党的生态环境保护思想分为四个阶段：奠基阶段(1978—1981 年)；起步阶段(1982—1991 年)；发展阶段(1992—2006 年)；成熟阶段(2007 至今)。③ 还有学者根据生态环境保护在国家治理中的地位，将改革开放至今的探索历程分为在经济发展中注重环境保护(1978—2002 年)和在社会全面进步中建设生态文明(2003 年至今)两个阶段。④

这种划分方式以生态环境保护的战略变迁和重大事件为线索，对党的生态环境保护理念的转变进行剖析，能够揭示出随着生态环境问题的日益加剧，党的执政理念、执政方式的变化，阐明党的生态环境保护思想的内在逻辑和演进脉络。目前，存在的主要分歧是在时间节点方面。其一，萌芽期。大多数学者将时间确定为 1949 至 1978 年。这种划分方法是以政治事件而不是生态保护事件来划分的，而二者并不是完全同步的。中国的改革开放是从二十世纪七十年代末开始的，而环保事业是从“七十年代初开始起步的”⑤。标志性事件是 1972 年中国代表团参加在斯德哥尔摩召开的联合国第一次人类环境会议，并于 1973 年 8 月由国务院委托国家计委在北京组织召开了第一次全国环境保护会议，通过了《关于保护和改善环境的若干规定》，确定了第一个关于环境保护的战略方针，即“全面规划、合理布局、综合利用、化害为利、依靠群众、大家动手、保护环境、造福人民”。所以，萌芽期的终点应该是二十世纪七十年代初。其二，成熟期。很多学者认为是 2002 年以后，原因是十六大之后党陆续提出了“两型社会”、和谐社会、科学发展观、生态文明等战略思想，标志着对协调人与自然、经济发展与环境保护关系认识的深化。这无疑是有道理的。但是准确地说十六大至十八大的十年应该算是完善期，是中国共产党探索建设社会主义生态文明的奠基期。真正的成熟期应该是十八大以后，这是因为：首先，党的十八大报告对生态文明的论述既是新时期党关于环境治理、资源节约和生态保护思想的集大成，也是对未来中国生态环

① 赵立立. 新中国成立以来中国共产党生态思想的嬗变[D]. 西南大学硕士学位论文，2014(5).

② 禹海霞，刘建伟. 改革开放后中国共产党对环境问题认识的转变：基于历次党代会报告的视角[J]. 理论学刊，2012(3).

③ 铁燕，文传浩，王殿颖. 改革开放以来中国共产党生态文明执政方略演进[J]. 甘肃社会科学，2010(3).

④ 汪希，刘锋. 改革开放以来中国共产党推进生态文明建设的经验[J]. 毛泽东思想研究，2015(4).

⑤ 国家环境保护总局. 新时期环境保护重要文献选编[M]. 北京：中央文献出版社，2001：167.

境保护事业的新部署；其次，完善了中国特色社会主义建设的基本格局，由过去“四位一体”发展为“五位一体”，生态文明建设的地位得到充分肯定；最后，生态文明建设被写入党章，成为中国共产党领导社会主义事业的基本遵循，并完全融入“四个全面”战略布局之中。所以，十八大应该标志着党对生态环境保护、生态文明建设认识的成熟，以后习近平关于生态文明建设的系列新论述，则是在十八大基础上的丰富和提升。

四、新中国成立后中国共产党生态环境保护思想演进历程的特征概括

中国的生态环境问题成因比较复杂。从历史上看，几千年来，经历了多次人口迁徙、屯垦运动，又受战争、自然灾害等的影响，至新中国成立前我国的生态环境问题就已经出现，其中 1/3 的国土已经不能居住；从现实看，一方面中国人口多、底子薄、生产力不发达、人均占有资源少，另一方面新中国成立后现代化、城市化、工业化同期叠加并进，西方发达国家上百年完成的发展目标在我国几十年内便得以实现。独特的历史文化、生态国情和发展模式，决定了中国的生态环境恶化特点与众不同，中国共产党领导人民治理生态环境的历程和思想也与众不同。很多学者归纳了新中国成立后中国共产党生态环境保护思想演进的基本特征，并从以下方面展开：

其一，思想演进过程中所折射出的理论品质。学者根据党的领导人或者领导集体在探索生态环境治理进程中理论思考的向度和逻辑，分析了在这一过程中所呈现出的理论品质。如有学者指出：毛泽东、邓小平、江泽民、胡锦涛的生态环境保护思想体现了理论上的共质性、文化内涵上的同源性、价值取向上的为民性，是传承和递进、丰富和发展的关系。① 不过，继承和发展体现在哪些具体方面，具体内容是什么，论述却不充分，而这恰恰是需要学者深化研究的地方。比如，在生态环境治理的法律制度保障方面，从改革开放初邓小平提出要制定森林法、草原法、环境保护法，到新时期习近平强调保护生态环境“需要密织法律之网、强化法治之力”②，并非是时间坐标下简单地延续和递进。实际上，从改革开放初提出制定生态环境保护方面的法律、强化法治思维和法治方式的应用，到新时期重视法律制度的协调性、强化法律制度的权威性，内涵是非常丰富的，也是极具创造性的，是一脉相承而又与时俱进的。所谓的一脉相承是指，从新中国成立初至今中国共产党环境保护法律制度的基本目标、理念和价值没有变，都强调经济发展与环境保护的和谐、人们环境权益的保障和环境正义的维护；所谓的与时俱进是指，新时期与新中国成立初或者改革

---

① 胡洪彬. 从毛泽东到胡锦涛：生态环境建设思想 60 年[J]. 江西师范大学学报(哲学社会科学版)，2009(6).

② 习近平关于全面依法治国论述摘编[M]. 北京：中央文献出版社，2015：11.

开放初期相比，一方面更加注重生态环境保护法律制度的体系性，强化系统完备、运行规范、科学有效法律制度体系的构建，另外一方面更加注重生态环境保护法律制度的权威性，要求增强法律制度执行的效力，做到有法必依、违法必究。

其二，思想演进过程中所反应的认识变化。新中国成立后中国共产党对生态环境问题的认识大致经历了这样一个过程：从否认社会主义国家存在生态环境问题到承认社会主义国家同样存在生态环境问题，进而到学习并借鉴发达国家生态环境保护和治理的经验，最终再到提出建设生态文明，并将之纳入中国特色社会主义建设的基本格局、写入党章。这一思想嬗变过程体现出的主要特征，有学者概括为四点：生态问题的认识，呈现为自然—资源—系统—文明的上升过程；生态思想的产生，经过了由被动应急反应到主动预防创新的转变；生态思想的话语，实现了从革命性话语到经济建设性话语到社会建设性话语到生态建设性话语的重塑；生态思想的载体，体现了“指令—法律—道德—战略”的发展轨迹。① 这种概括的特点是内容比较全面，从多个维度进行审视，但是存在的不足是，缺乏对思想认识变迁背后的动力、影响因素的分析，说服力不够。另外，在具体论述方面也存在不够准确的地方，比如把指令、法律、道德、战略列为生态环境保护思想载体并将其演进轨迹概括为“指令—法律—道德—战略”，这无疑是经不住推敲的。

其三，思想演进过程中所反应的实践变化。也即是新中国成立后中国共产党在生态环境治理策略和实践方面的进步。有学者指出：在环境治理的方略方面，从单个污染源的分散治理，到经济增长方式和经济发展模式的转变，最后到发展理念和文明范式的转变，逐步递进、明确和完善；在环境治理的范围方面，首先关注的是具有严重危害的工业“三废”的治理，而后重视工业化和城市化过程中城市环境的治理，最后则是要求加强从农村到城市、从生产领域到消费领域全方面、多层次的治理；在环境治理的推进措施方面，经历了从以具有计划经济烙印的行政手段为主，到行政手段和市场手段共同推动，直至以调控市场的经济政策为主、计划手段为辅的过程，并通过立法的形式予以确立。② 实践是理念指导的结果，理念的转变带动实践的转变，但是二者并不是完全同频变化的。目前，生态环境保护的理念基本上已经成熟，但是生态环境保护的实践还在探索之中，哪些方法、路径和手段更能够推进理念的实现尚需试错、检验和完善。

五、结论

学者围绕新中国成立后中国共产党认识和解决生态环境问题的历程进行了诸多研究，

---

① 张荣桓．中国共产党生态文明思想研究[D]．四川师范大学硕士学位论文，2011(3)．

② 刘建伟．新中国成立后中国共产党对环境问题认识的演进[J]．理论导刊，2011(10)．

取得了阶段性成果。未来深化相关研究，需要注意以下几个方面：

（1）中国共产党的生态环境保护思想与马克思恩格斯的生态观、中国传统文化中的生态智慧的继承性与创新性，与世界其他国家生态环境治理理论的相通性和转化性。不能笼统地说党的生态环境保护思想的来源就是三个方面，而是要论证它们之间的内在联系，明确前者继承和发展，或吸收和借鉴了后者的哪些思想，在哪些方面具有创新性贡献。比如在马克思生产力概念的理解方面。在过去一段时间里，我们将生产力界定为劳动者依靠科学技术单方面征服、改造和利用自然的能力，片面强调人对自然的控制、利用，忽略人与自然的和谐共生，片面追求物质生产力的发展，忽略自然生产力的发展，导致的结果是资源浪费、环境污染和生态破坏。通过认真梳理马克思的著作，我们发现过去对生产力概念存在误读，完整、准确的生产力概念应该是："人类与自然以劳动为媒介双向建构、协同发展的能力，是自然生态再生产能力和社会经济再生产能力的统一"[①]。今天我们所提出的"环境也是生产力"、"保护环境就是保护生产力"、"绿水青山就是金山银山"等论断就是把握马克思生产力概念本来面目基础上的创造性继承，而"十三五"规划提出的人民富裕、国家富强、中国美丽协同推进的绿色发展理念，则是对马克思生产力概念内涵的创造性发展。

（2）新中国成立后中国共产党生态环境保护思想演进的影响条件和动力因素。"历史可以从两方面来考察，可以把它划分为自然史和人类史。但这两方面是不可分割的；只要有人存在，自然史和人类史就彼此相互制约。"[②]"自然史"和"人类史"是相互交织、彼此影响的，自然史是人类史的前提和基础，人类史是"人化自然"的历史，深刻影响着自然史，二者相互影响的过程体现了生产力和生产关系的辩证统一。研究中国共产党生态环境保护思想的历史时，需要注意其中所体现的生产力和生产关系的辩证运动，尤其是生产关系的变化对生态环境的影响。具体而言，就是要深刻把握人与人、人与社会的关系与人与自然关系的统一性，以经济发展和环境保护的"两难选择"为切入点，以人口规模、经济发展模式、科技水平、民众心理、文化传统等为影响党的生态环境保护决策的因素，在具体的历史生态和时代背景下，分析党的路线、方针、政策作用于人与人、人与社会的关系，进而影响人与自然关系的机制、原理。同时，要以生态环境恶化状况、生态环境保护战略转变为基础，以重要会议、重大事件为线索确定新中国成立后中国共产党生态环境保护思想的阶段划分，并通过宏观与微观、整体与个案分析相结合的方式，深入阐述每个时期中国共产党对生态环境问题的基本认识、治理生态环境的具体做法，以及推动认识和做法转变的动力、因素、条件和作用方式，归纳出党治理生态环境的基本做法、基本经验，提炼出生态环境治理的

---

① 刘建伟. 马克思的"自然生产力"思想及其当代价值[J]. 当代经济研究，2007(12).

② 马克思恩格斯选集(第1卷)[M]. 北京：人民出版社，1995：66.

中国特色、中国模式。

（3）新中国成立后中国共产党加强自身建设、提高生态环境治理能力的探索历程和经验总结。新中国成立后中国共产党探索保护生态环境、建设生态文明的过程，也是中国共产党不断回应时代变化、社会矛盾和人民期望加强自身改革的过程，还是中国共产党不断提高自身执政能力和执政水平推进国家生态环境治理现代化的过程。分析生态环境恶化对中国共产党巩固群众基础和执政地位所带来的机遇、风险和挑战，描述党适应生态环境保护的新情况新要求新任务不断加强自身建设的历程，阐释党在不断进行主导性调整和适应性变革以提高生态环境治理效能的过程中所体现的优良传统和优秀品格，是学术界应该重视的重要问题。

新中国成立后中国共产党对环境问题认识的演变

摘　要：根据环境恶化程度和环境治理的战略转变历程，将中国共产党对环境问题认识的演变过程分为四个时期：朦胧期(1949—1977年)、探索期(1978—1991年)、转折期(1992—2001年)、成熟期(2002年至今)，分析了在不同时期中国共产党对人口、经济、资源和环境四者辩证关系的认识及其特点，总结了中国共产党认识环境问题的历程及规律。

关键词：中国共产党；环境问题；新中国成立后

环境问题是当前人类社会面临的全球性问题之一，也是挑战中国未来的全局性、战略性和根本性问题。新中国成立后，受人口规模、产业结构、民众对环境问题的认知水平以及工业化、城市化进程等因素的影响，中国的环境状况积累性恶化。随着新中国成立后环境问题的日益凸显，中国共产党逐渐认识到环境问题的重要性和紧迫性，并将如何调整人与自然的关系纳入到党的路线、方针和政策之中，主持制订了一系列战略规划以推进环境治理。根据环境恶化程度和环境治理的战略转变历程，将中国共产党对环境问题认识的演变过程分为四个时期，简要论述每个时期的特征以及经验教训。

一、朦胧期(1949—1977年)

新中国成立之初，尚未完全从战争创伤中走出来的新中国生产力低下，人民生活水平普遍不高，1949年的人均GDP仅为27美元，不足亚洲国家平均水平的2/3，不及印度的1/2。毛泽东曾用八个字形容当时的国情："大难甫平，民生憔悴。"当时社会的主要矛盾是人民日益增长的物质文化需要同落后的社会生产力之间的矛盾，主要任务是加快发展物质生产力，促进经济的快速增长，以满足日益增长的人口的温饱需求。刘少奇在中共八大上所做的政治报告中指出："建设速度问题，是社会主义革命胜利后摆在我们面前的最重要的问题。"[①]在追求经济高速增长指导思想的影响下，中国共产党提出了"优先发展重工业"、"大跃进"、"人民公社化"、"农业学大寨"、"以粮为纲"等战略思想和口号，这在推动经济粗

① 中共中央党校党教研资料室．中国共产党历次重要会议集(下)．上海：上海人民出版社，1983：110.

放式增长、满足部分人民群众温饱需求、提升国防能力的同时，也埋下了资源浪费、环境破坏的隐忧。比如在大炼钢铁时期，由于炼钢技术落后，造成了铁矿石的大量浪费以及依附在地表上的森林、草地等自然资源的毁灭性破坏；农业学大寨过程中，素有“千湖之乡”之称的湖北省千亩以上的湖泊有一半以上被围了造田，浙江有5万亩池塘被填了造田。

当时，中国共产党亟于带领全国各族人民摆脱国家贫困落后的面貌，追求经济的高速增长，对资源浪费、环境污染问题并未给予足够重视，在极左思维的影响下，甚至认为环境问题是资本主义社会所特有的现象，社会主义国家不存在环境问题。尽管中国共产党也提出了厉行节约、反对浪费、勤俭建国的方针，倡导了“爱国卫生”运动和“除四害”等运动，但是前者主要是针对当时物资匮乏的现状而提出的，后者主要是对环境污染威胁到人的生存时的反应，并不是有计划、有目的地解决资源浪费和环境污染问题。不过，虽然中国共产党并没有形成对环境问题系统性、理论性的认识，但是毛泽东、周恩来等党的领导人还是认识到了环境恶化的危害性。毛泽东曾强调，要实现废物利用，变废为宝。周恩来是“新中国环境保护工作的开创者和奠基者”①，他最先意识到了环境保护工作的重要性，于1970年12月26日接见中联部、总参二部、外交部有关同志时谈到：“过去伦敦的烟雾最多，现在比纽约少。……日本也是这样，战后畸形发展。我们不要做超级大国，不能不顾一切，要为后代着想，工业公害是一个新的问题。工业化一搞起来，这个问题就大了。”②1972年4月5日，周恩来在会见英国《星期日泰晤士报》记者苏利克利·格林时又说：“要消灭公害就必须提倡综合利用。因此在进行基本建设时，就要从项目方面、设备方面和科学技术方面更加注意，那才能免去祸害。否则，你们已经造成祸害以后，再去消除，那已经走了弯路。我们不能再走资本主义工业化的老路，要少走、不走弯路。”③这表明周恩来已经意识到资本主义发达国家“先污染，后治理”工业化道路的弊端，提出从源头预防环境污染，避免重蹈资本主义国家的覆辙。

在周恩来的推动下，中国派代表团参加了1972年6月5日在斯德哥尔摩召开的第一次联合国人类环境会议。受这次会议的精神以及官厅水库污染事件等的影响，中国政府于1973年召开了第一次全国环境保护会议，审议通过了第一个具有法规性质的环境保护文件——《关于保护和改善环境的若干规定》，确立了“全面规划、合理布局、综合利用、化害为利、依靠群众、大家动手、保护环境、造福人民”的32字环境保护方针，开创了中国环境法规建设的先河。1974年国务院正式成立了环境保护领导小组，该小组曾先后于1974、1975、1976年下发了《环境保护规划要点》《关于环境保护的10年规划意见》《关于编制环境保护长远规划的通知》等文件，标志着中国共产党和中国政府已将环境问题作为一个重要

① 曲格平．新中国环境保护工作的开创者和奠基者：周恩来[J]．党的文献，2000(2)．
② 李琦．在周恩来身边的日子：西花厅工作人员的回忆[M]．北京：中央文献出版社，1998：332．
③ 李琦．在周恩来身边的日子：西花厅工作人员的回忆[M]．北京：中央文献出版社，1998：333．

社会问题给予重视。

受新中国成立初期复杂国情和社会主要矛盾的影响，在这个时期，中国共产党对环境问题的认识尚不清晰，片面认为所谓生产力就是人类单向度地征服、改造自然的能力，因此要推进生产力的发展，必然要加速度开采自然资源，而中国幅员辽阔，地大物博，资源的成本可以忽略不计。对于工业化发展过程中出现的“三废”问题，也没有认识到其产生的根源，因而对之的治理也只能是头疼医头、脚疼医脚，难以找到解决其危害的根本途径。加上建国后历次政治运动的冲击，环境问题也很难得到持续的关注，最终引起的问题是环境治理成本后移，环境治理难度增加。

二、探索期(1978—1991 年)

十一届三中全会以来，党的工作重心由“以阶级斗争为纲”转移到经济建设上来，提出了以经济建设为中心的战略目标，全面提高中国的综合国力，改善人民的生活水平。中国共产党在八十年代提出了“三大任务”，核心是经济建设，制定了实现现代化的“三步走”战略，以量化的经济指标为主要考核依据。随着改革开放的进行和市场经济的发展，各级政府为捞取政绩，很快将以经济建设为中心等同于以 GDP 增长为中心，一味追求地方 GDP 和财政收入的增长。结果是，各级政府只注重眼前的经济利益，粗放型开采资源，大规模生产，大量排放废弃物，使得资源消耗、浪费和环境污染的状况进一步恶化。

环境状况的恶化和中国共产党对环境问题认识的逐渐提高是一致的。随着环境问题的凸显和加剧，中国共产党开始主动探索环境治理的路径。邓小平早在十一届三中全会闭幕式上发表的《解放思想、实事求是，团结一致向前看》的讲话中，就明确提出要制定森林法、草原法、环境保护法。1981 年 9 月 16 日，针对长江和汉江上游山区毁林开荒和森林过量采伐造成四川、陕西南部发生特大水灾一事，他又提出开展全民义务植树活动的倡议。① 在邓小平的关注下，全民植树造林活动得到推广，有效地提高了森林资源的存量。

随着经济的快速增长，中国共产党逐渐认识到在中国共产党提出建议、五届人大通过的《国民经济和社会发展第六个五年计划》中提出：“努力调整重工业的服务方向和产品结构，大力降低物质消耗特别是能源消耗”，“广泛开展以节能为主要目标的技术革新活动”，“加强环境保护，制止环境污染的进一步发展，并使一些重点区域的环境得到改善”，②说明中国共产党已经从产业结构的调整、节能技术的创新以及重点污染源治理的方面思考如何保护环境。在《中共中央关于制定国民经济和社会发展第七个五年计划的建议》中，又强调

---

① 中共中央文献研究室. 邓小平年谱(1975—1997)(下)[M]. 北京：中央文献出版社，2004：771.

② 中共中央文献研究室. 改革开放三十年重要文献选编(上)[M]. 北京：中央文献出版社，2008：307.

要“正确处理好质量和数量、效益和速度的关系”[①]。在十三届五中全会通过的《中共中央关于进一步治理整顿和深化改革的决定》中，将人口增长与资源节约和环境保护问题结合起来，强调“严格控制人口的增长和努力提高人口素质，注意合理利用资源和保护环境”[②]。在十三届七中全会通过的《中共中央关于制定国民经济和社会发展十年规划和“八五”计划的建议》中，又要求“坚持速度与效益的统一，注重产业结构的调整，……不断提高经济增长的质量。”[③]尽管这些论述比较零散，没有对环境问题做更详细、系统的阐述，但是表明中国共产党已经认识到人口、经济和环境之间的关系，开始思考如何将数量和质量、速度和效益结合起来，既实现经济的快速增长，又节约资源、降低消耗、减少环境污染。

同时，在中国共产党的领导和推动下，我国加强了环境法规的建设，出台了环境保护的基本法，以及一系列环境保护的具体法规和环境管理制度。1979 年 9 月，五届人大第十一次会议通过了新中国成立以来第一部综合性的环境保护基本法——《中华人民共和国环境保护法(试行)》，把中国环境保护的基本方针、任务、政策以及管理制度，用法律的形式确定下来，标志着我国的环境保护工作进入了法治阶段。1983 年全国第二次环境保护会议将环境保护确定为基本国策，并规定了“预防为主，防治结合”、“谁污染，谁治理”和“强化环境管理”三大政策，揭开了我国环境保护的新序幕。1989 年全国第三次环境保护会议召开，制定了城市环境综合整治定量考核制度、环境保护目标责任制、排污申报登记与排污许可证制度、污染集中控制制度、污染限期治理制度等五项管理制度，使我国的环境管理工作更加规范化。

在这个时期，中国共产党对环境问题的认识有了质的提高，将之确定为基本国策，并纳入到国民经济和社会发展的总体规划中。但是，当时对环境问题的认识比较笼统和狭窄，仅仅是将之作为经济增长所带来的必然性后果看待，且关注的重点在工业“三废”排放、资源浪费方面，对人与自然的关系以及整个生态系统服务功能的认识不够。在环境管理方面，尽管制定了部分环境法规和管理制度，但是还是以运动式的监督检查为主，主要依靠行政命令强制企业和居民参与环境保护实践，这种做法带有很强的计划经济烙印，缺乏长久性和可持续性。尽管当时初步确立了预防为主、防治结合的环境治理原则，但是在实践中并没有得到很好地贯彻，很多地方政府还是沿袭发达国家早期“先污染，后治理”的工业化发展道路，使得环境治理成本进一步后移。

三、转折期(1992—2001 年)

20 世纪 90 年代以后，环境问题越来越受到国际社会的关注和重视。1992 年联合国环

① 中共中央文献研究室. 改革开放三十年重要文献选编(上)[M]. 北京：中央文献出版社，2008：408.
② 中共中央文献研究室. 改革开放三十年重要文献选编(上)[M]. 北京：中央文献出版社，2008：546.
③ 中共中央文献研究室. 改革开放三十年重要文献选编(上)[M]. 北京：中央文献出版社，2008：591.

境与发展大会召开，提出了可持续发展的理念，开启了人类环境治理史上的新篇章。以此次大会为契机，中国的环境保护工作进入了新的阶段。这次会议后的两个月，国家环保局出台了环境保护的战略性文件——《环境与发展十大对策》，明确提出实施可持续发展战略。随后公布了全球第一部国家级的“21 世纪议程”——《中国 21 世纪议程》，正式把可持续发展战略列为国家发展战略。

为了真正贯彻落实可持续发展战略，中国共产党提出了一系列具体理念、对策和措施，全面推进环境治理。江泽民在中共十四大报告中，在论述二十世纪九十年代改革和建设的主要任务时，提到的第九条是：“不断改善人民生活，严格控制人口增长，加强环境保护”①，标志着中国共产党将环境保护作为当下及未来需要解决的重大问题高度重视。随后，1995 年颁发的《中共中央关于制定国民经济和社会发展“九五”计划和 2010 年远景目标建议》中，提出了“两个转变”的战略，明确要求经济增长方式从粗放型向集约型转变，强调通过节约资源、降低消耗来增加经济总量。在 1996 年第四次全国环境保护会议上，江泽民做了题为《保护环境，实施可持续发展战略》的讲话，指出：“环境保护很重要，是关系我国长远发展的全局性战略问题”②，强调我们再不能走发达国家严重浪费资源、先污染后治理的老路。这是我们党的领导人第一次明确提出要汲取发达国家的教训，走具有中国特色的环境治理之路。

1997 年，江泽民在中共十五大报告中指出，我们必须在现代化中实施可持续发展战略，正确处理经济发展同人口、资源和环境的关系。1999 年 3 月 13 日中共中央召开人口资源环境工作座谈会，政治局常委全部出席，江泽民发表重要讲话，指出：“人口众多，资源相对不足，环境污染严重，已成为影响我国经济和社会发展的重要因素”，“2000 年，要力争使环境污染和生态破坏加剧的趋势得到基本控制，部分城市和地区的环境质量有所改善”，“各级党政一把手要负总责、亲自抓”，③明晰了环境保护的重要性、短期目标和推进措施。1999 年 6 月 17 日，江泽民在谈到西部大开发时，强调要坚持的基本原则之一是“有目标、分阶段地推进西部地区人口、资源、环境与经济社会协调发展”④，将开发与保护并重，注重西部地区的生态补偿和恢复。在 2000 年 10 月 11 日中共十五届五中全会通过的《中共中央关于制定国民经济和社会发展第十个五年计划的建议》中，提出“十五”期间经济和社会发展的主要目标之一是“生态建设和环境保护得到加强”，并对西部大开发和经济发展过程中如何实现资源节约、生态保护和环境污染治理进行了详细部署。

在这个时期，中国共产党在战略上高度重视环境问题，开始总结西方发达国家工业化

---

① 中共中央文献研究室．改革开放三十年重要文献选编(上)[M]．北京：中央文献出版社，2008：668.

② 中共中央文献研究室．改革开放三十年重要文献选编(上)[M]．北京：中央文献出版社，2008：885.

③ 中央人口、资源、环境工作座谈会在京举行，江泽民出席并讲话[Z]．新华社北京，1999－03－13.

④ 江泽民选集(第二卷)[M]．北京：人民出版社，2006：345.

发展的经验教训，避免重蹈“先污染，后治理”的覆辙，要求“边发展，边治理”，实现从经济增长方式的转变到社会全面可持续的发展，不仅重视环境污染的治理，而且重视生态系统的保护以及代际之间的环境公平，中国的环境保护工作进入制度化、规范化的轨道，与世界接轨并同步进行。另外，国家环境保护总局和全国人大环境与资源保护委员会成立，环境管理工作得到实质性的加强。不过，当时环境保护的重点是城市环境，主要解决工业化、城市化过程中资源的过度消耗和环境污染问题，对农村的环境污染问题重视不够。由于缺乏对环境恶化现状、环境治理成本和治理难度的正确认识，导致这个时期中国共产党提出的环境治理目标并未能如期实现。

四、成熟期(2002 年至今)

自 2002 年以来，中国共产党陆续提出了循环经济、科学发展观和和谐社会等战略思想和发展理念，表明中国共产党已经将人与自然的协调问题纳入到了国家的整体发展战略当中，并且作为国家政治、经济和文化生活的主题予以高度重视。

循环经济是与传统的高污染、高消耗和低利用为特征的线性经济相对应的一种经济发展模式，它的基本特征是在既定产出目标下实现自然资源的低投入、高利用和环境的低污染。循环经济最早于 20 世纪五六十年代在美、德、法等西方发达国家兴起，并取得了显著效果。2002 年 10 月 16 日，江泽民在全球环境基金第 2 届成员国大会开幕式上的讲话中，提出将循环经济的发展理念贯穿到区域经济发展、城乡建设和产品生产中，使资源得到最有效的利用。随后，国务院出台《国务院关于加快发展循环经济的若干意见》，明确了发展循环经济的指导思想、基本原则和主要目标。此后，国家环保总局出台了《国家环保总局关于推进循环经济发展的指导意见》，提出了具体落实国务院《意见》的对策措施。2008 年 9 月，人大十一届四次会议表决通过了《中华人民共和国循环经济促进法》，表明循环经济的发展战略完全形成。

循环经济的提出意味着我国从 20 世纪 90 年代的提出的经济增长方式的转变，转为经济发展模式的转变，意义重大。经济增长方式的转变要求提高经济质量，特别是提高科学技术对增加经济总量的贡献，其主旨还是推动经济的高速增长，而经济发展模式的转变要求将经济增长与环境保护结合起来，实现资源的永续利用和环境污染的趋向零排放，构建一种环境友好的经济发展模式。循环经济理念的提出，标志着中国共产党开始借鉴西方发达国家环境治理的理念，遵从“减量化、再利用和资源化”的原则，从源头预防、过程控制和末端治理三个层面解决环境问题。

2002 年党的十六大确立了全面建设小康社会的目标，其中将改善生态环境、提高资源利用效率、促进人与自然的和谐发展列为四项重要目标之一，予以高度重视。2003 年党的十六届三中全会提出“树立以人为本，全面、协调、可持续的科学发展观”，“统筹人与自然和谐发展”，强调“人口、资源、环境、发展”四位一体、协同进化，标志着中国共产党已将环境问题纳入到党的指导思想中。2004 年党的十六届四中全会提出了建设人与自然、人与人、人与社会相和谐的社会，并把它作为加强党的执政能力建设的五项任务之一。随后党的十六届五中全会、六中全会进一步确立了和谐社会建设的原则、目标、任务。2006 年 12 月中央经济工作会议在总结几年来落实科学发展观经验时指出，“又好又快发展是全面落实科学发展观的本质要求”，说明中国共产党开始在发展理念上进一步明确了资源、环境和经济之间的关系，强调在兼顾资源与环境要求的前提下实现经济的质量型发展。2007 年党的十七大提出建设社会主义生态文明，标志着中国共产党对环境问题的认识已经成熟。

在这个时期，中国共产党在指导思想上已经将环境问题纳入到马克思主义中国化的理论成果当中，并将之与生态文明建设融为一体，全面推动经济增长与环境保护、人与自然的和谐统一。具有中国特色的环境治理理念已经形成。

五、结论

中国共产党对环境问题的认识经历了这样一个过程：从否认社会主义国家存在环境问题到学习发达国家环境治理的经验，及至确立具有中国特色的环境治理理念，并将协调人与自然的关系纳入到马克思主义中国化的最新成果之中。具体而言，在中国共产党的领导下，中国的环境治理理念经历了以下几个方面的转变：① 在环境治理的方略方面，从单个污染源的分散治理，到经济增长方式和经济发展模式的转变，最后到发展理念和文明范式的转变，逐步递进、明确和完善；② 在环境治理的范围方面，首先关注的是具有严重危害的工业“三废”的治理，后重视工业化和城市化过程中城市环境的治理，最后则是要求加强从农村到城市、从生产领域到消费领域全方面、多层次的治理；③ 在环境治理的推进措施方面，经历了具有计划经济烙印的行政手段为主，到行政手段和市场手段共同推动，及至调控市场的经济政策为主、计划手段为辅的过程，并通过立法的形式予以确立。

中国共产党自成立那天起便与时代发展的方向和趋势相吻合，始终走在时代潮流的前列，根据自身历史方位和中心任务的变化，与时俱进，不断加强自身建设，提高领导水平和执政能力，不断回应人民日益提高的要求和愿望。经过多年的环境治理实践，中国共产党对环境问题的认识已经日臻成熟，并形成了一套具有理论性、系统性和可操作性的理念、思想，有效指导和推动了中国环境治理的进程，使得环境恶化的趋势得到了部分缓解和遏制。在未来，如何将这些认识、理念真正贯彻到环境治理的各个方面和领域，成为中国共产党要重视和面对的问题。

改革开放以来中国共产党对环境问题认识的转变

——基于历次党代会报告的视角

摘　要：根据改革开放以来党的十二大至十七大历次党代会报告中的相关论述，将中国共产党对环境问题的认识分为三个阶段。其中，第一个阶段为1982－1991年，即注重经济效益、提倡节约资源、降低物质消耗的阶段；第二个阶段为1992—2001年，即注重经济增长方式的转变、倡导可持续发展的阶段；第三个阶段为2002年至今，即注重人与自然关系的协调、建设生态文明的阶段。

关键词：中国共产党；党代会；环境问题

中国共产党全国代表大会上的报告是研究中国共产党历史的重要文献，它或提出党在一定时期的路线、方针、政策，或阐述在一定时期对党的路线、方针、政策的贯彻执行状况，既有对过去党的工作的总结，也包含对未来党的工作的规划，是一定时期党领导人民进行革命和建设的理论依据和行动指南。从党代会的报告中我们可以了解到党的中心任务、路线、政策的变迁过程和演化轨迹，对于我们研究中国共产党的历史具有重要价值。

环境问题是当前人类社会面临的全球性问题之一，也是挑战中国未来的全局性、战略性和根本性问题之一。改革开放以后，随着中国环境问题的日益凸显和环境状况的积累性恶化，执政的中国共产党逐渐认识到环境治理的重要性和紧迫性，并将之纳入到党的路线、方针、政策中予以高度重视。通过解读改革开放后历次党代会上的报告，分析中国共产党对环境问题认识的转变过程，总结中国共产党认识和解决环境问题的经验，有利于我们今天更好地贯彻落实科学发展观、建设社会主义生态文明。

根据改革开放以来党的十二大至十七大历次党代会报告中的相关论述，将中国共产党对环境问题的认识分为三个阶段，分别阐释每个阶段中国共产党关于环境问题的认知状况，总结其特点和规律。

一、注重经济效益、提倡节约资源、降低物质消耗的阶段

十一届三中全会以来，中国共产党将工作重心转移到经济建设上来，提出把发展生产力摆到首要位置。当时面临的基本国情却是生产力落后，人口基数大且持续增长，温饱问题尚未解决，截至1981年底，中国的人口约有10.1亿，人均国民收入仅为393元。这个时

候中国共产党的主要任务是将马克思主义的普遍原理同中国的实际相结合，大力推进改革开放和现代化建设，实现社会主义经济的全面高涨，以满足日益增长的人口的温饱需求。所以在当时，"'一要吃饭，二要建设'，是指导我国经济工作的一项基本原则"①，为了解决吃饭问题，必须加快速度建设，而加快速度建设，首要目标是满足人们的吃饭问题。

为了推动经济有计划、有步骤地快速发展，中国共产党制定了可以量化的、具体的经济增长指标。党的十二大提出了国民生产总值翻两番的目标，要求在不断提高经济效益的前提下，力争使全国工农业的总产值翻两番，即由一九八〇年的七千一百亿元增加到二〇〇〇年的二万八千亿元左右。随后十三大进一步明确了"三步走"的战略：第一步，实现国民生产总值比一九八〇年翻一番，解决人民的温饱问题；第二步，到本世纪末，使国民生产总值再增长一倍，人民生活达到小康；第三步，到下世纪中叶，人均国民生产总值达到中等发达国家水平。

经济发展的过程本质上也是人与自然之间的物质代谢过程。人类组织起来从自然界中获取资源作为原材料，凭借科技手段、运用生产工具进行生产，然后将生产的产品进行消费，最后把生产和消费过程中排放的废弃物综合利用或直接排放到地球上。为了实现经济发展的量化目标、满足日益增长的人口的温饱问题，在以 GDP 增长速度为导向的政绩观和传统国民经济核算体系的影响下，二十世纪八十年代以后各级地方政府加快了开采和掠夺自然资源的速度，一方面从自然界中拼命开采石油、煤炭等能源，解决工业化发展过程中的能源不足问题，另一方面工业化的迅速发展又加快了从自然界中获取自然资源的速度，这样导致的结果是"大矿大开，小矿放开，有水快流，国家、集体、个人一起上"的能源、矿山资源开采格局出现。粗放型开采资源带来的后果是资源浪费、环境污染和生态破坏。据学者测算：20 世纪 70 年代初期自然资产损失占 GDP 的比重约为 6%～7%，20 世纪 70 年代末期到 80 年代初期达到最高峰，高达 GDP 的 30%，而后逐渐下降，但是在 80 年代后半期，这一比重仍为 15%左右。②

改革开放后，中国共产党总结历史经验教训，开始关注作为经济发展不良后果的环境问题。邓小平早在十一届三中全会闭幕式上发表的《解放思想、实事求是，团结一致向前看》讲话中，就明确提出要制定森林法、草原法、环境保护法，以保护自然资源和生态环境。1978 年，修改后的《中华人民共和国宪法》颁布，第一次对环境保护工作做出了明确规定，强调"国家保护环境和自然资源，防止污染和其他公害"，为其他环境法规的制定提供了依据。1979 年 9 月，五届人大第十一次会议通过了新中国成立以来第一部综合性的环境保护基本法——《中华人民共和国环境保护法(试行)》，把中国环境保护的基本方针、任务、政策以及管理制度用法律的形式确定下来，标志着我国的环境保护工作进入了法治轨道。在

① 中共中央文献研究室．十二大以来重要文献选编(上)[M]．北京：人民出版社，1986：19.

② 胡鞍钢．我国真实国民储蓄与自然资产损失(1970—1998)[J]．北京大学学报(哲学社会科学版)，2001(4).

1982年召开的党的十二大上，党中央更是将环境保护的理念渗透到政治报告中，提出经济发展要提高经济效益、节约资源、降低消耗。概括起来，报告对环境问题的重视直接和间接地体现在以下几个方面。首先，对经济发展与资源消耗之间的关系有了初步认识，强调中国的人均资源占有率低，人地关系紧张。在谈到农业问题时，指出："人多耕地少的矛盾将越来越突出。今后必须在控制人口增长、坚决保护各种农业资源、保持生态平衡的同时，加强农业基本建设……以满足工业发展和人民生活提高的需要。"[①]其次，清醒地认识到节约和保护能源资源的重要性，认为"能源的浪费仍然十分严重"[②]，要求开发能源与节约能源并举，既要开发能源以满足经济增长的需求，又要减少能源的浪费。同时，对于公有产权下缺乏保护的山林资源给予了特别关注，明确提出禁止滥砍滥伐森林。最后，强调提高劳动生产率，把经济工作的重心转移到提高经济效益上来，这客观上也有利于节约资源，降低生产过程中的物质消耗，减少排放到自然界中的废弃物。

党的十三大比较系统地阐述了社会主义初级阶段理论，指出"社会主义初级阶段，是逐步摆脱贫穷、摆脱落后的阶段"[③]，其基本特征是人口多、底子薄、人均国民生产总值位居世界后列，因此党的主要任务是带领全国人民发展生产力，不断提高人民的生活水平，强调"是否有利于发展生产力，应当成为我们考虑一切问题的出发点和检验一切工作的根本标准"[④]。

要发展生产力、实现经济建设"三步走"中第二步的奋斗目标，十三大报告指出我们所面临的矛盾焦点是经济活动效益低，高投入、低产出、重复性建设严重，生产活动表现出粗放型特征。因此要保证国民经济的快速健康发展，必须转变生产理念，"从粗放经营为主逐步转上集约经营为主的轨道"[⑤]，通过科技进步和提高劳动者素质降低物质消耗，提高资源利用效率，全面提高经济效益，如果还是一味靠消耗大量资源来发展经济，"是没有出路的"。从这些论述中我们可以看出，尽管当时党中央没有明确将生产方式和生产理念的转变与环境问题直接联系起来，但是对经济增长与资源消耗之间矛盾关系的重视，客观上有利于缓解经济增长对环境的负面影响。

尤为可贵的是，党的十三大在谈到经济发展战略时，特别指出："人口控制、环境保护和生态平衡是关系经济和社会发展全局的重要问题"[⑥]，强调在推动社会主义经济发展的同时，要注意环境问题，大力保护和合理利用各种自然资源，努力开展对环境污染的综合治理，加强生态环境的保护，把经济效益、社会效益和环境效益很好地结合起来。这表明尽管

---

① 中共中央文献研究室. 十二大以来重要文献选编(上)[M]. 北京：人民出版社，1986：14-15.
② 同上书，第15页。
③ 中共中央文献研究室. 十三大以来重要文献选编(上)[M]. 北京：人民出版社，1991：12-13.
④ 同上书，第13页。
⑤ 同上书，第17页。
⑥ 同上书，第24页。

我们党将环境问题仅仅作为经济增长的不良后果给以重视，没有将之单列出来，与经济、政治、文化等放到同等重要的位置上，但已经开始认识到人口、经济、资源和环境之间的辩证关系，将人口增长、经济发展与环境保护的和谐并存作为经济和社会发展的目标，并要求治理环境污染、保护生态环境。

二、注重经济增长方式的转变、倡导可持续发展的阶段

尽管十二大以来，我们党主观上认识到了新中国成立后一段时间里片面追求经济发展速度所带来的危害性，力求避免“左”的倾向，在综合平衡中稳步前进，但是客观上为了实现经济发展“三步走”的战略目标，解决日益增长的人口的温饱和就业问题，我们还是不得不在经济发展速度和经济发展质量之间首选经济发展速度，在经济增长和环境保护之间首选经济增长。党的十三大以后，以重化工业为主导的压缩型工业化和以增加开发、炒卖土地为特征的城市化的发展，在推动经济继续高速增长的同时，也使中国的环境状况持续恶化。

随着环境问题的日益凸显，我们党开始反思一味强调经济增长速度所引起的社会问题，在十三大报告的基础上十四大报告进一步提出，要注重经济发展质量，在优化结构、增进效益的基础上实现经济的高速增长。为了推动经济由数量型增长向质量型增长的转变，报告要求促进整个经济由粗放型向集约型转变，也即由片面追求数量、产值和速度的经济增长方式向注重产业结构优化、技术含量增大和经济效益提高的经济增长方式转变，“走出一条既有较高速度又有较好效益的国民经济发展路子”①。

同时，在党的十四大报告中，首次将环境治理和保护作为二十世纪九十年代改革和建设的主要任务提出来，并进行了明确的部署，强调认真执行控制人口增长和加强环境保护的基本国策，增强全民族的环境意识，保护和合理利用土地、矿藏、森林、水等自然资源，努力改善生态环境。这意味着中国共产党已经将环境问题并列于经济、政治、文化、外交等问题，给以高度重视。以这次会议精神为指导，在中国共产党第十四届中央委员会第五次全体会议上通过的《中共中央关于制定国民经济和社会发展“九五”计划和 2010 年远景目标的建议》中，中共中央进一步提出了环境治理的中长期目标：到 20 世纪末，力争环境污染和生态破坏加剧趋势得到基本控制，部分城市和地区环境质量有所改善；2010 年基本改变生态环境恶化的状况，城乡环境有比较明显改善。

尽管党和政府出台了很多措施治理和保护环境，然而受传统政绩观和政府驱动型经济增长模式的影响，环境恶化的趋势依然没有减缓。20 世纪 90 年代，中国开始进入重化工业

① 中共中央文献研究室. 十三大以来重要文献选编(上)[M]. 北京：人民出版社，1991：17.

发展的高速期，能源加工、机械制造、冶金、建筑等行业大量消耗资源、大量排放废弃物，加上一些设备差、技术水平低的乡镇企业排放的“三废”和城市化过程中产生的生活垃圾、汽车尾气、噪声污染等，使得中国的环境压力骤然增大。因此，在党的十五大报告中，党中央进一步突出了环境问题的重要性和紧迫性，在总结十四大以来党的工作时，指出在前进的道路上还有不少矛盾和困难，其中之一是“人口增长、经济发展给资源和环境带来巨大的压力”①，为此在论述国民经济发展的总原则时，特别强调要继续转变经济增长方式，改变高投入、低产出、高消耗、低效益的状况，真正走出一条“速度较快、效益较好、整体素质不断提高的经济协调发展的路子”②。

20 世纪 90 年代以后，环境问题越来越受到国际社会的关注和重视。1992 年，联合国环境与发展大会召开，通过了以可持续发展理念为指导的《里约环境与发展宣言》《21 世纪议程》等，是世界环境治理史上的标志性事件。可持续发展理念强调发展既要满足当代人的需要，又不对后代人满足其需要的能力构成危害，要求人口再生产、物质再生产和环境再生产协调统一，蕴含着代际之间环境公平和正义的思想，是人类社会发展的指导性战略，被世界各国所重视。中国国务院总理李鹏应邀出席大会首脑会议并发表重要讲话，就解决世界环境与发展问题提出了五点主张，受到国际社会的重视。这次会议后，中国公布了全球第一部国家级的“21 世纪议程”——《中国 21 世纪议程》，正式把可持续发展战略列为国家发展战略。

党的十五大报告把可持续发展战略确定为我国现代化建设中必须实施的战略，提出要正确处理经济发展同人口、资源、环境之间的关系，实现经济发展与环境保护相协调，标志着中国的环境治理已融入国际社会，同世界其他国家一道为实现人类的可持续发展而努力。同时，报告也对如何解决环境问题提出了具体的方略：首先，在资源开发和节约的优先次序上，摒弃了十二大报告所提出的开发与节约并举的方针，坚持把节约放在首位，同时要求提高资源利用效率，从源头减少资源的投入量；其次，要求认真贯彻环境治理和保护制度，严格执行保护土地、水、森林、矿产、海洋等资源的法律法规，实施有利于资源合理开发利用和整治保护的各项管理措施；最后，提出加强环境污染的治理，强调要植树种草，搞好水土保持，防止沙漠化，以实现改善生态环境的目标。

三、注重人与自然关系的协调、建设生态文明的阶段

生态系统自身是个复杂的结构性系统，它易破坏、难建设，一旦遭受破坏便具有不可

① 中共中央文献研究室. 十五大以来重要文献选编(上)[M]. 北京：人民出版社，2000：8.

② 同上书，第 20 页。

逆性，特别是生态系统的服务功能很难恢复如初。同时，生态环境治理也是一个系统工程，涉及一国的环境管理体制、法律政策、观念意识等多种因素，需要政府部门之间以及政府与生产者、居民之间的协调和配合。生态系统自身的特性和环境治理的复杂性增加了遏制环境恶化、修复生态系统的难度。所以进入 20 世纪 90 年代以来，尽管我们党提出了环境治理的目标，并采取了多项措施加快环境治理进程，但是效果并不明显，在《中共中央关于制定国民经济和社会发展"九五"计划和 2010 年远景目标的建议》中提出的环境治理目标并没有完全实现。

党的十六大报告将环境治理的现状进行了分析。一方面在总结 1989 年以来党领导全国人民进行社会主义建设所积累的经验时，提出党在指导思想和理念上，确立了可持续发展战略，努力实现经济发展与环境保护相协调，另一方面又强调我国生态环境、自然资源和经济社会发展之间的矛盾日益突出，影响全面小康社会的实现。最终，我们党在十六大报告中将加强生态环境建设、实现人与自然的和谐纳入到全面建设小康社会的要求中，提出小康社会建设的目标之一是："可持续能力不断增强，生态环境得到改善，资源利用效率显著提高，促进人与自然的和谐，推动整个社会走上生产发展、生活富裕、生态良好的文明发展道路。"①

为了实现环境保护的目标，党中央在战略层面、产业层面和公民环保意识层面作了具体部署，表现在：在战略方面，要求把可持续发展放到十分突出的地位，特别强调西部大开发过程中应该抓好生态环境建设，认为这是西部大开发过程中需要重点解决的两大问题之一；在产业结构调整方面，提出走新型工业化道路，坚持以信息化带动工业化，以工业化促进信息化，走出一条科技含量高、经济效益好、资源消耗低、环境污染少、人力资源优势得到充分发挥的新型工业化路子，同时支持以资源开采为主的城市和地区发展接续产业，实现上下游产业链的耦合，达到废弃物的循环利用，减少废弃物的排放；在观念意识方面，强调不仅要坚持计划生育、保护环境的基本国策，而且还要坚持保护资源的基本国策，合理开发和节约使用各种自然资源，树立全民环保意识。

十六大以来，中国共产党又陆续提出了循环经济、科学发展观、和谐社会、资源节约型和环境友好型社会等理念和战略思想，将环境问题上升到人与自然的关系予以高度重视，并将统筹人与自然之间的关系、实现人与自然之间的和谐纳入马克思主义中国化的理论成果中。中共十七大首次把"生态文明"写进政治报告之中，标志着中国共产党对环境问题的认识已经成熟。

党的十七大报告在总结十六大以来的工作时，肯定了在能源资源节约和生态环境保护方面所取得的新进展，但是指出目前还远远落后于党和人民群众的预期和经济发展、人民

---

① 中共中央文献研究室．改革开放三十年重要文献选编(下)[M]．北京：中央文献出版社，2008：1250.

生活改善的需要，强调“经济增长的资源环境代价过大”①是前进中面临的首要困难和问题。因此大会报告在阐述贯彻落实科学发展观、全面建设小康社会的主题时，在多个部分贯穿了节约资源、降低消耗，实现人与自然、经济发展与环境保护相协调的思想，并将其重要性提到空前的高度，认为它关系到人民群众的切身利益和中华民族的生存发展。概括起来，党的十七大报告对于如何实现人与自然的和谐、建设社会主义生态文明进行了以下方面的阐释：

(1) 总的要求：统筹人与自然之间的关系，实现人与自然的和谐相处。实现人与自然的协同进化是科学发展的基本原则和要求，贯彻和落实科学发展观就要坚持速度和结构、质量效益相统一，经济发展与人口、资源、环境相协调，使人民在良好生态环境中生产生活，实现经济社会永续发展。

(2) 根本战略：转变发展思维，在速度和质量的优先次序上，强调质量优先、又好又快发展。十七大报告强调“发展”是贯彻落实科学发展观的第一要务，并将之作为全面建设小康社会的首要任务，指出：“增强发展协调性，努力实现经济又好又快发展。……在优化结构、提高效益、降低消耗、保护环境的基础上，实现人均国内生产总值到二〇二〇年比二〇〇〇年翻两番。”②这意味着我们党已经完全摈弃了将国民经济发展速度放在首位的发展理念，要求实现资源节约、环境友好基础上的经济质量型发展。

(3) 具体路径：实现国民经济又好又快发展，首先是实现经济增长方式由粗放型向集约型转变，经济发展模式由线性经济向循环经济转变，优化升级产业结构，坚持走中国特色新型工业化道路，节能减排。同时，发展资源综合利用的环保产业，帮助资源枯竭地区经济转型，实现这些地区经济、资源和环境的可持续发展。

(4) 推进措施：十七大报告对如何加强能源资源节约和生态环境保护，增强可持续发展能力提出了一系列措施。首先，在理念和意识方面，坚持节约资源和保护环境的基本国策，把建设资源节约型、环境友好型社会放到工业化、现代化发展战略的突出位置，落实到每个单位、每个家庭。其次，在法律政策和体制机制方面，完善有利于节约资源能源和保护生态环境的法律和政策，加快形成有利于可持续发展的体制机制，贯彻节能减排工作责任制。再次，在技术支持方面，开发和推广节约、替代、循环利用和治理污染的先进适用技术，发展清洁能源和可再生能源，建设科学合理的能源资源利用体系，提高能源资源利用效率。最后，在环境成本核算和环保投入方面，完善反映市场供求关系、资源稀缺程度、环境损害成本的生产要素和资源价格形成机制，加大节能环保产业的投入，重点加强水、大气、土壤等的污染治理。

---

① 中共中央文献研究室．改革开放三十年重要文献选编(下)[M]．北京：中央文献出版社，2008：1714．

② 同上书，第1722页。

(5) 最终目标：建设资源节约型、环境友好型社会和生态文明。即在整个社会基本形成节约能源资源和保护生态环境的产业结构、增长方式、消费模式；循环经济发展形成较大规模，可再生能源开发和利用的比重显著上升；主要污染物排放得到有效控制，生态环境明显改善；生态文明观念在全社会牢固树立。

四、结论

新中国成立后，中国共产党长期处于经济增长与环境保护的“两难选择”之中。社会主义改造完成之后，中国进入社会主义初级阶段，国内的主要矛盾是人民日益增长的物质文化需要同落后的社会生产之间的矛盾。要解决这一矛盾、不断满足日益增长的人口的温饱问题和物质需求，我们必须加速开采资源、实现经济高速增长，而这难免加剧资源的消耗、牺牲生态环境，相反，若减少资源的过量消耗和浪费、保护生态环境，则需要控制经济发展的速度和规模，这又难免影响人民物质生活的提高。中国共产党就是在不同的时代背景下，根据自身历史方位和中心任务的变化，不断调整党的路线、方针、政策，力求突破经济增长和环境保护的“两难困境”，实现国民经济又好又快健康发展。

党的十三大报告曾经指出：“社会主义初级阶段是很长的历史发展过程。我们对这个阶段的状况、矛盾、演变及其规律的认识，在许多方面还知之不多、知之不深。我们的许多方针、政策和理论还有待于完善，要随着实践的发展，不断经受检验，得到补充、修正和提高。”[①]环境破坏现象在中国古代已经出现，近代以来受战乱等因素的影响，中国的环境状况持续恶化，但是并没有引起统治者的足够重视。只有在新中国成立后特别是改革开放以来，随着人口的增长、工业化和城市化的发展，环境状况加速度恶化，环境问题才引起了中国共产党的高度关注和重视。中国共产党对环境问题的认识是随着环境状况的变化而逐渐深化、成熟的。

从改革开放后历次党代会上的政治报告可以看出，中国共产党对环境问题的认识发生了三个方面的重大转变：

(1) 对环境问题重要性的认识方面，从最初党的十二大、十三大报告中将之作为经济活动的不良后果予以重视，到十四大将人口与环境问题联系起来，要求坚持计划生育和环境保护的基本国策，及至十六大提出坚持计划生育、环境保护和资源节约的基本国策，标志着我们党逐渐认识到人口、经济、环境和资源之间的辩证关系，要求实现人口再生产、物质再生产和环境再生产的统一。

(2) 在环境治理的战略方面，由十二大、十三大提出在经济快速增长中提高经济效益，

① 中共中央文献研究室．十三大以来重要文献选编(上)[M]．北京：人民出版社，1991：58.

到十四大、十五大提出转变经济增长方式、实现经济、社会、环境的可持续发展，及至党的十七大提出推动国民经济又好又快发展，将经济发展的质量摆在首位，要求转变经济发展模式、落实科学发展观、建设资源节约型和环境友好型社会以及建设社会主义生态文明，将环境问题完全融入社会发展理念和文明范式转变的过程中。

（3）环境治理的措施方面，由政策到实践、由笼统到具体，最后从完善管理体制、理顺协调机制、构建制度支撑体系、加强环保理念宣传等多个角度和层面推动环境治理。

新中国成立后陈云对生态环境问题的认识和思考

摘　要：陈云较早地认识到了环境污染治理和自然资源保护工作的重要性和紧迫性，提出将环境污染的防治作为政府工作的重点加以重视，并通过制定长远的规划、宣传教育、责任落实等手段推动实施，同时他要求保护森林、水力、矿山等自然资源，实现它们的可持续利用。陈云的环境保护思想对于我们今天总结新中国成立后中国共产党认识和解决环境问题的历史，贯彻落实科学发展观、建设和谐社会具有重要意义。

关键词：陈云；环境污染；资源保护

众所周知，陈云是中国社会主义经济建设的开创者和奠基人之一，但是很少有人知道，他也是我国环境保护工作的重要开拓者和推动者之一。新中国成立后，陈云长期主持全国的财政经济工作，参与了国民经济发展的很多重大决策，较早地认识到了经济发展与环境保护之间的关系，指出了环境污染、自然资源破坏对经济发展和人民生活的影响，提出了防治环境污染、有效保护和利用自然资源的对策措施。梳理、分析陈云的环境保护思想，有利于今天我们总结新中国成立后中国共产党认识和解决环境问题的历史，更好地贯彻落实科学发展观、建设和谐社会。

一、对环境污染及治理问题的思考

1956 年社会主义改造完成以后，我国进入社会主义初级阶段，基本的国情是人口多、底子薄、生产力不发达，面临的主要社会矛盾是人民日益增长的物质文化需要同落后的社会生产之间的矛盾，需要解决的首要社会问题是日益增长的人口的吃饭问题。为了解决人口的温饱问题、发展社会主义经济，我们需要源源不断地掠夺石油、煤炭等能源资源和森林、矿产等自然资源，并将之投入到生产过程中，以支撑国民经济的快速增长，满足人民群众的生活需求。

由于新中国成立初我国的科技不发达，资源开采、工业生产的设备比较落后，很多工厂没有专门的废弃物处理设施，导致在资源的开采、产品的生产过程中以及生产和消费活动的末端，产生大量的废水、废气、废渣等，不可避免地污染生态环境。然而在当时，快速建设、快速生产已经成为整个国家的主导心理诉求和愿望，无论是党和国家的领导人，还是普通的老百姓，更多地关注的是铺摊子搞建设，加大马力抓生产，以求尽快摆脱贫困落后的面貌，对于环境污染的危害性并没有清醒的认识。20 世纪 70 年代初，受官厅水库死鱼事件和第一次联合国人类环境会议的影响，我国才在周恩来的指示下召开了第一次环境保护会议，成立了环境保护领导小组，并制定了一些有利于保护环境的文件。陈云就是较早认识到环境污染问题并重视环境污染治理的党的领导人之一。1975 年 7 月 19 日，他在赴江苏高邮视察石油钻井时就指出，环境污染治理要预防为先，将环境保护的要求预先考虑在生产设计之中，要求“注意环境污染问题，在生产设计的同时就要做好防止污染的设计，不要等到事后再解决”①。在 1979 年 3 月份召开的中共中央政治局会议上，陈云在谈到钢的产量问题时，特别强调要注意钢铁等重工业发展中的污染问题，提出：“防止污染，必须先搞，后搞要多花钱。”②可见陈云已经看到环境污染治理的紧迫性，认为如不及时治理将会增加治理成本和治理难度，给国家带来更大的损失和负担。同年 6 月，陈云在给李先念、姚依林的信中，提出经济建设要注意两个问题，其中之一是工业污染的问题。随后在 1981 年他又提出：“解决城市中污染的问题，从长远来看，也应该提到我们的议事日程上来了。”③通过 20 世纪 70 年代末至 80 年代初这段时间陈云关于环境污染问题的思考，我们可以看出作为长期负责经济工作的党的领导人，他延续了 70 年代初我们党和政府环境保护工作的基本精神，更加强调环境污染的危害性和环境污染治理的紧迫性。

对于如何治理环境污染，陈云进行了富有预见性、前瞻性的思考。首先，他认为环境治理具有复杂性、全局性的特点，不是一朝一夕能够完成的，是一项长期的社会工程，需要制定长远的规划。1981 年 3 月，他在给陆定一的信中指出：“像植树造林、治理江河、解决水力资源、治理污染、控制人口这类问题，都必须有百年或几十年的计划。”④同年 9 月，他又强调：“建设要有长期计划，对水力、轻重工业的比例、城市污染、外资利用等问题都要考虑。”⑤陈云的这一思想后来在实践中得到了印证，我们 20 世纪 90 年代提出的环境治理目标之所以没有实现⑥，原因就在于我们对环境污染治理的艰巨性和长期性认识不足。其次，他强调环境污染的治理是关系到国家未来发展的、具有全局利益的事情，应该作为今后政府工作的重点加以重视。陈云在 1983 年指出：“建设要有重点。……什么是重点？现在看，农业、能源、交通是重点，一批骨干企业的建设和改造是重点，科技教育事业的发展、环境

① 朱佳木. 陈云年谱》(下)[M]. 北京：中央文献出版社，2000：198.

② 陈云文选(第三卷)[M]. 北京：中央文献出版社，1995：254.

③ 陈云文集(第三卷)[M]. 北京：中央文献出版社，2005：491.

④ 朱佳木. 陈云年谱(下)[M]. 北京：中央文献出版社，2000：270.

⑤ 朱佳木. 陈云年谱(下)[M]. 北京：中央文献出版社，2000：280.

⑥ 《中华人民共和国国民经济和社会发展“九五”计划和 2010 年远景目标纲要》提出：“2000 年，力争使环境污染和生态破坏加剧的趋势得到基本控制，部分城市和地区的环境质量有所改善。”实际上，2000 年中国的环境污染和生态破坏的趋势并没有得到控制。

污染的防治以及知识分子生活待遇的提高等等也是重点。这些是从整个国家的全局利益和长远利益出发考虑的。”[①]再次，他指出对于工业污染的治理，要具体问题具体分析：对于那些企业已经建成而污染问题没有有效解决的，以末端治理为主，积极规划、逐步加以解决；对于即将建设的企业，要以源头预防为主，将污染问题的解决“放在设计的首要位置，真正做到防害于先”[②]。

最后，在环境污染治理的具体对策措施方面，陈云也提出了建设性的意见。1988 年 8 月 22 日，人民日报记者撰写了《四川排放污染总量约占全国十分之一》一文，披露了四川省河流污染、噪声污染、“三废”排放等环境污染问题。五天之后，新华社记者发表《“卫星上看不到的城市”——本溪市环境污染调查》一文，指出本溪作为以生产钢铁、煤炭、水泥为主的重工业城市，主要污染物超标，水污染严重。陈云看了这两篇文章之后，做了专门的批注，强调“治理污染、保护环境，是我国一项大的国策，要当做一件非常重要的事情来抓。”[③]对于具体的解决措施，陈云提出了三点：一是要经常宣传，大声疾呼，引起人们的重视；二是要花点钱，增加投资比例；三是要反复督促检查，并层层落实责任。对于第二点所提到的增加环境污染治理费用的问题，陈云在 1982 年也曾提及过，他在将新华社记者所写的《上海出现酸性雨污染环境》内部资料批转胡耀邦等时，指出：“治理费要放在前面。否则后患无穷。”[④]

二、对资源保护问题的思考

人类在生产源头投入自然资源的多少、在生产和消费过程中自然资源利用效率的高低以及生产和消费末端所产生的废弃物资源的综合利用程度，直接决定着经济活动对环境的影响程度。所以说，环境保护最主要的是保护自然资源，实现供给的永续性以满足经济发展的需求，同时为人类提供舒适的栖息环境。陈云由于所分管工作的关系，对于与经济发展有着密切联系的资源保护问题有着更多的关注。通过阅读陈云的相关著作，我们可以看出他对于森林资源、水力资源、矿山资源保护工作的重视。

(一) 倡导护林、育林、造林

森林作为地球上可再生自然资源及陆地生态系统的主体，在人类生存和发展的历史中起着不可替代的作用，它是人类的资源宝库，具有保护土壤、涵养水源、调节气候、净化空

① 陈云文选(第三卷)[M]. 北京：中央文献出版社，1995：323.

② 陈云文选(第三卷)[M]. 北京：中央文献出版社，1995：263.

③ 陈云文选(第三卷)[M]. 北京：中央文献出版社，1995：364.

④ 朱佳木. 陈云年谱(下)[M]. 北京：中央文献出版社，2000：308.

气、消除噪声等生态服务功能。新中国成立后，我们党一直重视造林、育林、护林工作，而陈云更是大力倡导者和实际推动者。他认为“植树造林，既可提供工业燃料，又可改变气候”[1]102，是一件一举两得的事情，必须高度重视。1957年，他在修改《中共中央、国务院关于今冬明春大规模地开展兴修农田水利和积肥运动的决定》的文稿时，特别加了一条：“开展造林运动对于水土保持和保护农田水利关系甚为密切。各地务须抓紧季节，采取必要步骤，在同时保证数量和质量的条件下，做好今冬明春的造林工作。”①

新中国成立后，由于经济发展速度的加快，工业生产对木材的需求量增加，森林资源的开采速度加快，然而如果开采方式不当，或者不注重对森林资源的生态补偿，长时间后可能会引起森林资源枯竭的后果。陈云认为，为了保护森林资源、实现其永续利用，必须做到以下几点：① 防止人为地破坏森林资源。陈云认为必须制止人为破坏森林的行为，强调“森林失火和滥砍滥伐的现象，正在引起地方政府和人民的注意，但还需继续努力”②。② 提倡积极造林、育林。森林资源是可再生资源，但是随着新中国成立后经济的全面高涨，森林资源再生的速度、规模要远远低于被砍伐的速度、规模，因而植树造林、恢复森林资源的良好生态功能就成为要解决的重要问题。早在1950年，陈云通过比较我国与苏联森林面积的差距及造林情况，分析了植树造林工作的紧迫性，强调苏联森林面积占全国国土面积的百分之二十七，我国这一比例仅为百分之五，苏联已经制订了宏大的造林计划，而我们也应该在这方面做努力和准备。具体而言，陈云认为应该出台一个详细的法令，包括以下内容：“第一是方针任务，第二是工作计划，第三是不准滥砍滥伐，第四是干部训练，第五是组织机构。”③1955年11月，陈云签发《中共中央就批发〈关于农业增产规划的报告〉致电甘肃省委并转各省委、市委、自治区党委》的文件，特别指出报告中没有提到林业建设规划，建议甘肃及各省委制订计划时列入造林、育林、护林规划这一项。③ 倡导造林方式多样化。在造林的方式上，陈云也认为应该多样化，并非都要依靠国家这一种途径来解决，指出“个体造林、合作造林和国家造林的办法都可以用”④。④ 要求采取多种措施推动植树造林工作。陈云强调，首先要加强立法，指出“除了讲清道理之外，还应该有法令、条例才行”⑤；其次，要加强报纸的宣传，报道造林护林事迹，揭露滥砍滥伐、浪费木材的行为；再次，各级领导要重视，制定长远的规划。

需要指出的是，陈云之所以重视森林资源的保护，并不仅仅是为了保护自然环境，还有发展经济、改善民生的目的。1957年他在出席国务院召开的中共省、市、自治区党委书

---

① 朱佳木. 陈云年谱(中)[M]. 北京：中央文献出版社，2000：399.

② 陈云文集(第二卷)[M]. 北京：中央文献出版社，2005：314.

③ 朱佳木. 陈云年谱(中)[M]. 北京：中央文献出版社，2000：48.

④ 朱佳木. 陈云年谱(中)[M]. 北京：中央文献出版社，2000：392.

⑤ 中共中央文献研究室. 陈云文集(第二卷)[M]. 北京：中央文献出版社，2005：210.

记座谈会上发言指出："发展山区经济应把改善人民生活和适应国家需要结合起来。一是种树，个体造林、合作造林、国家造林一齐上；二是发展木本油料，种油茶树、桐树、核桃树。"①也即是将植树造林活动与地方经济发展结合起来，做到环境效益和经济效益的统一。

（二）要求节约水资源、综合利用水资源、防止水环境破坏

水是生命之源，也是经济发展、人民生活所依赖的基本自然资源，然而中国却是全球公认的人均水资源最贫乏的国家之一。早在新中国成立初，陈云就认识到了中国水资源短缺的问题，指出水资源对于经济发展至关重要，然而我国人均占有水量偏低，还存在个别地区缺水、干旱的现象，强调"水利建设是治本的工作，是百年大计"②。20 世纪 80 年代初，他又明确提出："水资源短缺，在我国北方是个大问题。……总之，水资源的问题已经提到我们的议事日程上来了。"③面对水资源短缺的现状，陈云认为应该从实际出发，通过节约水资源、综合利用水资源、防止水资源破坏等措施保障经济发展和人民生活的用水需求。

（1）节约水资源。要实现水资源供给的永续性、满足工农业生产和居民生活的需求，首要的是从源头抓起，在工农业生产和居民生活中节约用水。陈云在 1979 年将水资源问题作为经济建设应该注意的两个问题之一(另外一个是工业污染问题)特别提出，要求中央有关领导高度重视。他认为，由于工农业生产要用水，居民生活也要用水，全国水资源的需求量增大，个别地区如天津、北京等大城市水资源紧张，必须想办法节约水资源。对于工业领域如何用水、节水，陈云认为：首先，新建工厂在建设前必须将用水量考虑在内；其次，除矿藏加工企业因资源关系不能异地办厂之外，其余工厂尽量建在有水源的地方；最后，即使企业建在水资源充足的地方，也要注意节约用水。④

1989 年，张光斗、陈志恺两位专家合写《我国水资源问题及其解决途径》一文上报党中央和国务院。在该文中，他们分析了我国水资源的特点和开发利用状况，指出了水资源供需矛盾突出的主要原因，提出要从战略高度认识水资源问题，把开发利用水资源作为国家经济建设的重点工作加以重视。1990 年 6 月，陈云在阅读此文后专门做了批注，指出："水的问题始终是个大问题。要从战略高度来认识水的问题的严重性。各级领导部门，尤其是经济、科技领导部门，应该把计划用水、节约用水、治理污水和开发新水源放在不次于粮食、能源的重要位置上，并列入长期规划、五年计划和年度计划加以实施，以逐步扭转目前水资源危机的严重状况。"⑤后来，党中央采纳了陈云和党的其他领导人的建议，将水利与

---

① 朱佳木．陈云年谱(中)[M]．北京：中央文献出版社，2000：402.

② 陈云文选(第二卷)[M]．北京：中央文献出版社，1995：141.

③ 陈云文集(第三卷)[M]．北京：中央文献出版社，2005：491.

④ 陈云文选(第三卷)[M]．北京：中央文献出版社，1995：263.

⑤ 陈云文选(第三卷)[M]．北京：中央文献出版社，1995：375.

能源、交通等并列，作为国家经济建设的战略重点和基础产业发展。

(2) 实现水资源的综合开发与利用。解决水资源短缺的途径，除了节约水资源外，更重要的是增加水资源存量、实现既定水资源的综合利用。1951年陈云在谈到农业发展问题时，特别提到了如何加强水利建设，强调："从总的看，从长远看，要以蓄为主，蓄泄兼顾。以后我们要重视蓄水，许多地方要修水库、筑塘堰，山区更要注意种树种草、保持水土，对水一定要好好利用。"①也就是说，要发挥主观能动性和创造力，善于把自然界的水资源蓄积起来，为工农业生产服务。后来，陈云在讨论《关于根治黄河水害和开发黄河水利的综合规划的报告》时，又强调要实现水资源的综合利用，在开发黄河的过程中，要"发电和防洪相互结合，进行整个流域的规划"②。

(3) 防止水环境被破坏。20世纪80年代乡镇企业异军突起，有效地活跃了市场、解决了农村剩余劳动力的就业问题、繁荣了农村经济，但是由于乡镇企业大都建在农村，设备比较落后，加上很多从事煤炭开采、化工、印染、电镀、建筑等行业，很容易破坏水环境。陈云特别关注到了这一现象，在视察上海宝山钢铁总厂时，指出："随着工业进一步的发展，尤其是乡镇企业的发展，要注意保护环境，一定不要使黄浦江水系受到污染。"③

(三) 提出保护矿山资源、提高矿山资源开采率、实现废弃物综合利用

矿山资源是指由地质作用形成的，具有利用价值的，呈固态、液态、气态的自然资源，主要包括能源矿产、金属矿产、非金属矿产、水气矿产等，是经济发展的原料库和动力源，要实现国民经济的持续增长，首要的是实现矿山资源的可持续性开采、使用。除了关注森林、水资源的保护外，陈云对于矿山资源的保护工作也很重视。

20世纪50年代初，时任重工业部副部长的何长工上书陈云，提到湖南省的矿山大多被封建矿主把持，工程混乱，破坏异常严重。陈云将何长工的报告转交政务院，并致函刘少奇："这样重要的矿产原则上必须收归国有。"④而后周恩来、陈云主持政务院第六十四次政务会议，讨论并原则通过《中华人民共和国矿业暂行条例》，规定了"全国矿藏，均为国有"的基本原则，要求探矿或采矿人应尽力避免损害矿藏或减低矿产收获率，也即提高矿产的开采率，实现其可持续开采。1988年10月8日，陈云和中央领导同志谈学习西方市场经济的问题时，特别指出我国正处于发展市场经济的探索阶段，存在困难在所难免，强调"工农业生产中普遍存在掠夺式使用资源的倾向，应当引起重视"⑤，进一步批评了粗放型开采矿

---

① 陈云文选(第二卷)[M]. 北京：中央文献出版社，1995：141.

② 朱佳木. 陈云年谱(中)[M]. 北京：中央文献出版社，2000：259.

③ 朱佳木. 陈云年谱(下)[M]. 北京：中央文献出版社，2000：394.

④ 朱佳木. 陈云年谱(中)[M]. 北京：中央文献出版社，2000：55.

⑤ 朱佳木. 陈云年谱(下)[M]. 北京：中央文献出版社，2000：416.

山等自然资源的行为。另外，陈云还认识到矿山资源综合利用的重要性，提出“要研究、试验各种劣质白煤造气的处理办法。要组织化工厂、冶炼厂联合进行生产，充分利用冶炼厂的炼铜尾砂来生产硫酸”[①]。通过矿山资源的综合利用，可以减少生产过程和末端产生的废弃物的排放量，保护生态环境。

三、结论

中国的环境保护工作是从20世纪70年代初开始的，周恩来是“新中国环境保护工作的开创者和奠基者”[②]，而协助周恩来工作的陈云也是较早关注中国环境问题的党的领导人之一。新中国成立后，他重视环境污染治理和自然资源保护的工作，并将环境问题放到越来越重要的位置，认为“治理污染，保护环境，造福子孙后代”[③]。

陈云最初将环境问题作为经济发展的不良后果看待，后来将之视为与农业、交通、科技发展等并列的、重点要解决的问题加以重视，强调环境治理是关系到全局利益和长远利益的事情，必须进行长期的规划。他认为应当末端治理和源头治理相结合，通过增加投资、制定法律政策、加强宣传教育、推动层层落实等多种措施，治理环境污染，保护自然资源，实现经济、社会、环境的可持续发展。

当然，我们对环境问题的认识是随着环境状况的不断恶化而不断清晰和明确的。陈云在当时的历史条件下所看到的环境污染、资源破坏现象，还不像今天这么突出和严重，因而他对于环境保护问题的认识也就不可能系统化、理论化，提出的解决环境问题的主张和见解也不可能全面、具体，但是就是这些散见于其著作中的只字片言亦难能可贵，显示着真知灼见，是中国共产党人认识和解决环境问题历史的重要组成部分。

---

① 朱佳木. 陈云年谱(下)[M]. 北京：中央文献出版社，2000：73-74.

② 曲格平. 新中国环境保护工作的开创者和奠基者：周恩来[J]. 党的文献，2000(2).

③ 朱佳木. 陈云年谱(下)[M]. 北京：中央文献出版社，2000：414.

生态教育篇

科学发展观指导下加强高校大学生环境教育的思考

摘　要：坚持科学发展观、实现我国的环境治理，必须拓展高校德育的内容，进行大学生环境教育。本文论述了开展高校大学生环境教育的必要性，阐述了开展高校大学生环境教育的目标、内容、方法和途径，并在借鉴发达国家高校大学生环境教育经验的基础上，提出了推动我国高校大学生环境教育的对策。

关键词：科学发展观；高校；大学生；环境教育

科学发展观是中国共产党着眼于国家事业发展的全局而提出的重大战略思想。落实科学发展观、建设资源节约型和环境友好型社会、实现文明范式由工业文明向生态文明的转变，必须正确处理人类与自然、经济发展与环境保护之间的关系，治理我国日益严峻的环境问题。而要治理环境问题，首要的是开展全民环境教育，普及环境保护理念，实现国民由环境觉醒向环境自觉的转变。

环境教育是指以实现人与自然、经济发展与环境保护的和谐共赢为目标，以提高全体社会成员的环境保护意识为主旨的教育活动。它包括家庭环境教育、学校环境教育和社会环境教育三部分，其中正规的学校环境教育是关键，它贯穿于学校的教育思想、理念和活动中，联结着家庭环境教育和社会环境教育，关系到环境教育的规范化和长久性。《21 世纪议程》指出：环境教育"可使人民具有估计和处理他们关心的持续发展问题的能力"，"对培养符合可持续发展和社会大众有效参与决策的价值观和态度、技术和行为也是必不可少的"。目前，我国的中小学环境教育已经有了一定的发展，而高校的大学生环境教育却与坚持科学发展观、建设节约型社会和发展循环经济的实践还不适应，与国外发达国家相比还有一定差距。因此，加强高校大学生的环境教育成为当前需要重视的问题。

一、开展高校大学生环境教育的必要性

（一）落实科学发展观的必然要求

科学发展观是对党的三代中央领导集体关于发展的重要思想的继承和发展，是马克思

主义关于发展的世界观和方法论的集中体现，是我国经济社会发展的重要指导方针和重大战略思想。落实科学发展观需要统筹人与自然的关系，推动人口增长、经济发展、资源永续利用和环境有效保护的和谐共存，这要求我们进行制度创新、技术创新和观念创新，协调人与自然、人与人之间的关系，治理日益恶化的环境问题。观念创新是制度创新和技术创新的前提，是国民形成良好环境道德、养成环境友好型行为的先导，而教育是科学观念形成的重要途径。因此，要治理环境问题必须重视环境教育，特别是对具有创造力、富有朝气的高校大学生的环境教育。

另外，高校要落实科学发展观，也需要将环境教育纳入到学校教育的指导思想、内容和文化当中，打造资源循环利用、环境优雅舒适的绿色校园、绿色社区，帮助学生树立正确的环境伦理观、价值观、科技观，培养学生的环境保护意识、环境维权意识。

(二) 实现我国环境治理的必然要求

环境问题是目前人类面临的战略性、全球性问题之一。作为发展中国家，中国同样面临着环境问题。新中国成立后至 1978 年，在人口增长和就业的压力下，政府片面夸大人类“征服自然、改造自然”的能力，通过“大跃进”、“人民公社化”、“农业学大寨”、“除四害”等运动，加大了对自然资源的粗放型开采，破坏了生态系统的稳定性和平衡，引起了自然资源的锐减和生态环境的急剧恶化。从 1978 年到 20 世纪 90 年代中期，我国社会发展的重心转移到经济建设上来。为了解决人民的温饱和就业问题，各级政府把 GDP 的增长作为发展的首要目标，一味追求自然资本的高投入，进一步造成了资源的浪费和环境的破坏。20 世纪 90 年代中期以来，党和政府开始高度重视环境问题，先后提出了经济增长方式的转变、可持续发展观等一系列具有根本性、前瞻性和战略性的理念、思想。但是受人口规模和经济发展速度的影响，我国的生态足迹已经远远超越了生态承载力，环境积累性恶化。目前，环境问题已经成为挑战中国未来的一个战略性、全局性的根本问题，也是公众关注的最大焦点问题。①

环境问题具有系统性、复杂性、全局性的特点，其治理是一项社会系统工程，涉及技术、资金、法律、政策等多个环节，需要教育、科技、环保、财政、国土资源管理、法律制定、监察等多个行政、立法和司法部门的协作。高校作为建设创新型国家人才的提供者、国民素质的改造者、传统文化的传承者、真善美理念的普及者，有义务在环境治理中承担自己应有的责任，通过对大学生进行环境教育，造就环境治理的储备人才。经过正规的环境教育之后，很多大学生走向工作岗位，成为环境治理的决策者、参与者和实践者，将有效推动中国环境治理的制度化、规范化和科学化。

---

① 邓小平文选(第 3 卷)[M]. 北京：人民出版社，1992：382.

(三) 拓展高校德育内容的必然要求

大学生是国家的未来和民族的希望，是现代化事业的接班人，他们所接受的环境教育将直接关系到中华民族的整体素质，关系到中国特色社会主义事业的兴衰成败，关系到全面建设小康社会和中华民族伟大复兴目标的实现。

《第比利斯政府间环境教育会议宣言和建议》指出："大学的环境教育将逐渐区别于传统的教育，它会传授给学生在未来职业中所需的基本知识，使他们能对环境产生有益的影响。"[①]大学生正处于体力和智力成长的高峰期，抽象逻辑思维、创造性思维和批判意识明显增强，加强环境教育对于拓展高校德育内容、完善他们的世界观、人生观和价值观具有重要影响。

自 1973 年北京大学等高等院校开设环保专业、1978 年北京师范大学招收第一批环保专业研究生以来，我国高校的专业环境教育有了相当程度的发展，目前已经形成了独立的学科体系，培养了大量的人才，但是非环保专业的通识性环境教育却相对滞后，环境课程尚未列为大部分高校非环境类专业的必修课。据统计，在高等院校中，非环境专业开设环境课程的院校只占高等院校总数的 10％左右。[②] 由于缺乏必要的环境教育，很多大学生环境意识淡薄。据有关调研报告显示：70％的被调查大学生略微了解或不了解《环境保护法》，28.4％的被调查大学生不知道有"世界环境日"。[③] 因此，将环保教育纳入到高校德育教育中，对大学生进行良好的生态伦理观、价值观、科技观教育势在必行。

二、高校大学生环境教育的目标和内容

开展高校大学生的环境教育，首要的是要确立环境教育的目标，明确环境教育的内容。

(一) 环境教育的目标

大学生环境教育的总体目标是，通过环境伦理观、生态价值观、环境科技观等的教育，普及学生环境保护知识，培养环境保护意识，提高生态审美能力和参与环境保护实践的能力，实现大学生由"校园人"向"生态人"的转变。

具体而言，根据 UNESCO"Tbilisi 宣言"中提出的环境教育目标(简称 AKASP 目

---

① 李久生，谢志仁. 论环境教育三维体系[J]. 教育科学，2004(5).

② 李虹. 非环境专业大学生环境教育探究[J]. 沈阳教育学院学报，2002(3).

③ 段丽萍. 高校普及环境教育共同课的调研[J]. 阴山学刊，2006(1).

标)[①]，将高校大学生环境教育目标细化为：通过环境教育使大学生养成良好的环境意识，关爱自然，敬畏自然，承担作为自然道德代理人的责任和义务；具备一定的环境保护知识，知晓生态系统自身演变的规律、环境污染和治理的原理；端正对待生态环境的态度，关注生态环境的演变和趋势，支持政府及其机构的环境治理行为；掌握辨识环境问题的技能，了解环境治理的大众化技术并运用到生活中；积极参与生产和消费中的环境保护实践活动。

(二) 环境教育的内容

我国高校大学生环境教育应该包括以下五个方面的内容：

(1) 环境观教育。环境观是指人类个体对人与自然之间双向建构关系的认知，特别是对待自然所秉持的态度、信念和价值取向。环境观教育是高校大学生环境教育的核心和灵魂，它直接关系到大学生世界观、人生观和价值观的形成，关系到学生道德素质的提高，是环境教育中最重要的部分。对大学生进行环境观教育主要是进行马克思主义环境观、中国经典传统环境观和西方现代环境观的教育。

马克思主义的环境观是指导我们正确认识人类环境问题、实现我国环境治理的指导思想。它既承认人的自然属性，又承认人的社会属性，坚持内在尺度和外在尺度的统一，强调人类作为高度智慧的生命体与其他物种的内在价值和属性的一致性，重视人类作为文化存在物区别于其他物种的社会性和能动性，并将二者协调起来。这种环境观具有实践性和规范性，体现了自然的人本主义和人的自然主义的统一。同时，马克思主义环境观将环境问题与社会制度的批判和选择结合起来，深层次思考人与自然的关系问题，区别于“当代环境伦理用抽象的人类代替现实中具体的、不同区域、不同种族、不同国家或地区的人群，用抽象的自然概念代替现实中人们对于环境的不同理解和诉求的倾向”[②]，体现了环境公平和正义的思想。马克思主义的环境观对于我们正确认识资本主义与环境问题的产生、坚持环境治理的社会主义价值取向具有重要意义，应该继承和发展。

中国经典传统环境观是中国文化宝库的重要组成部分，这种与古代农业文明相适应的环境观区别于工业文明时期人类征服、支配、控制自然的环境观，将人和自然看做一个整体，强调人与自然、天道与人道的和谐统一，体现了“天人合一”的至上境界。儒家的“天地万物一体”“仁民而爱物”“民胞物与”思想，道家的“道法自然”“万物与我为一”思想，释家的“护生”“众生平等”思想，都用比较原始和朴素的思维表达了对自然演化与人类生存的关

① U. S. Environmental Protection Agency, Environmental Education Division: Report assessing Environmental education in the United Stats and the implementation of the national environmental education act of 1990[R]. 2000 Dec., Washington, DC.

② 王韬洋. “环境正义”：当代环境伦理发展的现实趋势[J]. 浙江学刊，2002(5).

照，体现了敬畏自然、将自然当成一体相关的生命根源的生态伦理意蕴，渗透着真切的经验感受和生命统一的悟性体验，值得我们批判地汲取。

西方现代环境观是在反思工业文明时期经济发展的模式和运行机制，重新审视人类与自然、生物个体与生态系统整体、当代与未来之间关系的基础上而形成的环境观。主要流派有动物中心论、生物中心论和生态中心论等。西方现代环境观认为：人类既是大自然权利的主要侵犯者，也是大自然权利的捍卫者、守护者、监督者和道德代理人；作为人类对象性存在的自然，动物、植物甚至整个自然界既是人类改造、利用、依存的对象，同时也具有独立的道德主体地位、权利和义务；人类和自然共生共存，互为主体。这些观点体现了深厚的环境伦理、生态美学思想，值得学习和借鉴。

(2) 环境理论知识的教育。环境知识教育主要是对大学生进行通识性环境知识教育。这些知识主要包括生态系统演化的基本知识；自然资源的类别、存量状况、永续利用前景等方面的知识；环境污染的类型、特征、危害等方面的知识；环境治理的体制机制、法律法规、理念认识等方面的知识。

(3) 环境治理的技术教育。环境技术是实现环境治理的前提和保证，因此进行环境治理的技术教育非常重要。环境技术教育主要包括生产领域末端治理的废弃物利用技术和资源化技术教育，源头治理的减量化、再利用技术教育；生活领域末端治理的废弃物利用技术和资源化技术教育，源头治理的减量化、再利用技术教育。

(4) 环境史的教育。包括世界环境史和中国环境史教育，特别是改革开放以来中国的环境治理史教育；西方国家建设循环型社会的经验教训，包括生态企业、生态园区和生态城市建设的经验与教训等的教育；我国落实科学发展观、发展循环经济和建设节约型社会过程中的环境治理战略、原则等的教育。

(5) 环境问题的专题教育。包括环境问题的文化哲学思考、环境治理案例等的专题教育。

三、高校大学生环境教育的方法和途径

根据高校大学生环境教育的目标和内容，借鉴发达国家环境教育的理念、做法，确立我国环境教育的方法和途径。

(1) 知识学习法。通过课堂讲授、课外讲座、公益宣传等途径，将与环境相关的知识、技能、态度传授给学生，帮助学生树立环境保护意识、环境审美意识、环境法规意识等。

(2) 观察体验法。通过组织野外的环境体验活动，参观自然博物馆、各级环境信息中心、环境监测站、环境保护科学研究机构等环境公益机构，访问绿色社区、生态企业和生态工业园等环境建设载体，帮助学生了解生态系统演化、资源节约利用和环境保护方面的基本知识，学习环境治理的程序、做法以及相关法律法规。在观摩、互动、交流和体验中深化

对相关环保理念的认识。

(3) 科研推动法。环境治理是个多学科综合工程，涉及化学、生态学、物理学、气象学、土壤学等学科的专业知识。这就需要发挥高校学术研究阵地的作用，通过组织节能、治污、环保为主题的科技创新大赛，鼓励大学生进行环境工艺、技术、设计的创新，深化对环境治理技术和工艺的认识。

(4) 环境调查法。通过组织大学生对煤炭开采区、企业、社区等地进行实地调研，或者到野外对生态环境进行实际考察等方式，获取区域范围内生态破坏、环境污染的一手资料，了解区域内生态破坏和环境污染的现状、存在的问题，并根据所学知识提出环境治理的对策建议。通过环境调查可以帮助学生全面思考中国的环境问题，锻炼学生认识和处理环境问题的能力。

(5) 社会参与法。通过假期社会实践等方式，鼓励学生走出校园，参与社会环保活动。这些活动包括宣传环保理念、清理白色污染、参与垃圾分类和整理、搭建废旧用品网上交易商场等。通过亲身体验和参与环保活动，增进大学生的环保意识。

四、推进高校大学生环境教育的对策

落实科学发展观，推动高校大学生环境教育建设，应该根据我国国情并借鉴其他国家环境教育的经验，做到以下几点：

(1) 改革管理体制。英国、美国和日本等发达国家都设有专门的国家环境教育机构，普及环保理念，提高国民环保素质。目前我国的环境教育主要由教育部和资源保护部负责，地位不突出且管理机构职责重叠、交叉。因此，我们应该借鉴发达国家的做法，将学校环境教育和社会环境教育分开，分别在教育部成立相应的学校环境教育管理机构，在资源保护部成立社会环境教育的管理结构，负责相应环境教育政策法规的制定、落实以及环境教育实践活动的开展。

(2) 推动环境教育立法。西方发达国家为了推动环境教育的顺利进行，纷纷将环境教育纳入到法制的轨道，或者在相关的法规中规定环境教育的内容，或者直接出台相关的环境教育法规。法国在 20 世纪 70 年代就颁布了相关学校环境教育的法令，日本在《环境基本法》《增进环境保护意识和推进环境教育法》等法律法规中对学校的环境教育进行了专门规定。我国教育部于 2003 年印发了《中小学生环境教育专题教育大纲》，对中小学的环境教育进行了明文规定，但缺乏对大学生环境教育的规定。因此，应该在借鉴发达国家环境教育立法经验的基础上，制定我国高校大学生环境教育的法律法规，明确高校大学生环境教育的目标、原则、内容、方法和管理要求，规定高校大学生环境教育的课程安排、授课课时、评价指标等，确立推进高校大学生环境教育的体制机制、政策体系等。

(3) 改革现行教育体系。改革高等教育的教育体系，将环境教育纳入其中。具体而言，首先，确立高等院校环境教育的体系，把环境教育纳入到高校的教学改革中；其次，由教育部牵头组织专家编写有关大学生环境教育的系列教材，力求通俗易懂，微言大义；再次，把环境教育课程列为高等学校的公共必修课，要求各高校组织专业教师讲授；此外，改革环境教育授课模式，变知识灌输式教学为互动式教学，实现教学方式的多样化；最后，有关部门加大投入，培养一批优秀的环境教育师资。通过这些措施，建构起我国环境教育的体系框架。

（4）创建高校环境教育“小生境”。建设绿色高校校园，创建环境建设的“小生境”，让学生亲身感受到良好环境的重要性。具体而言，首先，学校行政机关带头节约资源、保护环境，包括办公用品绿色采购、办公用品循环利用、节约水电等；其次，搞好学校绿化工作，植树造林，营造处处苍松翠柏、鸟语花香的校园生态环境；再次，鼓励学生成立一些环境保护方面的社团组织，支持学生进行校园环境保护方面的调研活动；最后，通过每年的中国植树节、世界水日、世界气象日、世界地球日、世界环境日等环保节日开展相关环保主题教育。通过这些措施，潜移默化地影响学生的道德观念，使学生认识到人类只是生态环境的一部分，学校就是一个生态子系统，从而逐渐形成良好的环境观和生态文明观。

（5）实现环保教育方式的多样化。除了校园内的正规环境教育外，还应为学生开辟社会环保教育基地，以增进环保教育的时效性和可操作性。在环境保护区、名胜古迹区、风景区附近创设环境教育中心，方便学生接受环境教育或开展环保活动；在非政府的环保组织中，吸引学生环保志愿者加入其中，鼓励学生积极参与环保实践；发挥自然博物馆“征集、保护、研究、传播并展出人类及人类环境物证”的作用，帮助学生了解生命演化史、生态系统的演替规律和现状、自然环境的演替规律和现状；选择具有代表性的生态社区、生态企业、生态城市作为学生环境教育基地，开展环境保护的参观、考察和交流活动。

高校开展大学生生态文明教育的必要性及对策分析

摘　要：生态文明是继农业文明和工业文明之后的一种新的文明形态，它以人类与自然、经济与社会的和谐发展为特征。中国目前正处于工业文明向生态文明过渡的时期，加强全民特别是大学生的生态文明教育至关重要。本文从生态文明的含义及时代要求出发，分析了高校开展大学生生态文明教育的必然性，提出了加强大学生生态文明教育的对策。

关键词：高校；大学生；生态文明；生态道德

生态文明是“人类改造生态环境、实现生态良性发展的成果总和 ”①。它以保护自然资源和生态环境为主旨，以实现经济社会的可持续发展为目标，是人类继农业文明和工业文明以来的一种新的文明形态。生态文明是人类在对工业化进程批判性反思的基础上形成的，体现了人类与自然、经济与社会和谐发展的特征和价值趋向。

目前，中国正面临着资源高消耗、环境高污染和资源利用低效率的发展“瓶颈”。要解决这一问题，我们必须树立科学发展观，从“征服自然、改造自然”的经济发展价值取向转向人类与自然和谐共处的经济发展价值取向，从“资源—产品—废弃物”为发展特征的工业文明转向以“资源—产品—资源”为发展特征的生态文明。要实现我国由工业文明向生态文明的转变，我们应该首先从思想观念入手，加强对全民的生态文明和生态伦理教育，特别是当代大学生的生态文明教育。

一、加强大学生生态文明教育的必要性

1. 加强大学生生态文明教育是时代发展的客观要求

生态文明是人类在反思工业文明阶段发展教训的基础上形成的。它把人类看成自然系统中的一个子系统，认为人类的任何发展，包括经济、政治、文化等都离不开自然的馈赠，都依赖于自然资源的存量。马克思曾经指出：“自然界，就其本身不是人的身体而言，是人的无机的身体，人靠自然界生活。这就是说，自然界是人为了不致死亡而必须与之不断交

① 季昌伟，孟宪霞．试论生态文明及其与精神文明的关系[J]．济宁师专学报，2002(1)．

往的人的身体。所谓人的肉体生活和精神生活同自然界相联系也就是等于说自然界同自身相联系，因为人是自然界的一部分”[①]。这说明人类和自然息息相关，是一个统一体，人类依赖于自然。但是自工业革命以来，以“资源—产品—废弃物”为特征的线性经济成为了人类的主导经济发展模式。这种经济发展模式带来了资源的高消耗、污染的高排放和资源的低利用，引起了自然资源和生态环境的积累性衰退和恶化。人类进入后工业化时代之后，开始反思这种经济发展模式，提出构建生态文明，实现人类的可持续发展。

20世纪下半叶以来，中国同样面临着经济增长与资源、环境之间的矛盾。我国经济快速发展的同时，也带来了资源的高消耗和环境的高污染。据国家发改委范恒山司长介绍，2004年我国单位产值能耗比世界平均水平高2.4倍，是德国的4.97倍，日本的4.43倍，甚至是印度的1.65倍。与此同时，我国石油对外依存度高达50%，钢铁44%，铜58%，铝30%。如此下去，到2010年，我国大部分重要资源将全部依赖进口。此外，我国污染排放强度高，每单位GDP产生的氮氧化物是日本的27.7倍，德国的16.6倍，美国的6.1倍，印度的2.8倍。每单位GDP产生的二氧化硫是日本的68.7倍，德国的26.4倍，美国的60倍。[②] 可见，资源短缺和环境污染问题已经成为制约中国经济社会发展的突出问题，这使得生态文明教育成为当务之急。大学生是国家的未来和民族的希望，是现代化事业的接班人，他们的思想道德和政治觉悟直接关系到中华民族的整体素质，关系到中国特色社会主义事业的兴衰成败，关系到全面建设小康社会和中华民族伟大复兴目标的实现。因此，加强全民的生态文明教育应重点加强当代大学生的生态文明教育。

2. 加强大学生生态文明教育是高校德育的时代要求

(1) 生态文明教育是大学生形成良好生态道德的客观要求

道德是反映和调整人们在现实生活中利益关系的价值观念和行为规范的总和，是由各种各样的规则所构成的规范体系。道德是随历史的发展而发展的，一定的生产力和生产方式决定和形成一定的道德。生态文明作为一种新的文明形态，它与可持续发展理论、科学发展观和节约型社会的要求具有高度一致性，需要构建生态道德与之适应。所谓生态道德就是调节人与人、人与社会之间关于生态环境利益关系的规范，它超越了以人和社会为本位的传统道德，强调以自然为本以及当代之间和代际之间基于资源环境的权利和义务的平等，体现了人类对自然的道德义务和责任。这种道德要求大学生把道德行为的领域从人与人、人与社会扩展到人与自然之间，将公平、平等、责任、义务等道德准则应用到处理人与自然的关系中去，主动承担起对自然的责任。当代大学生要适应时代需要、在建设节约型社会中贡献力量，必须具有科学的生态道德观，了解自然资源和生态环境知识，正确认识

① 马克思恩格斯全集(第42卷)[M]. 北京：人民出版社，1972：95.

② 国家信息中心经济预测部. 中国宏观经济信息(总第370期). 2004-6-14.

中国的资源和环境现状，自觉履行对生态环境的责任和义务，实现自身由生态觉醒到生态自觉的转变。

（2）生态文明教育是拓展高校德育内容的客观要求

高校德育是一个培养大学生形成良好道德价值观念和道德行为的过程。笼统地说，高校德育的主要内容包括对大学生的共产主义道德、社会公德和职业道德的教育，其既包含对传统道德文化的继承和发扬，也包含对外来道德观念与新的道德观念的批判和吸收。作为生态文明重要组成部分的生态道德，要求尊重和爱护自然，顺应生态规律，形成健康的生活方式和消费方式。这些要求与精神文明建设的目标是一致的，它贯穿于共产主义道德、社会公德和职业道德教育中，蕴含着辩证的哲学观和价值观。在强调可持续发展的今天，对于高校德育来说，这个内容是必不可少的。云南大学曾于 2000 年对本校学生的生态意识、环境知识、生态道德和绿色消费观等做调查。当问及入学前是否接受过有关环保教育时，在 889 人的回答中，有 47 人选择“从未接受过”，有 45 人选择“接受过系统的教育”，有 797 人选择“知道一些零碎的知识”，分别占 5.129％、5.106％和 89.165％。[①] 从该调查中可以看出，我国大学生的公共生态教育是非常薄弱的。正是从这点出发，我们说加强生态文明教育拓展了高校德育的内容。

3. 生态文明教育是促进大学生全面发展的客观要求

生态文明要求人们重视并遵守和谐原则，在社会生活中做到人与自然、人与社会以及人与人之间的和谐相处与共同发展。生态文明的这个要求与我们建设和谐社会的目标是相契合的，因为和谐社会崇尚的和谐共处、公平正义、诚信友爱的价值观也适应于处理人与自然之间的关系。生态文明渗透着人类对文明价值的全新诠释以及对社会发展的理性观察，体现了人们对以往价值观念的重新认识，这对大学生的成长和全面发展有着重要的指导和借鉴意义。生态文明教育可以帮助大学生树立起良好的生态意识和和谐观念，使他们学会正确认识和处理人与人之间、人与自然之间的关系，关爱社会，尊重自然，爱护环境，自觉抵制危害环境的行为，促进自身的全面发展。

二、加强大学生生态文明教育的对策

生态道德教育是高校德育的重要内容，加强大学生生态文明教育是时代发展的要求。所以，高校应当重视生态文明教育，建立和健全生态文明教育的内容和体系，明确生态文明教育的途径和方法，推动我国高校生态文明教育的发展。

---

① 王愉，周鸿．大学生生态教育现状调查研究[J]．云南环境科学，2002(2)．

(一) 把生态文明教育纳入到课堂教学中

(1) 把生态文明教育纳入到思想政治教育课程的教学中

生态文明建立在人类对可持续发展战略认同的基础之上，是人类历史发展的必然选择。加强大学生的生态文明教育，首要的工作是把生态文明教育纳入到思想政治教育课程的教学中，帮助大学生树立科学的生态文明观。所谓生态文明观，即是在谋求人类发展的同时，树立人与自然平衡、协调发展的观念，它包括生态文明的哲学观、价值观、伦理观、绿色消费观及绿色科技观等，其中哲学观、价值观和伦理观对大学生的生态文明观的形成起着重要作用。在思想政治教育课程的教学中培育大学生的生态文明观，就是要求教师在思想政治教育课程的课堂上，通过对人类生态足迹的描述，教育学生用发展的眼光看待人类文明的进程，以和谐观念和全球意识辩证地看待人与自然的对立和统一关系，充分认识生态平衡是人类整体利益所在，保护生态平衡就是保护我们自己的家园。同时，让学生认识到生态文明和生态道德关乎你我，教育他们认识到自然生态的平衡依赖无数个人对待自然和环境的态度和行为，督促他们从现在做起，从自我做起，为推动人类生态文明的形成贡献力量。

(2) 把生态文明教育纳入到公共必修课的教学中

1975 年 10 月，联合国教科文组织和联合国环境规划署在贝尔格莱德召开了国际环境教育研讨会，通过了《贝尔格莱德宪章》，首次在全球范围内提出环境教育，以促进全人类认识、关心环境，了解解决资源和环境问题的知识、技能、态度、动机和义务。今天，国外的生态教育已经非常成熟，特别是在高等学校。美国已经在全国普及了高校公共基础生态教育，并重点培养了一批生态教育方面的师资。美国的威斯康星大学、密执安大学等都开设了为期 4 年的生态教育专业课程，培养生态教育方面的专职教师，并颁发生态教育教师资格证书。俄罗斯的综合性大学都设有生态学专业，并将《普通生态学》等课程作为文理科大学生的必修课。

相比国外，我国的生态教育才刚刚起步，还停留在认识领域，还不完善，不成熟，特别是在高等院校。生态教育还远远不能满足社会的需要。据调查，目前非生物、环境专业开设与生态相关的选修课的院校仅占全国高校总数的 10％左右，接受教育的学生数量只占很小比例。因此，扩展我国高校的生态教育势在必行。具体而言，首先，确立高等院校生态教育的体系，把生态教育纳入到高校的教学改革中；其次，由教育部牵头组织专家编写系列生态教育的教材，内容包括有关自然资源和生态环境保护各方面的知识，力求通俗易懂，微言大义；再次，把生态教育课程列为高等学校的公共必修课，要求各高校组织专业教师认真讲授；最后，有关部门加大投入，培养一批优秀的生态教育方面的师资。通过这些措施，建构中国的生态教育体系和框架。

（二）把生态文明教育纳入到校园文化建设中

校园文化是校园内的一切文化现象的总和，它一般分为表层面的物质形态的校园文化、中层面的制度形态的校园文化和深层面的道德形态的校园文化三个层面。道德形态的文化是校园文化的核心和支柱，而生态道德就属于这个层面。校园文化具有丰富性、开放性、具体性和生动性等特点，能够使学生能动地接受多方面的信息刺激，在愉悦中增长知识，培养能力，进而实现自我的全面发展。把生态文明教育纳入到校园文化建设中可以推动大学生生态文明观的养成。具体而言，把生态文明教育纳入到校园文化中，应做到以下几点：一是利用校园报刊、网络、宣传栏等媒介推广自然资源和生态环境方面的知识，特别是推广那些通俗易懂、与每个同学息息相关的环保方面的知识，比如绿色消费包括哪些内容、废旧电池如何回收利用等；二是鼓励学生成立一些环境保护方面的社团组织，通过这些组织吸引学生关心环保、宣传环保；三是聘请环保专家定期在学校进行一些大型的环保知识讲座，普及生态知识，帮助学生树立良好的生态观；四是通过组织演讲比赛、辩论赛和环保知识竞赛等，推动学生参与到环保知识的学习当中。通过这些措施，潜移默化地影响学生的道德观念，使学生认识到人类只是生态系统的一部分，学校就是一个生态子系统，从而逐渐形成良好的生态文明观和生态道德观。

（三）把生态文明教育推进到实践中

“纸上得来终觉浅，绝知此事要躬行。”生态文明教育不能仅停留在课堂上和书本上，而且要具体到实践中，让学生在实践中感受到生态文明行为的重要性，从而观照自己的认知和行为，加以改进、提高。比如在指导学生建立适度消费和绿色消费观念方面，学校可以从食堂一次性餐具的使用、废旧电池回收利用等方面展开宣传，从而使学生切身感受到环保的重要性，并积极参与其中。另外，学校也可以组织学生到生态企业、生态工业园和绿色社区中考察，参观，让他们切实感受到生态社会带来的效应，从而在内心深处认识到生态文明的重要性，进而端正自己的思想和行为。

高校大学生生态教育：需求、供给与对策

——基于陕西省部分高校的问卷调查结果

摘　要：通过问卷调查和座谈访谈的形式对陕西省部分高校大学生生态文明素养及所受生态教育的状况进行了调研，发现大学生生态文明素养有待提高，客观现实要求必须加强他们的生态教育，但是目前高校生态教育的开展却并不完备和规范，因而就产生了大学生对生态教育的客观需求与高校生态教育的实际供给之间的矛盾。要解决这一矛盾，必须理顺生态教育管理体制和推进机制，构建科学的生态教育教学体系，开展多样化的生态保护实践活动，造就优秀的生态教育师资队伍。

关键词：生态教育；大学生；高校；陕西省

生态教育是指为实现人与自然的相互依存、相互促进、共生共荣而对社会成员进行生态知识、生态技能、生态道德、生态伦理以及生态保护战略等方面教育的活动。通过生态教育活动，可以推动社会成员对生态知识、技能的掌握，增进他们对生态危机及其治理的认同，帮助他们形成良好的生态意识和生态行为，全面提升他们的生态文明素养。生态教育包括家庭生态教育、学校生态教育和社会生态教育三部分，其中正规的学校生态教育是关键，它联结着家庭生态教育和社会生态教育，贯穿于学校的教育思想、理念和活动之中。

大学生是国家的未来和民族的希望，是生态文明建设的潜在决策者、推动者和主力军，肩负着引领社会风气、带动社会观念转变的责任，其生态文明素养如何直接关系到社会主义生态文明能否真正实现。《第比利斯政府间环境教育会议宣言和建议》指出："大学的环境教育将逐渐区别于传统的教育，它会传授给学生在未来职业中所需的基本知识，使他们能对环境产生有益的影响。"[①]目前在我国，系统而正规的学校生态教育虽然已经在中小学阶段展开，但是并没有在大学阶段延续和深化，这割裂了生态教育的连续性和衔接性，不利于大学生终身生态教育理念的养成和生态文明素养的最终形成。本文以陕西省部分高校为样本，通过问卷调查和座谈访谈的形式了解大学生生态文明素养及所受生态教育的状况，分析高校生态教育的客观需求与实际供给之间的差距，在此基础上提出推进生态教育的对策。

---

① 李久生，谢志仁. 论环境教育三维体系[J]. 教育科学，2004(5).

一、当代大学生生态文明素养调查

生态文明是在反思人类单向度征服自然、改造自然进而引致全球性生态危机的工业文明的基础上，重新审视人类与自然互为主体、双向建构的辩证关系而提出的一种新的文明形态，它是人类在21世纪要努力实现的目标之一。在当代中国，社会主义生态文明是实现全面建设小康社会奋斗目标的新要求，是落实科学发展观、建设资源节约型和环境友好型社会的新期待，它的建设和实现与整个国民的生态文明素养密切相关。

大学生是国家的未来和民族的希望，是未来生态文明建设的决策者、推动者和主力军，他们的生态文明素养如何直接关系到社会主义生态文明能否真正实现。本文根据Scheaffer抽样公式确立调查样本(1400份)，然后综合办学层次、学校性质、学生规模等因素，选取陕西省的西安交通大学、西安电子科技大学、西北政法大学和西安石油大学的大三学生为调查对象，运用简单随机抽样的方法，分别在四所学校发放调查问卷354、443、266、337份，其中收回有效问卷1275份，有效率为90.07%。通过问卷调查的形式，掌握目前高校大学生生态文明知识了解、生态文明意识形成和生态文明行为养成的状况，分析他们生态文明素养的表征，进而在此基础上提出提升大学生生态文明素养的对策性建议。

(一) 生态文明知识的了解状况

生态文明知识是生态文明素养中最基本的构成要素，它包括通识性生态学知识和生态保护知识两部分，前者主要描述具有整体性、复杂性、系统性特征的生态系统的构成、功能和演化规律等，后者主要说明具有社会性、能动性、创造性的人类在生态系统中的义务、责任和做法。通过对大学生生态文明知识掌握状况的调查，了解他们所拥有生态文明知识的结构、特点，以更好地分析他们的生态文明意识和生态文明行为。

(1) 通识性生态学知识了解状况。根据受众对象的不同，生态学知识可以分为专业性生态学知识和通识性生态学知识，前者主要是指具有理论性和系统性、作为一门科学的生态学知识，后者主要是指一般性的、具有普及意义的生态学常识。与生态文明建设要求一致的、作为生态文明素养构成部分的生态学知识主要是指后者，即通识性生态学知识，它是一般大众应该知晓的，包括生态系统的构成、结构和功能；自然资源的类别、生态价值和服务功能、分布及存量状况；生态环境污染的类型、特征、危害、治理等。我们可以从三个方面了解大学生对通识性生态学知识的了解状况。

其一，对生态系统整体的了解方面。生态系统是人类经济社会生存发展的基础，人类从自然界中获取自然资源，然后生产出产品满足自身的物质文化需求，并最终将生产和消费过程中产生的废弃物吸收、转化排放到自然界中。通过问卷调查发现，大学生尽管生活于生态系统之中，取之、用之，但对之却缺乏了解。生态是“生物之间以及生物与环境之间的相互关系与存在状态”，然而知道这一概念的大学生仅占被调查者的 47.22％，很多被调查者将“生态”概念简单地理解为动物、植物和微生物的组合(17.46％)、生物圈(18.29％)、人与自然(10.97％)、经济系统与自然系统(6.07％)。生态系统是指生物群落及其地理环境相互作用、能量和物质闭路循环的自然系统，由生产者、消费者和分解者三部分组成，其中扮演生产者角色的主要是各种绿色植物。然而，了解绿色植物在生态系统中所承担功能的被调查者只占 54.82％，还有很多大学生把人类当做生产者。另外，森林被誉为“地球上的基因库、碳贮库、蓄水库和能源库”，然而能够辨识并选择正确的被调查者仅占 41.91％，尚不及被调查人数的一半。

其二，对自然资源价值和功能的了解方面。自然界中每一种自然资源都有其经济、文化、生态价值以及生态服务功能，对维持人口再生产、物质再生产以及整个生态系统的稳定性起着重要作用。了解自然资源在生态系统中的价值和功能，是养成节约资源、保护资源习惯的前提。调查问卷以森林、草地和能源资源等为例，对大学生进行了考查。调查结果显示，被调查者对森林资源的生态价值和服务功能大都有所了解，表现为涵养水分(95.68％)、保持水土(93.54％)、净化空气(93.65％)、丰富生物品种(82.74％)、减轻噪音污染(80.34％)，仅有 2.90％的学生不知道森林资源具有以上生态服务功能。同样，被调查者也大都了解草地资源的生态价值和服务功能，但是熟悉程度要比森林资源低，表现为净化空气(63.36％)、清洁水源(59.09％)、保持水土(83.79％)、防尘护沙(80.82％)、调节小气候(70.58％)，尚有 16.43％的学生不知道草地有上述生态服务功能。在对能源资源的了解方面，有 74.56％、84.49％的被调查者知道水能、太阳能是可再生能源，也有 5.68％、5.42％、15.87％的被调查者错误地认为煤炭、石油、天然气是可再生能源。

其三，对生态环境重要性和环境污染危害性的了解方面。生态环境是人类生存和发展的基础条件，对于人类自身的繁衍生息、经济发展和社会进步起着重要作用。进入工业文明以来，人口增长、城市化和工业化的发展，逐渐侵蚀和破坏了人类的生存环境，环境污染现象严重，环境灾难频繁发生。由于环境污染直接威胁到人类的生存和发展，因而有时生态问题被简化为环境污染问题被人们所关注。

通过问卷调查可知，大学生对于生态环境的重要性有清醒地认识，90.08％的被调查者了解生态环境对人类生存和发展的作用，82.32％的被调查者知晓可持续发展战略，即发展既要满足当代人的需要，又不对后代人满足需要的能力构成危害，仅有 1.11％的被调查者将可持续发展等同于经济的持续增长，完全曲解了可持续发展的含义。对于环境污染的危害性，被调查者也有不同程度的认知，见表 1。

表1　大学生对环境污染的认知状况

选　项	知道	不知道
您是否知道工业“三废”(废水、废气、固体废弃物)	87.21%	12.79%
您是否知道废旧电池对环境的负面影响	76.32%	23.68%
您是否知道电子垃圾对环境的负面影响	51.23%	48.77%
您是否知道汽车尾气对环境的负面影响	89.24%	10.76%
您是否知道一次性用品对环境的危害	67.72%	32.28%
您是否知道长期处于90分贝噪声中会发生耳聋	28.47%	71.53%

从表1中可以看出，被调查者大都对一些常见污染的危害性有相当了解，但是并不均衡和全面：绝大多数人对工业“三废”污染、大气污染、废旧电池带来的有毒物质污染等有所了解；半数以上的人对电子垃圾、一次性用品引起的环境污染有所了解；仅有28.47%的人对噪声污染有比较准确的了解。

(2)生态保护知识了解状况。人类作为区别于其他生物的具有社会性、能动创造性的生命存在，能够凭借复杂的大脑及生成的逻辑记忆和推算能力，通过社会实践活动影响生态系统的稳定性、平衡性和可持续性。吸取工业文明时期的教训，人类必须重新审视自身在生态系统中的地位、责任和义务，按照生态系统运动的规律和调控人类与自然关系的规律，制定科学的社会经济发展战略，正确处理人与自然、经济发展与生态保护之间的关系，实现经济与人口、资源、环境的协调统一，保护生态，关爱生态。生态保护方面的知识包括人类的生态责任界定、生态保护战略、生态保护制度、生态保护措施以及生态文化等。

要实现经济发展与生态保护相协调，首先要制定有利于生态保护的发展战略，既实现人类经济社会的可持续发展，最大限度地满足人类的物质文化需求，又不破坏生态系统内部的结构和服务功能，最大可能地满足人类的生态需求。20世纪60年代以来，国际社会陆续提出了循环经济、绿色经济、可持续发展、生态文明等一系列战略思想和理念，以指导各国的生态保护实践。被调查者对这些战略思想有不同程度的了解，依次为可持续发展(74.52%)、绿色消费(57.19%)、生态文明(52.13%)、低碳经济(47.25%)、循环经济(39.07%)、绿色GDP(31.43%)。由此可以看出，相对于对政治事件、经济热点和娱乐新闻的关注，大学生对有关生态保护的社会经济发展战略在整体上缺乏了解。

生态保护战略的推进关键靠制度建设，核心是法制建设，即通过立法的形式将节约资源、保护资源和治理污染的理念、原则和奖惩措施确立下来，以推动生态保护的科学化、规范化和有序化。调查结果显示，多数大学生对于生态保护法规了解甚少，他们之中分别有49.50%、53.19%、40.28%、36.34%和29.12%的被调查者听说过《京都议定书》《保护臭氧层维也纳公约》《濒危野生动植物物种国际贸易公约》《联合国气候变化框架公约》《生物多样性公约》，有 18.23％的被调查者对这些公约一无所知。在国内生态保护法规方面，他们听说过的生态保护法规及占被调查者的比例为：中华人民共和国环境保护法》，占60.83％；《中华人民共和国野生动物保护法》，占 45.10％；《中华人民共和国森林法》，占 25.48％；《中华人民共和国草原法》，占 17.93％；《中华人民共和国节约能源法》，占 24.83％；26.40％的被调查者从未听说过以上法律。当问及“您知道公民有哪些环境权”时，被调查者的选择及比重是：不受噪声、振动、污染的权利，占 68.55％；参与国家环境管理的权利，占 37.23％；呼吸新鲜、清洁空气的权利，占 45.08％；享有饮用清洁、卫生水的权利，占 54.39％；对污染破坏行为进行监督、检举和控告的权利，占 70.77％；16.15％的被调查者不知道有哪些权利。

生态保护还需要生态文化的普及和环保组织的参与。自 20 世纪五六十年代以来，随着世界性环境公害事件的出现，西方学者开始关注生态危机，撰写了《寂静的春天》《沙乡年鉴》《瓦尔登湖》《增长的极限》等一批宣扬生态保护的经典著作，推动了绿色生态运动的崛起和深入。经过调查发现，读过以上名著的学生占被调查者的比例分别为 13.33％、6.48％、17.83％、4.28％，还有 64.71％的人没有读过以上任何一本著作。而当问及“您是否知道世界环境日是哪一天”“您是否知道‘地球一小时’活动”时，有 47.13％和 16.92％的被调查者选择“不知道”。可见，大学生对生态文化和以生态保护为主题的宣传活动缺乏足够的了解。另外，生态保护还需要环保组织的参与。20 世纪 90 年代以来，国内涌现出了一批比较著名的民间环保组织，然而大学生对他们并不熟悉，听说过最早和最有影响的环保组织——自然之友的大学生仅占被调查者的 15.64％，听说过北京地球村、绿家园志愿者、绿眼睛等环保组织的人也占不到被调查者的 1/3，分别为 26.35％、19.37％、10.75％，还有 48.46％的被调查者从未听说过以上环保组织。

（二）生态文明意识的形成状况

生态文明意识是指尊重生态系统的完整性与稳定性、敬畏和关爱自然并努力实现人类与自然和谐相处的一种态度、信念和价值取向，它是人类对生态危机的能动反映，涉及如何科学评价生态系统中人类的地位、作用和责任，如何正确认识人类与自然、经济发展与生态保护之间的关系，以及将生态知识、技能转化为生态文明行为的愿望等。

考查当代大学生生态文明意识的形成状况，首先要看他们对人类在生态系统中地位、作用和责任的认知状况，这直接决定着他们能否辩证地看待人与自然的关系。调查结果显示，大学生对人与自然关系的理解存在较大差别，21.86％的被调查者认为人是主体，应该改造、利用自然；24.65％的被调查者认为自然是主体，人类应该顺从自然；56.49％的被调查者认为自然和人都是平等主体。这表明在当代大学生群体中存在着人类中心主义、生态中心主义和平等主体主义三种生态伦理倾向，但是从各自所占被调查者的比重可以看出，他们中的大多数已经抛弃了工业文明时期将人与自然二元对立的自然观，希望人类尊重自然、爱护自然。同样，在经济发展和生态保护的优先顺序方面，大多数被调查者已经认识到过去那种片面强调增长速度的经济数量型增长的弊端，要求在生态良好的基础上推动经济的质量型增长，真正实现人与自然相互依存、相互促进、共生共荣。调查结果表明，仅有5.75％的被调查者认为应该优先发展经济，然后再保护生态；32.59％的被调查者认为应该优先保护生态，在此基础上发展经济；54.46％的被调查者认为发展经济和保护生态应兼顾进行。

其次，要看大学生对生态危机的认识状况。生态文明意识是生态存在的能动反映，它的形成与生态状况的变化紧密相关，也就是随着世界环境危机、能源危机等的出现，人类才越来越认识到生态问题的严重性和重要性。通过调查发现，超过85％的被调查者认为生态危机是全球性的危机，影响着人类的未来；54.32％的被调查者认同生态危机是工业文明发展的结果。另外，新中国成立后随着人口的膨胀以及工业化、城市化的发展，中国的生态状况积累性恶化，制约了经济的持续健康发展，影响了人民群众的生存环境和生活质量。当代大学生也感受到了这种生态压力，普遍具有生态危机意识和忧患意识，其中有65.91％的被调查者认为中国生态环境恶化严重。对于具体的资源破坏和环境污染状况，他们也深有感受，分别有52.61％、87.63％、76.43％的被调查者认同中国的耕地、林地、草地面积逐渐减少；84.40％的被调查者认同中国的沙漠化速度加快；80.26％的被调查者认同中国的工业“三废”排放严重。基于对我国生态危机的这种认识，大多数被调查者意识到了生态保护的重要性，其中62.82％的被调查者认为“非常重要”，17.45％的被调查者认为“比较重要”。

表2　大学生日常生活中的生态文明意识调查

项　目	是	否
您是否赞成使用一次性筷子、纸杯等	1.72％	98.28％
您是否赞成自己带购物袋去超市购物	57.46％	42.54％
您是否赞成发展大公交、减少私家车	63.32％	36.68％
您是否赞成禁食野生动物	90.12％	9.88％
您是否愿意参加学校组织的植树造林活动	94.36％	5.64％
您是否愿意参加学校的环保社团	51.34％	48.76％
您是否愿意参加一些公益性的环保活动	62.56％	37.44％
您是否愿意做环保志愿者	86.14％	13.86％

再次，要看大学生日常生态文明意识的形成状况。生态文明意识最终体现在日常生活方面，表现在大学生能否将生态文明的理念贯穿于思维意识之中。由表2可以看出，大多数被调查者能够在日常生活中养成生态文明意识，赞成有利于生态文明的做法，并愿意投

身到生态文明建设之中。另外，当身边的人不爱护生态环境时，45.74%的被调查者会上去劝阻他们；46.32%的被调查者表示不赞成那样做，但不会上去劝阻；6.44%的被调查者则认为与自己无关，是政府应该管的事。这说明在青年学生中，既存在将生态责任理解为公共责任的勇于担当的公众意识，也存在将生态责任理解为我之责任的自律意识，还存在事不关己、高高挂起的观望意识。

最后，要看大学生对一些有关生态文明事件的关注状况。大学生作为社会主义现代化的建设者，也是未来生态保护决策的制定者和生态保护战略的推进者，他们不仅需要在日常生活中形成生态保护意识，而且还需要有一种胸怀天下的生态情怀。然而，经过调查发现，大学生缺乏对生态问题的积极关切，对很多具有影响力的生态事件并不熟悉和了解。当问及“当您阅读报纸、网络新闻或者看电视时，是否会注意有关生态文明建设方面的信息”时，仅有35.24%的被调查者给予肯定回答。当问及“您了解以下哪些生态事件”时，被调查者的选择为太湖蓝藻爆发(55.12%)、松花江污染(71.40%)、金光毁林风波(27.09%)、怒江水电开发争论(21.74%)、均不知道(13.59%)。由此可见，大学生更多地关注自身生态文明意识的培养，认为这是道德和伦理约束下应该做的事情，对于全球性和全国性的生态事件，则缺少自觉地关注。

(三) 生态文明行为的养成状况

生态文明行为是生态文明素养的外化和集中体现。大学生生态文明素养的养成基本上经历了这样一个不断递进的过程：首先，生态恶化现象引起大学生的关注和重视，在他们心中产生共鸣和认同；其次，在大众媒介宣传和学校、家庭教育的影响下，他们将所了解的生态知识、技能自觉地内化为保护生态的情感和愿望；最后，在刚性制度和柔性观念的约束下，他们将生态文明意识付诸实践外化为生态文明行为，并最终固化为习惯、素养。所以，要实现这一进程的有效衔接、完成生态文明意识向生态文明素养的全面转变，生态文明行为的养成至关重要。

表3 大学生生态文明行为调查

项　目	是	否
您是否在吃自助时按照自己的需要取饭菜	67.32%	32.68%
您在关闭电脑主机后，是否关闭了显示器	76.24%	23.76%
您是否经常双面使用纸张	68.66%	31.34%
您到超市是否拒绝过使用塑料袋	35.67%	64.33%
您是否经常按照分类要求丢弃垃圾	89.78%	10.22%
您是否将矿泉水、纸盒等垃圾积攒起来，集中处理	36.25%	64.75%

从表 3 中可以看出，很多大学生已经逐渐将生态文明意识转化为生态文明行为并付诸实践，节约使用资源、循环利用废旧物品，并杜绝一次性用品、自觉对垃圾进行分类。但是，从调查结果可以看出，对于具有间接性和隐蔽性的白色污染——塑料垃圾，他们中的大部分却没有拒绝使用它。这说明大学生的生态文明意识并未完全转化为生态文明行为，知与行、观念选择与行为选择之间还存在一定距离。另外，很多被调查者尽管已经养成了不乱扔垃圾的习惯，但是尚未将这种行为进一步升华，转化为具有更高自觉性、能动性的垃圾集中处理行为。

除了自觉参与身边的生态文明实践外，大学生作为具有较高知识素养和公德意识的社会群体，还特别注重公共场所的生态文明行为。调查问卷显示：超过 85%的被调查者能够做到不随地吐痰；超过 80%的被调查者能够做到不在公共场合抽烟和大声喧哗；超过 75%的被调查者能够做到不随便践踏草坪，游山玩水时不乱扔废弃物。另外，78.36%的被调查者确认曾经主动关掉自习教室的灯管，82.45%的被调查者表示自己按照需要使用自来水。

然而，尽管很多大学生能够在日常生活中做到保护环境、关爱生态，但是尚不能说他们已经具备很高的生态文明素养。由于生态文明知识的缺失或者不全面，导致他们的生态文明行为在很多方面缺位。比如，仅有 28.88%的被调查者在购物时注意过商品是否有环保标志，还有 41.27%的被调查者不太注意或根本不注意；仅有 15.32%的被调查者在洗衣服时曾经注意过洗衣粉是否含磷成分，其余 84.68%的被调查者则表示从来没有注意过。大学生生态文明知识的不均衡性和不全面性，直接影响了他们的生态文明意识和生态文明行为。

另外，在公益性生态保护活动的参与方面，大学生表现得也并不热心和积极，仅有 11.84%的被调查者参加过学校环保社团组织的活动，4.24%的被调查者参加过校外的公益性环保活动，还有绝大部分被调查者从未参加过任何组织开展的生态保护活动。之所以出现这种情况，可能有三种原因：其一，被调查的高校没有环保类的社团，或者有相关社团但没有开展相应的活动；其二，被调查的高校没有组织过环保类的公益活动，而学生信息来源渠道少，企图参加而找不到路径；其三，学生忙于自己的学业无暇参与或者根本不愿意参与此类活动。

(四) 结论

目前，学术界对大学生生态文明素养问题的研究多规范性分析少实证性论证、多政策建议少现状描述，导致的结果是研究停留在对西方理论的移植和套用层面，缺少对客观现实的回应和关切。本文通过问卷调查的形式，按照生态文明知识的了解—生态文明意识的形成—生态文明行为的养成这一逻辑思路，对陕西省部分高校大学生生态文明素养状况进行了调查。根据问卷调查的结果，我们大致可以得出以下结论：

（1）在生态文明知识的掌握方面：有了解，不够全面。调查结果表明，在各种媒介的渲染以及家庭和学校教育的影响下，大多数学生对生态系统的重要性有了相当地认识，特别是对于所熟悉的自然资源的生态服务功能和日常生活中的环境污染源认识深刻。存在的不足是，他们对生态系统整体的价值和功能以及一些不太常见的污染物缺乏了解，对与生态保护相关的国家战略缺乏关注，对有关的生态保护法规、环保组织以及宣扬生态伦理的经典著作并不熟悉。从总体来看，大学生对生态文明知识的掌握更多地停留在感性层面，不全面、不系统、不深入，与他们应该具有的综合知识储备、知识素养水平并不相称。

（2）在生态文明意识的形成方面：已觉醒，还不健全。调查结果显示，大多数学生认为人与自然、经济发展与生态保护要和谐，人口、经济、资源和环境要协调，工业文明时期那种单向度掠夺自然、破坏生态系统的理念应该被丢弃。同时，他们对中国的生态危机有着清醒地认识，对具体的自然资源破坏和环境污染现象也很关注。在日常生活中，他们基本上赞成有利于生态文明的行为，并愿意参与环保社团或其他组织所开展的公益性环保活动并充当志愿者。但是概括而言，大学生的生态意识还刚刚觉醒，还不健全，他们对于一些具有广泛影响的、重大的生态事件缺乏了解，缺少更开阔的生态视野和情怀。

（3）在生态文明行为的养成方面：虽开始养成，但仍存在缺位。生态文明并不仅仅是一种理论，更是一种实践和行动。从调查结果可以看出，大学生已经开始将生态文明理念逐渐转化为行为，从自身做起，从当下做起，保护和关爱生态环境。但是目前存在的问题是，他们并未将生态文明意识完全转化为生态文明行为，从理念到行为还有一定差距，生态文明行为还存在缺位的现象。比如，很多大学生赞同拒绝使用一次性用品和超市塑料袋，但是却很少有人真正去那样做。另外，当代大学生的生态文明行为在公共领域表现得尤为突出，显示了较高的素养和素质，但是在私人领域表现得稍逊一些，在面对稍微专业的问题时，生态文明行为受生态文明知识的限制较大。

当然，由于生态文明素养涉及的内容非常庞大，所设计的题目不可能涵盖所有的方面。另外，所调查的单位和对象也都有局限性，无法完全覆盖各类高校的各类学生群体。综合这些因素，问卷调查的客观性、普遍性受到一定的影响，但是总体而言，调查结果还是基本上反映了当前大学生生态文明素养的现状。

二、高校开展生态教育的状况分析

人与自然之间的关系是由人与人、人与社会的关系决定的，生态危机本质上是文化危机和价值观危机，一国的文化传统、思想观念对生态危机的形成和解决产生重要影响。而要转变人们的思想观念、实现人与自然的和谐相处，则必须重视生态教育。目前，在美、英、德等发达国家，生态教育已经成为国家教育计划的一项重要内容，很多高校将之列为非专业学生的必修课，以引导大学生形成良好的生态道德、生态情感和生态行为习惯，推动一国文明形态由工业文明向生态文明的转变。

我国高等学校的生态教育始于20世纪70年代，起步于80年代，发展于90年代，兴盛于2000年以后。我国政府对生态教育的重视最早可以追溯到1973年，在当时召开的第一次全国环境保护会议上通过了《关于保护和改善环境的若干决定(试行草案)》，明确要求"设置环境保护专业和课程，培养技术人才"。此后，少数比较著名的理工类或综合性大学，如清华大学、北京大学、中山大学等，尝试开设环境学、生态学相关的专业以培养专门人才。后随着《人类环境宣言》《贝尔格莱德宪章》《第比利斯政府间环境教育会议宣言和建议》等的发表，生态教育日益受到重视并成为国际社会的共识，国内一些高校开始以选修课的形式开展通识性的生态教育，但是当时并不普遍。只有到了90年代以后，随着可持续发展战略的提出，人口、资源、环境问题被纳入到大学生国情教育之中，以此为转折点，专业性和通识性的生态教育才逐渐被高校所重视。本世纪以来，随着循环经济、科学发展观、和谐社会、生态文明、低碳经济等一系列有利于生态保护的战略思想和理念的提出，生态问题作为关系中国未来的全局性、根本性问题被整个社会所关注。高等学校顺应了时代要求和社会需要，纷纷创办生态学、环境学、生物学相关专业，设立通识性的生态教育课程，开展以生态保护为主题的宣传活动。

但是，受管理体制、师资力量、思想观念等因素的影响，目前高等生态教育的推进在各地区、各学校表现并不同。在陕西省部分高校调查的结果表明，42.81%的被调查者认为自己主要是在小学阶段接受的生态教育，12.35%、27.50%、8.04%的被调查者分别认为是在幼儿园、初中和高中阶段，仅有2.88%的被调查者认同自己接受生态教育主要是在大学阶段。另外，还有9.30%的被调查者认为自己从未接受过学校生态教育。与此相对应的是，63.55%的被调查者认为自己已经养成了保护生态的习惯，其中分别有85.61%、10.79%的被调查者认为是从小学、中学阶段养成的习惯，仅有3.60%的被调查者选择大学阶段。

之所以被调查者认为自己在大学阶段没有接受或者只接受了较少生态教育，可能有三种原因：第一，高校没有开设相关课程，大学生没有接触到更深层次的生态教育；第二，高校开设了相关课程，但是效果不明显；第三，高校没有或者较少开展有关生态保护方面的宣传教育和实践活动。从调查结果可以看出，仅有18.49%的被调查者承认所在学校开设了生态教育相关的选修课或必修课，51.13%的被调查者认为学校没有开设相关课程，还有30.38%的被调查者不清楚所在学校是否开设此类课程。选修过生态教育相关课程的学生，72.15%的被调查者认为学有所获，20.34%的被调查者认为收获不大，原因是：教学方式陈旧(78.12%)、实践环节缺乏(48.94%);教学内容与中学有重复(38.72%)、课时不够(12.26%)。可见,如果开设生态教育方面的课程,大多数学生还是能够有所收获,如果再能完善生态教育的教学方式、方法并修正相关内容,则更能满足学生的期望。

目前,在全国统编的马克思主义理论研究和建设工程重点教材《马克思主义基本原理概论》(简称"原理")、《毛泽东思想和中国特色社会主义理论体系概论》(简称"概论")、《中国近现代史纲要》(简称"纲要")和《思想道德修养与法律基础》(简称"基础")四门高校本科生思想政治理论必修课中不同程度地涉及了生态文明的相关内容。比如在"原理"的第一章第一节论述了人类与自然界的统一性及实践在实现人类与自然之间物质代谢关系中的作用,同章第三节"客观规律性与主观能动性"部分阐述了自然规律的特点以及人类如何遵循自然规律等;在"概论"的第八章第四节"促进国民经济又好又快发展"和第十一章"构建社会主义和谐社会"部分重点论述了协调人与自然、经济发展与生态保护之间关系的重要性以及建设资源节约型、环境友好型社会的含义、要求和意义等;"基础"在第三章第四节"领悟人生真谛,创造人生价值"中提到了如何看待人与自然的关系、把握人类改造自然的尺度以及如何建设社会主义生态文明的问题,在第五章第二节"公共生活中的道德规范"部分提到大学生要牢固树立环境保护意识,身体力行保护环境;"纲要"在第十章第四节"全面建设小康社会"部分简要介绍了中国共产党所提出的科学发展观、和谐社会等战略思想和理念,包含了人与自然相和谐的内容。

尽管在思想政治理论课的讲授过程中,教师将教材体系转化为教学体系可能会根据课程特点拓展或深化生态文明方面的教育,但是从现有教材的内容设置和课时安排来看,生态文明建设和大学生生态文明教育的必要性并没有得到充分体现,存在的主要问题是:

其一,生态文明建设的重要性不突出。生态问题是挑战中国未来的一个具有战略性、全局性的突出问题,也是公众所关注的焦点问题。20世纪末以来,党和政府提出的经济增长方式转变、可持续发展、循环经济、科学发展观、和谐社会、资源节约型和环境友好型社会等战略思想和理念都与生态问题的解决紧密相关。十七大首次将"生态文明"写入政治报告中并要求全社会牢固树立生态文明的观念,标志着党对生态问题的重视上升到了新的高度。然而,在思想政治理论课中,生态文明的重要性并没有在教材中得到充分体现,虽然个别章节有所涉及,但是不深入、不突出。比如"基础"虽然涉及了如何认识和看待人与自然的关系,如何坚持人类改造自然的尺度,如何建设社会主义生态文明,以及如何培养大学生的生态保护意识等内容,但是论述简约且不深入,仅仅停留在一般性知识的阐述方面。在"纲要"中,生态问题几乎没有被提及,只是在阐述树立和落实科学发展观、构建社会主义和谐社会的内容时,提到统筹人与自然的关系、实现人与自然的和谐,但是没有做具体论述。

其二，生态文明教育的主旨不完善。大学生作为即将走出校园、建设社会主义现代化的高素质群体，对他们的生态文明教育必须有一种社会化、职业性倾向。《第比利斯政府间环境教育会议宣言和建议》指出："大学的环境教育将逐渐区别于传统的教育，它会传授给学生在未来职业中所需的基本知识，使他们能对环境产生有益的影响。"[①]也就是说，高等生态教育要结合大学生所学专业、可能从事的职业重点进行生态伦理、生态道德、生态决策、生态审美以及绿色技术等方面的教育。然而，目前思想政治理论课中所涉及的生态文明教育缺乏这样明确的目的。如"基础"在论述人与自然的关系时没有将之与大学生职业道德、社会公德的培养紧密联系起来，没有体现协调人与自然之间的关系对大学生人生观、价值观的影响；"原理"尽管对马克思主义生态观进行了一定程度的阐释，但是没有很好地揭示资本主义社会人与人之间关系的异化对人与自然关系异化的影响，缺乏对大学生形成科学认识生态危机的世界观和生态审美意识的引导。

其三，缺乏与中小学生态教育的有效衔接。生态文明教育本质上是终身教育，很多发达国家如英、美、德、法等都建立了从幼儿园到大学的完善、正规的学校生态教育体系。在我国，2003 年教育部印发了《中小学生环境教育专题教育大纲》，对如何促进中小学生环境知识的掌握、环境保护意识和行为的养成做了指导性的规定，但是迄今为止对大学生的生态文明教育并没有做明确要求，这导致了高等生态教育和中等生态教育的脱节。现有思想政治理论课整体上既没有强化中小学生态教育的内容，也没有在此基础上拓展和深化，割裂了高等生态教育和中等生态教育的有机联系，不利于大学生终身生态教育理念的形成和生态文明观念的牢固树立。

其四，缺乏课程间的明确分工，内容交叉、重叠。目前，四门本科生思想政治教育课关于生态文明教育的内容分工不明确，重叠、交叉和重复现象严重。比如在如何看待人与自然的关系方面，"基础"和"原理"都有所涉及，"基础"关于人类把握利用、改造自然的尺度的内容与"原理"认识和遵循自然规律的内容有重叠；在生态文明建设的对策方面，"基础"提到形成节约能源资源和保护生态环境的产业结构、增长方式、消费模式，发展低碳经济和循环经济，建设资源节约型和环境友好型社会等，而"概论"课则在建设资源节约型、环境友好型社会部分也阐述了相同的内容。

由于教材内容设计方面存在的问题，加上教师知识结构、思想认识等方面的原因，在思想政治理论课中开展生态文明教育的效果并不理想。通过问卷调查发现，90.98%的被调查者认同在思想政治理论课的学习过程中曾经接受过生态文明方面的教育，但是认为比较全面和充足的仅占被调查者的 22.72%，49.61%的被调查者认为一般，还有 23.40%的被

---

① (美)唐纳德·沃斯特．自然的经济体系：生态思想史[M]．北京：商务印书馆，1999．

调查者认为不充分、不全面。当被问及"您对思想政治理论课所涉及的生态文明教育持否定态度的原因"时，学生的选择是：论述不充分，缺乏系统性(62.14%)；教学方式陈旧(48.52%)；实践环节缺乏（36.94%)；教学内容与中学有重复(25.48%)；课时不够(9.26%)。由此可见，教材内容、教学内容、教学方式等因素影响大学生对思想政治理论课所开展的生态文明教育的认同。

实际上，生态教育不仅表现为课堂教育，还包括宣传教育和社会实践教育。学生社团是大学生自发形成的以共同志趣、爱好为出发点的非正式群体组织，是联系大学生与社会的桥梁和纽带，而绿色社团是推动校园生态教育的重要载体和途径。然而，经过座谈访谈我们了解到，仅有一半的学校注册有绿色学生社团，且大都没有开展实质性的社会实践活动，仅有个别社团在学校进行过节约资源和抵制污染方面的问卷调查，做过生态危机和生态行为习惯养成方面的知识性展板。另外，26.46%的被调查者认同学校曾经开展过生态保护方面的宣传活动，92.36%的被调查者承认所在学校没有组织过生态保护方面的社会实践活动。也就是说，目前高校在组织生态教育宣传和生态保护实践活动方面作为较少。

尽管高校生态教育的现状并不能让学生满意，但是并不是说大学生排斥和拒绝生态教育，从大学生的需求和愿望来说，他们中的大多数还是希望学校提供接受生态教育的渠道。当被问及"您是否期望开设生态教育方面的课程"时，75.29%的被调查者持赞成态度，其中28.35%的被调查者认为应该设专门的课程作为必修课；36.84%的被调查者认为可以开设选修课；14.43%的被调查者认为应该在思想政治理论课中强化该部分内容。当被问及"对学校开展生态教育活动有何建议"时，有同学提出应该将课堂教育和课外教育结合起来，开展以生态文明为主题的宣传教育和社会实践活动。

三、改进大学生生态教育的对策

通过对陕西省部分高校大学生生态文明素养及所受生态教育现状的调查，我们发现：一方面，大学生生态文明素养不够，生态教育急需加强，表现为：大学生对生态知识虽有所了解，但尚不全面；生态意识虽觉醒，但尚不健全；生态行为虽初步养成，但尚不到位。另一方面，高校生态教育还不完备、不规范，表现为：生态教育方面的选修课、必修课不充分；思想政治理论课涉及的生态教育不深入；以生态教育为主题的宣传教育和实践活动没有有效开展。这样，在大学生对生态教育的客观需求与高校生态教育的实际供给之间就产生了差距。作为肩负着培养社会主义事业的优秀建设者和接班人使命的高等院校，必须正视这一客观现实，积极改进和完善高校生态教育，以进一步提升大学生的生态文明素养。

1. 理顺生态教育管理体制和推进机制

英国、美国和日本等发达国家都设有专门的管理机构，负责生态教育的普及和推广工作。比如，美国1990年通过的《国家环境教育法》规定：环保署总体管理全国的环境教育(包括青少年环境教育和公众环境教育)，具体由其下设的环境教育处、国家环境教育咨询委员会、联邦环境教育工作委员会专门负责。日本环境厅于1977年成立了日本环境协会(财团法人)，专门负责学校生态教育的开展。在我国，生态教育主要由教育部和环保部承担，前者主要负责学校生态教育，后者主要管理社会生态教育，然而在实际工作中，两部门并没有设立专门的机构推进学校或社会的生态教育。为了强化学校生态教育，教育部应该成立专门的生态教育推进机构，具体负责学校生态教育中长期规划的制定、监督执行和评估，并督促各省市也设立相应的机构，主管生态教育规划在地方的贯彻落实。同时，教育部须倡导成立生态教育专业委员会，设立生态教育基金，规范生态教育的开展。

生态教育的管理机构确立之后，按照生态知识—生态意识—生态行为三位一体的要求，从理论灌输和实践体验两个维度，全面推进高校生态教育。首先，制定全国《学校生态教育发展纲要》，通过逐渐渗透、逐级提升的办法，构建从幼儿园到大学的阶梯型生态教育模式；其次，推动生态教育法制化，或者完善《中华人民共和国环境保护法》，在其中添加生态教育方面的内容和要求，或者直接出台专门的生态教育法规，规定学校生态教育的目标、原则、意义和要求，实现生态教育的规范化；再次，构建涵盖课程设计、实践活动开展、绿色校园文化建设(包括绿色校园规划、绿色采购、绿色消费、绿色生活等)等内容的生态教育考评体系，定期对高校生态教育的开展状况进行评估、验收并发布生态教育报告，评选符合验收标准的生态学校并公示、挂牌；最后，借助植树节、世界水日、世界气象日、世界地球日、世界环境日、“地球一小时”等标志性节日和活动，积极开展以生态文明为主题的知识竞赛、主题演讲等活动，普及生态知识、技术、政策、法律和观念；加强生态教育方面的国际交流与协作，建立与其他国家政府、学校和教育机构间的普遍联系和交往，镜鉴他们的经验和做法。

2. 构建科学的生态教育教学体系

调整思想政治理论课的内容安排，在全国高等学校思想政治理论课程新方案四门必修课和大学生形势与政策课中强化生态教育方面的内容，同时增设生态教育相关课程为大学生公共必修课或选修课，建立起思想政治理论课与选修课和必修课相结合的生态教育教学体系。在这个过程中，重点要解决两个问题：

第一，在可持续性、连贯性基础上实现中等生态教育与高等生态教育的衔接。1979年，全国人大通过的《中华人民共和国环境保护法(试行)》中规定：“在中小学课程中，要适当编写有关环境保护的内容。”2003年，教育部印发了《中小学生环境教育专题教育大纲》，对中小学生的环境教育进行了规定。但是，受应试教育模式的影响，很多中学并没有认真贯彻执行，而即使部分学校实施了该纲要，也因为其缺乏具体的实施办法和考评规则以及师资短缺等方面的原因，将生态教育形式化、表面化，并没有取得预期的效果。生态教育本质上是终身教育，需要保持教育的连续性和衔接性。大学生正处于智力成长的高峰期，抽象逻辑思维、创造性思维和可塑性明显增强，能够形成更稳定的生态认知和更固化的生态行为习惯，因而更需要加强他们的生态教育。我们必须在中等生态教育的基础上，结合大学生所学专业、即将从事的职业开展具有针对性、完整性、系统性的高等生态教育，重点阐述生态系统自身运动的规律和调控人与自然关系的规律，强化人类在生态系统中的责任、使命，培养他们的生态忧患意识和关爱生态利益共同体的生态情怀，提高他们的生态决策、生态审美能力。

第二，在分工明确、有机联系的基础上实现思想政治理论课教学与相关选修课、必修课教学的衔接。首先，明确高校大学生生态教育的总体目标、原则、内容、方法和管理要求，明晰在思想政治理论课和基础选修课、必修课中开展生态教育的基本布局，确立高校生态教育的总体课程架构、课时安排和评价指标等。其次，科学划分本科生思想政治理论课各门课程的讲授内容、重点和要求。再次，在形势与政策课中增加生态国情教育的内容，阐述新时期中国生态危机的表现以及生态治理的困境、对策，增强学生在职业规划中的生态责任感；最后，增添生态教育为大学生公共必修课或选修课，由教育部牵头组织专家编写系列教材，力求通俗易懂、微言大义，重点阐述生态学基础知识、生态治理的基本原理以及公民的生态义务和日常生态行为的养成等，通过理论性与实践性、广泛性与针对性、知识性与趣味性相结合的授课方式，把生态文明的理念融入到大学生的自我世界中。

针对思政课而言，首先要突出生态文明教育在教材中的地位。按照生态文明知识—生态文明意识—生态文明行为三位一体的要求，从理论灌输和实践体验两个维度，围绕“关于生态教育”“为了生态教育”和“在生态中的教育”三个方面确立在思想政治理论课中开展生态文明教育的总体架构，包括：生态文明教育的总体目标、原则、内容和要求；思想政治理论课四门必修课的分工、内容设计、课时安排；课堂教学与课外社会实践教学相统一的具体要求、操作办法；师资队伍培训的实施计划和推进措施等。最终，突出生态文明教育在思想政治理论课中的重要地位，确立思想政治理论课在高校大学生生态文明教育中的主导地位和指导作用。

具体而言，修订马克思主义理论研究和建设工程重点建设教材，加大生态文明相关内容在其中的比重，强化大学生在生态道德、生态哲学、生态战略和生态决策方面的认知。比如，在“概论”课中可以将贯彻落实科学发展观、构建社会主义和谐社会和建设资源节约型、环境友好型社会等章节所涉及的有关生态文明的内容整合、凝练、升华，专门设立“社会主义生态文明建设”一章，系统性、完整性地阐释中国生态治理的战略构想、基本原则和推进机制。再如，在“纲要”中将我国的生态治理史贯穿其中，包括走过的弯路、留下的教训、正在实施的战略等，重点说明中国共产党在人与自然、经济发展与生态保护之间艰难抉择的历程。举例来说，教材在探讨“大跃进”、“人民公社化”运动的教训时，可以将其对生态环境的不良影响添加进去，阐释人与人、人与社会之间的关系对人与自然之间关系的影响，说明协调经济发展与生态保护关系的重要性。

其次要规范生态文明教育的布局。一方面，在可持续性、连贯性的基础上实现中等生态教育与高等生态教育的衔接。在中等生态教育的基础上，结合大学生所学专业、即将从事的职业开展具有针对性、完整性、系统性的高等生态教育，重点阐述生态系统自身运动的规律和调控人与自然关系的规律，强化人类在生态系统中的责任、使命，培养他们的生态忧患意识和关爱生态利益共同体的生态情怀，提高他们的生态决策、生态审美和生态维权能力。另一方面，在分工明确、有机联系的基础上实现思想政治理论课教学与相关选修课、必修课教学的衔接。在本科生思想政治理论课中重点论述生态道德、生态伦理、生态哲学和生态治理战略等，培养大学生的生态认知能力、生态忧患意识和生态情感；在形势与政策课中增加生态国情教育的内容，阐述新时期中国生态危机的表现以及生态治理的困境、对策，增强学生在职业规划中的生态责任感；增添生态文明教育为大学生公共必修课或选修课，重点阐述生态学基础知识、生态治理的基本原理以及公民的生态义务和日常生态文明行为的养成等。

再次要界定各门课在生态文明教育中的分工和功能。根据本科生四门思想政治理论课的各自特点和建设社会主义生态文明的要求，清晰界定他们在生态文明教育中的功能和作用。其中，“基础”重点阐述生态道德、生态伦理方面的要求，旨在帮助大学生形成关爱生态、爱护生态的伦理观、价值观、科技观，培养他们的生态维权意识；“原理”重点讲授马克思主义生态观，旨在引导大学生把握自然规律、形成爱护生态的世界观和生态审美意识；“概论”重点论述在贯彻落实科学发展观、构建和谐社会和建设社会主义生态文明背景下中国生态治理的战略构想、指导原则和基本理念，旨在帮助大学生形成关爱生态的责任意识和高尚情怀；“纲要”重点说明中国共产党和中国人民认识和解决生态问题的历程，帮助大学生形成关注生态的忧患意识和保护生态的进取精神。教师通过教材体系向教学体系的转化，以及理论性与实践性、广泛性与针对性、知识性与趣味性相结合的授课方式，将生态文明的理念潜移默化地渗透到大学生的自我世界之中。

最后要开展课外实践教学活动。开展丰富多彩的实践活动，让学生在实践中感知生态、体验生态、关爱生态，并将对生态的情感融入到思维意识中，升华、外化为自觉的行为习惯，真正实现由他律的社会公德向自律的个体道德、由生态觉醒向生态自觉的转变，做到知与行、理念选择与行为选择的统一。具体而言，可以通过以下方式和途径：其一，鼓励大学生成立或参加绿色社团，扶持大学生参与环保类技术的发明创造，指导他们在校园内开展以节水节电、植树造林、循环利用废旧物品为主题的宣传教育和实践活动，引导他们与公益性环保组织合作共同开展面向社会的、以节约资源、拒绝污染为主题的公众生态教育宣讲及社会实践活动。其二，创建生态教育基地，组织大学生走出校园、走向社会，增加对森林、田园、草地、河流等的自然体验和对生态企业、生态园区、生态社区等的生活体验。其三，与学校相关部门联合开展公益性的生态保护活动，指导大学生围绕节能减排、发展低碳经济等主题进行社会调查，支持他们身体力地开展清理城市野广告、捡拾垃圾等方面的公益活动。

3. 开展多样化的生态保护实践活动

目前，大学生生态文明素养形成过程中最大的困境是如何将生态意识外化为生态行为，并固化为习惯和素养。要有效解决这一问题必须坚持“关于生态教育”、“为了生态教育”和“在生态中的教育”的有机统一，开展丰富多彩的实践活动，让学生在实践中感知生态、体验生态、关爱生态，并将对生态的情感融入思维意识中，升华、外化为自觉的行为习惯，真正实现由他律的社会公德向自律的个体道德、由生态觉醒向生态自觉的转变，做到知与行、理念选择与行为选择的统一。

具体而言，可以通过以下方式和途径：其一，鼓励大学生成立或参加绿色社团，指导他们在校园内开展以节水节电、植树造林、循环利用废旧物品为主题的宣传教育和实践活动，引导他们与公益性环保组织合作共同开展面向社会的、以节约资源、拒绝污染为主题的公众生态教育宣讲及社会实践活动。其二，扶持大学生参与环保类技术的发明创造，在星火杯、挑战杯大赛中设立节能减排、绿色消费、绿色生活等方面的项目，支持交叉学科学生组队参加。其三，创建生态教育基地，组织大学生走出校园、走向社会，增加对森林、田园、草原、河流等的自然体验和对生态企业、生态园区、生态社区等的生活体验。其四，开展公益性的生态保护活动，利用假期社会实践等机会组织大学生围绕节能减排、发展低碳经济等主题进行社会调查，支持他们身体力地开展清理城市野广告、捡拾垃圾等方面的公益活动。

4. 造就优秀的生态教育师资队伍

造就一支具有广博的生态知识、开阔的生态视野和高尚的生态情怀的师资队伍是开展高校生态教育的重要保证。然而，从目前的实际情况看，高校现有师资队伍尚不能满足生态教育的要求，具体表现在：承担学生生态道德、生态伦理、生态情感以及生态保护战略等方面教育的思想政治理论课教师生态学专业知识不够；在没有开设生态学、生物学、环境学等专业的学校，生态教育必修课、选修课师资缺乏。针对这种状况，必须制定《生态教育师资培训计划》，加快生态教育师资队伍建设。首先，加强思想政治理论课教师的生态教育培训，包括：在教育部组织的思想政治理论课教师培训计划中增加生态教育方面的内容，对教师进行生态认知、生态伦理、生态技能和生态决策等方面的知识培训，提高他们运用技术工具收集、分析和交流生态信息的能力；督促省级教育主管部门分批次对各高校从事思想政治理论课教学的业务骨干进行培训，然后通过业务骨干再培训本校教师，逐级强化、全面提升；建立生态教育资料库，内容包括生态教育方面的影像、视频、数据资料等，通过网络平台实现信息共享和交流；组织教师参观生态企业、生态园区和生态城市等，全面提高教师对生态文明的理性认知，培养他们的生态情感。其次，壮大专业生态教育教师队伍，督促高校引进生态学、环境学、生物学方面的专业人才，结合学校专业特色、校园文化建设和素质教育拓展的要求，开设高校生态教育公共必修课和选修课。

后　记

本书是笔者近年来撰写的关于绿色发展与生态文明建设问题的论文合集，其中收录的论文大部分都在学术期刊公开发表过。根据涉及的不同主题和内容，将这些收录的论文分成生态经济篇、生态评价篇、绿色发展篇、生态伦理篇、生态历史篇和生态教育篇等。之所以加以分类，就是为了方便读者阅读。

2004 年 7 月，硕士研究生毕业后，笔者在西安交通大学攻读博士学位。导师张思锋教授时任学校公共管理学院副院长，对现实的经济社会问题颇多关注，且有敏锐的学术眼光和开阔的学术视野。当时循环经济、绿色发展等理念刚刚兴起，生态环境问题逐渐被社会所关注，张思锋教授认识到生态环境问题的多维研究是未来学术界应该关注的重点，并组织同门弟子围绕循环经济、生态企业、生态城市等主题展开研究。在张思锋教授的影响下，笔者选择了生态环境治理的中国道路和中国模式作为研究对象，并综合运用马克思主义、生态经济学、政治学等学科的相关原理进行阐释。就这样，机缘巧合，误打误撞，笔者走进了中国绿色发展与生态文明建设研究的领域。

博士毕业后，入职西安电子科技大学，后又赴北京师范大学进行中共党史专业的博士后研究。随着自己知识的拓展和学术阅历的增加，对绿色发展与生态文明建设之于中国发展和进步的意义认识更加深刻，从事绿色发展与生态文明建设问题研究的心情更加迫切。最近几年，围绕中国生态问题的马克思主义视角解读、中国共产党生态环境治理史、中华人民共和国环境治理史、西北地区环境治理史等方面，聚焦马克思主义经典著作中蕴含的生态文明思想、党的领导人的生态文明建设思想、生态文明建设的中国道路以及绿色发展的相关问题，我做了一些探索性研究，陆续出版了 2 部专著，发表了 30 余篇文章，其中专著分别获得了陕西省哲学社会科学优秀成果奖和西安市哲学社会科学优秀成果奖，部分论文被求是网、光明网、中国环境网等转载，产生了一定影响。

十八大以来，随着绿色中国建设目标的提出，绿色发展和生态文明成为学术界研究的热点问题。2017 年，李刚教授被聘为我校马克思主义学院院长。他敏锐地认识到生态文明研究在当代中国的重大价值，富有前瞻性地提出在马克思主义理论一级学科下设立生态文明研究特色方向，倡导成立绿色发展与生态文明研究中心，并制定了经过 5 到 8 年努力打造省级哲学社会科学研究基地和富有特色的研究智库的目标。有了目标，犹如列车有了行进的方向和轨道，能够行稳致远。在学院和李刚院长的支持下，笔者更加明确了自己研究的方向，增强了从事绿色发展与生态文明问题研究的责任感和使命感。

这本书能够出版得益于学院领导和同事的关怀。书稿完成之际，首先要感谢李刚院长。他给予书稿出版的支持不仅体现了一位院长对下属和同事工作的关照，更体现了一位前辈学者对后辈晚学的关爱。感谢学院办公室李洁和刘朔老师。出版合同的拟定、财务报销等事项都是她们“指点迷津”甚至帮我操作的，热心的帮助总是让我如沐春风，倍感温暖。感谢我的学生许晴。她还没有入学，尚没有“名分”，但是却尽心尽力地帮我调整格式，编辑注释，简单的工作做出了品质标准，粗中有细的性格完全打动了我，相信未来她会有更好的发展。感谢对部分论文写作做出贡献的张思锋教授、禹海霞博士、梁珍妮同学，感谢教育部社科研究青年项目(11YJC770030)、陕西省社科基金重大项目(13B028)、国家社科基金(17BBJ069)等的扶持。感谢西安电子科技大学出版社高樱编辑，她卓有成效的工作使得这本书能够高质量地呈现在读者面前。

2019年是中华人民共和国成立70周年，这本小书算是一个公民对祖国生日的一份心意，衷心祝福祖国繁荣昌盛、民康物阜、欣欣向荣！